ABITUR

Prüfungsaufgaben
mit Lösungen

2014

Mathematik

GK • GA

Gymnasium

Berlin • Brandenburg

2010–2013

mit CD-ROM

STARK

ISBN 978-3-8490-0640-2

6. ergänzte Auflage
www.stark-verlag.de

Inhalt

Fortsetzung siehe nächste Seite

Berlin / Brandenburg 2012

Berlin / Brandenburg 2013

Die CD-ROM enthält Übungsaufgaben im Stil des Zentralabiturs sowie die Original-Prüfungsaufgaben von 2007 bis 2009.

Jeweils zu Beginn des neuen Schuljahres erscheinen die neuen Ausgaben der Abiturprüfungsaufgaben mit Lösungen.

Autoren:

Sabine Flohrer:
Lösungen zur Abiturprüfung Berlin/Brandenburg 2010, Aufgaben 1.2 und 2.2;
Lösungen zur Abiturprüfung Berlin/Brandenburg 2011, Aufgaben 1.2 und 2.2;
Lösungen zur Abiturprüfung Berlin/Brandenburg 2012, Aufgaben 1.2 und 2.2;
Lösungen zur Abiturprüfung Berlin/Brandenburg 2013, Aufgaben 1.2 und 2.2;
CD: Übungsaufgaben 1, 5, 12; Lösungen zur Abiturprüfung Berlin 2007 bis 2009

Dr. Klaus Rösiger:
Lösungen zur Abiturprüfung Berlin/Brandenburg 2010, Aufgaben 3.1 und 3.2;
Lösungen zur Abiturprüfung Berlin/Brandenburg 2011, Aufgaben 3.1 und 3.2;
Lösungen zur Abiturprüfung Berlin/Brandenburg 2012, Aufgaben 3.1 und 3.2;
Lösungen zur Abiturprüfung Berlin/Brandenburg 2013, Aufgaben 3.1 und 3.2;
CD: Lösungen zur Abiturprüfung Brandenburg 2009 (Stochastik)

Dr. Eckhard Rösler:
CD: Übungsaufgaben 3, 9–11; Lösungen zur Abiturprüfung Brandenburg 2007 und 2008 (Stochastik)

Hans-Ulrich Rübesamen:
Lösungen zur Abiturprüfung Berlin/Brandenburg 2010, Aufgaben 1.1, 1.1 (CAS) und 2.1;
Lösungen zur Abiturprüfung Berlin/Brandenburg 2011, Aufgaben 1.1, 1.1 (CAS) und 2.1;
Lösungen zur Abiturprüfung Berlin/Brandenburg 2012, Aufgaben 1.1, 1.1 (CAS) und 2.1;
Lösungen zur Abiturprüfung Berlin/Brandenburg 2013, Aufgaben 1.1, 1.1 (CAS) und 2.1;
CD: Übungsaufgaben 2, 4, 6–8; Lösungen zur Abiturprüfung Brandenburg 2007 bis 2009 (Analysis/Analytische Geometrie)

Vorwort

Liebe Schülerinnen und Schüler,

das vorliegende Übungsbuch gibt Ihnen die Möglichkeit, sich optimal auf das **Zentralabitur 2014** in **Mathematik** vorzubereiten. Es ist ideal für den **Grundkurs (GK) in Berlin** und für das **Fach auf grundlegendem Anforderungsniveau (GA) in Brandenburg** geeignet.

- Sie erhalten im ersten Teil des Buches wichtige **Informationen** über Inhalt und Aufbau der Prüfungsaufgaben für das Abitur 2014. Dies ermöglicht Ihnen, sich gezielt auf die Abiturprüfung vorzubereiten. Darüber hinaus finden Sie viele **Hinweise und Tipps**, die Ihnen helfen, effektiv und erfolgreich an die Lösung der Prüfungsaufgaben heranzugehen.
- Der zweite Teil enthält die **Original-Prüfungsaufgaben 2010 bis 2013** von Berlin und Brandenburg. Damit können Sie sich ein genaues Bild davon machen, wie die Prüfung in den letzten Jahren ausgesehen hat.
- Auf der CD-ROM finden Sie die **Original-Prüfungsaufgaben 2007 bis 2009** sowie eine Auswahl von **Übungsaufgaben** im Stil des Abiturs zu den Lernbereichen Analysis, Analytische Geometrie/Lineare Algebra und Stochastik.
- Die Original-Prüfungsaufgaben sowie einige der Übungsaufgaben sind zusätzlich mit **separaten Tipps zum Lösungsansatz** versehen, die Ihnen Hilfestellungen für die Lösung der Aufgabe geben. Wenn Sie mit einer Aufgabe nicht zurechtkommen, schauen Sie deshalb nicht gleich in die Lösungen, sondern nutzen Sie schrittweise die Lösungstipps, um selbst die Lösung zu finden.
- Zu allen Übungsaufgaben und Original-Prüfungsaufgaben wurde **eine vollständige, ausführlich kommentierte Lösung mit allen erforderlichen Rechenschritten** erstellt. Sie ermöglichen Ihnen, Ihre Lösung eigenständig zu kontrollieren und die Rechenwege Schritt für Schritt nachzuvollziehen.

Sollten nach Erscheinen dieses Bandes noch wichtige Änderungen in der Abitur-Prüfung 2014 vom LISUM Berlin-Brandenburg bekannt gegeben werden, finden Sie aktuelle Informationen dazu im Internet unter www.stark-verlag.de/info.asp?zentrale-pruefung-aktuell.

Die Autoren wünschen Ihnen für die Prüfungsvorbereitung und für das Abitur viel Erfolg!

Stichwortverzeichnis

Das Stichwortverzeichnis ist gegliedert in die drei Lernbereiche **Analysis**, **Analytische Geometrie** und **Stochastik**. Es beinhaltet für jeden dieser Bereiche jeweils Stichworte mit Seitenverweis auf die Aufgabenstellung oder Lösung einer Aufgabe.

I. Analysis

II. Analytische Geometrie

III. Stochastik

Hinweise und Tipps zum Zentralabitur 2014

Die zentrale schriftliche Abiturprüfung im Fach Mathematik

Die Grundlagen für die von Ihnen zu bearbeitenden Prüfungsaufgaben sind der Rahmenlehrplan für die gymnasiale Oberstufe und die Einheitlichen Prüfungsanforderungen in der Abiturprüfung (EPA). Die zu überprüfenden Kompetenzen sowie die inhaltsbezogenen Prüfungsgegenstände ergeben sich aus den dort genannten abschlussorientierten Standards und den fachlichen Inhalten.

Prüfungsrelevante Themen

Zusätzliche Berücksichtigung finden die Kettenregel für ganzrationale innere Funktionen und Abstandsbestimmungen Ebene – Ebene und Gerade – Ebene.
Nicht gefordert werden die Wiedergabe von Beweisen von aus dem Unterricht bekannten Sätzen, das Herleiten von aus dem Unterricht bekannten Regeln, das Verwenden des bestimmten Integrals als Grenzwert von Ober- und Untersummen, das Bestimmen von Flächeninhalten und Rotationsvolumina durch infinitesimale Ausschöpfung, die Rekonstruktion eines Bestandes durch infinitesimale Summation, die Nullstellenbestimmung durch Intervallhalbierung, Plausibilität des Hauptsatzes an diskreten Beispielen und Potenzfunktionen mit Exponenten, die nicht Elemente der natürlichen Zahlen sind.

Aufbau und Bearbeitung der Prüfungsaufgaben

In jedem der drei Themengebiete Analysis, Analytische Geometrie/Lineare Algebra und Stochastik ist genau eine Aufgabe zu lösen, wobei der Prüfling jeweils die Wahl zwischen zwei gleichwertigen Aufgaben hat. Die Wahlmöglichkeiten sind in folgender Tabelle dargestellt:

Aufgabestellung 1	**Aufgabenstellung 2**	**Aufgabenstellung 3**
Der Prüfling hat die Wahl zwischen	Der Prüfling hat die Wahl zwischen	Der Prüfling hat die Wahl zwischen
Analysis Aufgabe 1.1	**Analytische Geometrie/ Lineare Algebra** Aufgabe 2.1	**Stochastik** Aufgabe 3.1
oder	oder	oder
Analysis Aufgabe 1.2	**Analytische Geometrie / Lineare Algebra** Aufgabe 2.2	**Stochastik** Aufgabe 3.2

Alle Aufgaben in den drei Themengebieten und auch die jeweils zur Wahl stehenden Aufgaben sind voneinander unabhängig. Jede einzelne Aufgabe jedoch ist inhaltlich zusammenhängend und in mehrere Teilaufgaben gegliedert. Üblicherweise beginnen die Aufgaben mit den dem Anforderungsbereich I zugeordneten Grundaufgaben. Es empfiehlt sich immer, die Aufgabe zunächst vollständig zu lesen, da Zwischenergebnisse gelegentlich auch in nachfolgenden Aufgabenteilen enthalten sein können.
Aufgabenteile, die dem Anforderungsbereich III zugeordnet sind, finden sich meist am Ende der jeweiligen Aufgabe. Nur, wenn es der Zusammenhang erfordert, können sie auch schon früher eingegliedert sein. Wenn sich die Möglichkeit bietet, wird die Aufgabe so formuliert, dass eine praktische Anwendung des mathematischen Sachverhaltes beschrieben wird.

Für die Bearbeitung der drei Prüfungsaufgaben stehen **210 Minuten** zur Verfügung.
Darin enthalten sind 30 Minuten, in denen die Aufgaben gelesen werden können und eine Wahl zwischen den beiden Aufgaben in jedem Themengebiet getroffen werden kann.

Für die Frage, welche **Hilfsmittel** bei der Prüfung zugelassen sind, ist entscheidend, ob die Abiturprüfung ohne oder mit Verwendung eines Computer-Algebra-Systems (CAS) bearbeitet wird.
Grundsätzlich sind folgende Hilfsmittel zugelassen:

- Nachschlagewerk zur Rechtschreibung der deutschen Sprache
- Formelsammlung, die von der zuständigen Senatsverwaltung bzw. dem zuständigen Ministerium für die Verwendung im Abitur zugelassen und an der Schule eingeführt ist

Für die Bearbeitung **ohne CAS** sind folgende Hilfsmittel zugelassen:
Taschenrechner, die nicht programmierbar und nicht grafikfähig sind und nicht über Möglichkeiten der numerischen Differenziation oder Integration oder dem automatisierten Lösen von Gleichungen verfügen.

Für die Bearbeitung **mit CAS** sind folgende Hilfsmittel zugelassen:
Für die Bearbeitung der Abiturprüfung können ein PC oder folgende Geräte Anwendung finden:

Texas Instruments	TI-83 Plus, TI-89 Titanium, TI-92, TI-Voyage, TI-Nspire
Casio	Casio Algebra FX 2.0 Plus, FX 9860 G, Classpad 300
Sharp	EL-9650, EL-9900
Hewlett-Packard	HP 50 G

Grundsätzlich gilt, dass die Benutzung weiterer Software über das CAS hinaus nicht zugelassen ist.

Zur Bewertung der Prüfung

Grundlage für die Bewertung der Prüfungsarbeit ist ein Erwartungshorizont, in dem die Verteilung von Bewertungseinheiten (BE) verbindlich vorgegeben ist.

Für die drei Aufgaben, die der Prüfling zu bearbeiten hat, werden insgesamt **100 Bewertungseinheiten** nach folgender Verteilung vergeben

- Aufgabenstellung 1 (Analysis): 40 BE
- Aufgabenstellung 2 (Analytische Geometrie/Lineare Algebra): 30 BE
- Aufgabenstellung 3 (Stochastik): 30 BE

Zum Umgang mit diesem Buch

Das Buch enthält auf einer CD-ROM **Übungsaufgaben** auf Grundkursniveau. Sie sind entsprechend den drei Lernbereichen Analysis, Analytische Geometrie und Stochastik gruppiert und bereiten Sie gezielt auf das Abitur vor. Eine gute Orientierung zu Inhalt, Aufbau und Fragestellung einer typischen Prüfungsaufgabe geben Ihnen die **originalen Abiturprüfungsaufgaben** ab 2007, die sich zum Teil auf der CD-ROM und zum Teil im Buch befinden.

Zu allen Übungs- und Prüfungsaufgaben finden Sie im Anschluss an die Aufgabenstellung komplett ausgearbeitete **Musterlösungen** mit Erläuterung des Lösungswegs. Darüber hinaus sind in allen Originalprüfungsaufgaben und einigen Übungsaufgaben zwischen Aufgaben und Lösungen separate **Tipps und Hinweise** zu sämtlichen Teilaufgaben eingefügt, die Ihnen helfen, die Aufgaben **möglichst selbstständig** zu lösen. Für die Vorbereitung auf die Prüfung ist es wichtig, dass Sie versuchen, allein mit der Aufgabenstellung zurechtzukommen. Nutzen Sie daher immer zuerst die Tipps, wenn Sie bei der Lösung der einzelnen Teilaufgaben ins Stocken geraten. Sie erhalten dann einen **Denkanstoß**, der Ihnen weiterhilft. Gehen Sie dabei schrittweise vor, d. h., lesen Sie den jeweiligen Tipp erst bei Bedarf.

Die Musterlösung dient zum einen zur **Kontrolle**, ob Sie die Aufgabe richtig und vollständig gelöst haben, zum anderen gibt Sie Ihnen eine **ausführliche Hilfestellung**, wenn Sie trotz der Tipps Schwierigkeiten bei der Bearbeitung haben (Tipps und Kommentare sind durch das Symbol ✎ am linken Textrand gekennzeichnet). Sie sollten Ihr Lern- und Übungspensum so planen, dass Sie am Ende Ihrer Prüfungsvorbereitung in der Lage sind, die Aufgaben weitgehend ohne Hilfestellung zu lösen.

Tipps zur Vorbereitung und Bearbeitung der Prüfungsaufgaben

Prüfungsvorbereitung

- Bereiten Sie sich **langfristig** auf die Abiturprüfung vor und fertigen Sie sich eine Übersicht über die von Ihnen bereits bearbeiteten Themen, Inhalte und Verfahren an. Teilen Sie die Inhalte in sinnvolle Teilbereiche ein und legen Sie fest, bis wann Sie welche Teilbereiche bearbeitet haben wollen.
  Es ist zweckmäßig, alle schriftlichen Bearbeitungen dieser Aufgaben übersichtlich aufzubewahren, das erleichtert spätere Wiederholungen.
- Verwenden Sie während der Prüfungsvorbereitung grundsätzlich die **Hilfsmittel**, die auch in der Prüfung zugelassen sind. Prägen Sie sich wichtige Seiten in Ihrer Formelsammlung ein und nutzen Sie Ihren Taschenrechner mit allen Funktionen.
- Benutzen Sie zur Prüfungsvorbereitung neben diesem Übungsbuch Ihre **Unterrichtsaufzeichnungen** und das Lehrbuch.
- Oft ist der Zeitfaktor ein großes Problem. Testen Sie, ob Sie eine Aufgabe in der dafür vorgegebenen Zeit allein lösen können. **Simulieren Sie selbst eine Prüfungssituation.**
- Gehen Sie optimistisch in die Prüfung. Wer sich gut vorbereitet hat, braucht sich keine Sorgen zu machen.

Bei der Prüfung

- Nutzen Sie die zur Verfügung stehenden 30 Minuten zum gewissenhaften Lesen.
- Treffen Sie in dieser Zeit auch eine gut überlegte Entscheidung zur Aufgabenwahl, sodass Sie im Verlauf der Prüfung nicht zu einer anderen Aufgabe wechseln müssen.
- Falls Sie später dennoch die Aufgabe wechseln möchten, vermerken Sie **eindeutig**, welche Aufgabe als Prüfungsleistung ge- und bewertet werden soll.
- Beachten Sie, dass in manchen Teilaufgaben **„Zwischenlösungen“** angegeben sind, die Ihnen als Kontrolle dienen bzw. mit denen Sie weiterarbeiten können.

- Es ist hilfreich, wenn Sie bei der Analyse der Aufgabenstellungen wichtige Angaben oder Informationen (z. B. gegebene Größen, Lösungshinweise) **farbig markieren**.
- Um den Lösungsansatz zu einer Aufgabe zu finden oder die gegebene Problemstellung zu veranschaulichen, kann das **Anfertigen einer Skizze** nützlich sein.
- Achten Sie auf die **sprachliche Richtigkeit** und eine **saubere äußere Form** Ihrer Lösungen (vgl. Abschnitt „Zur Bewertung der Prüfung")

Lösungsplan

Aufgrund des Umfangs und der Komplexität von Aufgaben auf Abiturniveau empfiehlt es sich, beim Lösen systematisch zu arbeiten. Folgende Vorgehensweise hilft Ihnen dabei:

Schritt 1:
Nehmen Sie sich ausreichend Zeit zum **Analysieren** der Aufgabenstellung. Stellen Sie fest, zu welchem Themenbereich die Aufgabe gehört. Sammeln Sie alle Informationen, welche direkt gegeben sind, und achten Sie darauf, ob evtl. versteckte Informationen enthalten sind.

Schritt 2:
Markieren Sie die **Operatoren** in der Aufgabenstellung. Diese geben an, was in der Aufgabe von Ihnen verlangt wird. Vergegenwärtigen Sie sich die Bedeutung der verwendeten Fachbegriffe.

Schritt 3:
Versuchen Sie, den Sachverhalt zu veranschaulichen. Fertigen Sie gegebenenfalls mithilfe der Angaben und Zwischenergebnisse aus vorherigen Teilaufgaben eine **Skizze** an.

Schritt 4:
Erarbeiten Sie nun schrittweise den **Lösungsplan**, um aus den gegebenen Größen die gesuchte Größe zu erhalten. Notieren Sie sich, welche Einzel- bzw. Zwischenschritte auf dem Lösungsweg notwendig sind. Prinzipiell haben Sie zwei Möglichkeiten, oft hilft auch eine Kombination beider Vorgehensweisen:
- Sie gehen vom Gegebenen aus und versuchen, das Gesuchte zu erschließen.
- Sie gehen von dem Gesuchten aus und überlegen „rückwärts", wie Sie zur Ausgangssituation kommen.

Bei diesem Schritt wird dann sukzessive die **Lösung dargestellt**.

Schritt 5:
Falls möglich, suchen Sie nach geeigneten Möglichkeiten, das Endergebnis zu **kontrollieren**. Oftmals sind bereits Überschlagsrechnungen, Punktproben oder Grobskizzen ausreichend.

Anhand der folgenden **Beispielaufgabe** werden diese Schritte veranschaulicht:

Gegeben ist die Funktionenschar f_k mit $f_k(x) = kx^3 + 4x^2$; $k \in \mathbb{R}$, $k \neq 0$. Ihre Graphen seien G_k.

a) Ermitteln Sie Koordinaten und Art lokaler Extrempunkte von G_k.

b) Zeigen Sie: Eine Stammfunktion der Schar f_k hat die Gleichung

$$F_k(x) = \frac{k}{4}x^4 + \frac{4}{3}x^3.$$

Berechnen Sie den Inhalt der Fläche, die von G_{-1} und der x-Achse eingeschlossen wird.

Lösungsvorschlag für Teilaufgabe a:

Schritt 1:

- Themenbereich: Kurvendiskussion einer Funktionenschar
- Der Funktionsterm weist einen Parameter k auf. Dieser Parameter bereitet jedoch beim Rechnen keine Probleme, solange er nicht im Nenner, unter einer Wurzel usw. steht. Er wird ganz normal wie eine Zahl behandelt.
- Der Definitionsbereich ist nicht angegeben, daher wird $\mathbb{R}$ als der größtmögliche angenommen.

Schritt 2:

- Der Operator „Ermitteln Sie“ bedeutet, einen Lösungsalgorithmus anzuwenden, um die gesuchten Punkte angeben zu können.
- Unter Extrempunkten versteht man Hoch- oder Tiefpunkte.

Schritt 3:

Eine Veranschaulichung ist aufgrund des Parameters k nur schwer möglich. Anzahl, Art und Lage der Extrempunkte können zudem von k abhängen. Eine Skizze ist daher wenig sinnvoll.

Schritt 4:

Ausgehend von der gegebenen Funktionenschar werden mögliche Extremstellen berechnet und damit Art und Lage der Extrempunkte bestimmt:

- $f_k(x)$ ist ein Polynom und lässt sich trotz Parameter leicht ableiten (Summenregel, Faktorregel, Potenzregel):

  $$f_k'(x) = 3kx^2 + 8x$$

  Die Nullstellen der Ableitung sind mögliche Extremstellen:

  $$3kx^2 + 8x = x \cdot (3kx + 8) = 0 \overset{k \neq 0}{\Leftrightarrow} x_{E_1} = 0 \vee x_{E_2} = -\frac{8}{3k}$$

- Ob tatsächlich Extremstellen vorliegen, lässt sich durch Einsetzen in die zweite Ableitung überprüfen:

  $$f_k''(x) = 6kx + 8$$

  $$f_k''(0) = 8 > 0 \Rightarrow \text{Minimum bei } x_{E_1} = 0$$

  $$f_k''\left(-\frac{8}{3k}\right) = 6k\left(-\frac{8}{3k}\right) + 8 = -8 < 0 \Rightarrow \text{Maximum bei } x_{E_2} = -\frac{8}{3k}$$

- Um die Lage angeben zu können, braucht man noch die y-Koordinate. Dazu werden die Extremstellen in den Funktionsterm $f_k(x)$ eingesetzt:

  $$f_k(0) = 0$$

  $$f_k\left(-\frac{8}{3k}\right) = k\left(-\frac{8}{3k}\right)^3 + 4\left(-\frac{8}{3k}\right)^2 = -\frac{512}{27k^2} + \frac{256 \cdot 3}{3 \cdot 9k^2} = \frac{256}{27k^2}$$

- Ergebnis:

  Tiefpunkt $(0|0)$ und Hochpunkt $\left(-\frac{8}{3k} \,\middle|\, \frac{256}{27k^2}\right)$

Schritt 5:

Um das Ergebnis zu überprüfen, könnte man die Funktion f_k für ein gewähltes k skizzieren. Dazu muss eine Wertetabelle erstellt werden, was hier zu zeitaufwendig ist.

Lösungsvorschlag für Teilaufgabe b:

Schritt 1:

- Themenbereich: Flächenberechnung mithilfe eines Integrals
- Es ist die Funktion, die Stammfunktion und der Parameterwert $k = -1$ gegeben. Weiter ist implizit gegeben, dass die Funktion mindestens zwei verschiedene Nullstellen hat, weil der Graph eine Fläche mit der x-Achse einschließt.

Schritt 2:

- Der erste Operator ist „Zeigen Sie“, das bedeutet, dass Sie die Aussage mithilfe von Berechnungen bestätigen sollen. Die Funktion und die zugehörige Stammfunktion sind dabei gegeben.
- Um zu zeigen, dass F eine Stammfunktion von f ist, kann entweder f integriert (man beachte die Integrationskonstante) oder F abgeleitet werden; es muss dann $F'(x) = f(x)$ gelten. Da das Bilden der Ableitung im Allgemeinen leichter ist, bietet es sich bei einer solchen Aufforderung an, die Stammfunktion abzuleiten.

$$F(x) = \frac{k}{4}x^4 + \frac{4}{3}x^3$$

$$F'(x) = kx^3 + 4x^2 \quad \Rightarrow \quad F'(x) = f(x)$$

- Der zweite Operator in der Aufgabe ist „Berechnen Sie“, das bedeutet, dass Sie das Ergebnis durch Berechnungen erzielen sollen.

Schritt 3:

Nutzen Sie die Lage des Hochpunkts und die Vorgabe $k = -1$, um den Graphen zu skizzieren.

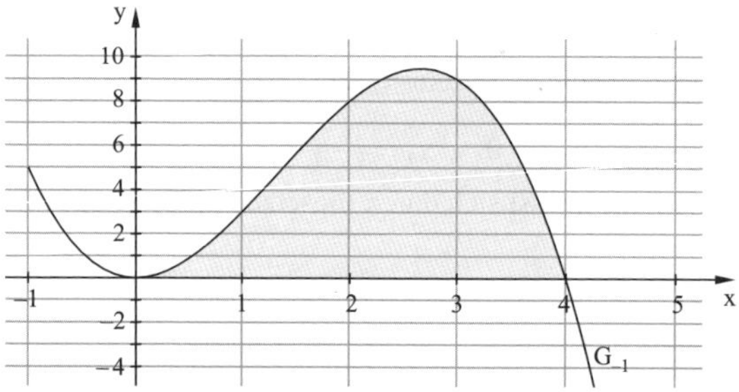

Schritt 4: Vom Gegebenen zum Gesuchten

Aus der Aufgabenstellung wie auch aus der Skizze aus Schritt 3 ist zu erkennen, dass Sie für die Bestimmung der Fläche die beiden Nullstellen brauchen:

$$-x^3 + 4x^2 = 0 \quad \Leftrightarrow \quad x^2(-x+4) = 0 \quad \Leftrightarrow \quad x_1 = 0 \lor x_2 = 4$$

Für die Berechnung der Fläche benötigen Sie die Stammfunktion der Funktion, die angegeben ist:

$$\int_0^4 f(x)\,dx = [F(x)]_0^4 = \left[-\frac{1}{4}x^4 + \frac{4}{3}x^3\right]_0^4 = -\frac{256}{4} + \frac{256}{3} = \frac{256}{12} = \frac{64}{3}$$

Schritt 4: Vom Gesuchten zum Gegebenen

Um die gesuchte Fläche zu berechnen, benötigen Sie die Stammfunktion der Funktion, die angegeben ist:

$$\int_{x_1}^{x_2} f(x)\,dx = [F(x)]_{x_1}^{x_2} = \left[-\frac{1}{4}x^4 + \frac{4}{3}x^3\right]_{x_1}^{x_2}$$

Für die Berechnung des Integrals benötigen Sie die Integralgrenzen. Diese sind die Nullstellen der Funktion, wie Sie an der Skizze aus Schritt 3 erkennen können.

$$-x^3+4x^2=0 \quad \Leftrightarrow \quad x^2(-x+4)=0 \quad \Leftrightarrow \quad x_1=0 \vee x_2=4$$

Damit ergibt sich für das Integral:

$$\left[-\frac{1}{4}x^4+\frac{4}{3}x^3\right]_{x_1}^{x_2}=\left[-\frac{1}{4}x^4+\frac{4}{3}x^3\right]_0^4=-\frac{256}{4}+\frac{256}{3}=\frac{256}{12}=\frac{64}{3}$$

Schritt 5:

Um die Größenordnung des Flächeninhalts abzuschätzen, können Sie in der Skizze die Kästchen abzählen, die von dem Graphen und der x-Achse eingeschlossen werden. Man erhält ca. 21 Kästchen, das passt gut zu dem errechneten Wert.

Hinweise und Tipps zum Lösen von Abituraufgaben mit CAS-Rechnern

Damit Sie die mit den Rechnertechnologien verbundenen Vorteile auch effektiv nutzen können, sind hier einige Hinweise für das Lösen von Abituraufgaben mit CAS-Rechnern[1] aufgelistet. Diese erfolgen exemplarisch für den **TI Voyage 200**.

1. Wegen der geforderten Gleichwertigkeit der äußeren Bedingungen ist der bei der Prüfung verwendete Taschencomputer **vor dem Beginn des schriftlichen Mathematikabiturs** durch **ein RESET** in einen für alle Abiturienten einheitlichen Ausgangszustand mit leerem Arbeitsspeicher zurückzusetzen. Dieses RESET sollten Sie bereits spätestens am Vortag zu Hause vornehmen. So können Sie wichtige Dateien von Ihrem Taschencomputer auf einen PC übertragen und abspeichern, um sie später wieder zur Verfügung zu haben. Bei der Gelegenheit sollten Sie auch den technischen Zustand Ihres Taschencomputers überprüfen, eventuell neue Batterien einsetzen oder die Akkus aufladen. Schaden kann es auch nicht, wenn Sie Ersatzbatterien für den Prüfungstag bereithalten.

2. Empfehlenswert ist es auch, jede neue größere Aufgabe mit dem im Bildschirmausdruck angezeigten Befehl **NeuAufg**[2] zu beginnen. Dadurch werden alle aus einem Buchstaben bestehenden Variablen und der Bildschirm gelöscht, sodass es nicht so leicht zu Missverständnissen bei der Verwendung dieser Buchstaben im Zusammenhang mit der neuen Aufgabe kommen kann.

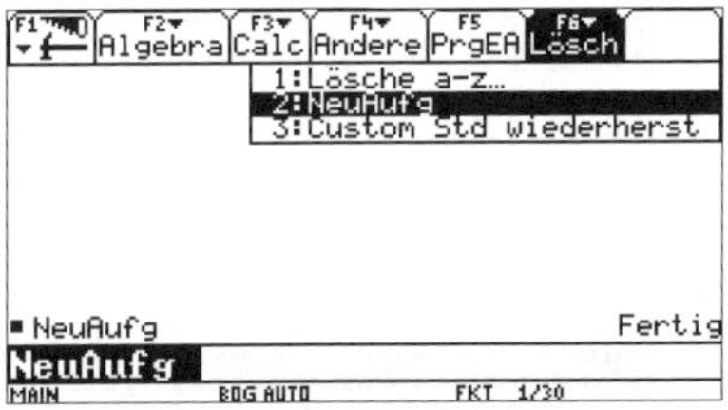

Ebenso ist es möglich, für jede neue Aufgabe einen entsprechenden Unterordner anzulegen[3] und zum Bearbeiten der Aufgabe in diesen Unterordner zu wechseln[4]. Dies hat den Vorteil, dass Sie die einmal gespeicherten Funktionen auch zu einem späteren Zeitpunkt immer zur Verfügung haben, da die Variablen sich nur auf den aktuellen Ordner beziehen.

---

1 Diese Hinweise haben keinen Anspruch auf Vollständigkeit und können das Handbuch nicht ersetzen, sollen aber auf Sachverhalte hinweisen, die erfahrungsgemäß einigen Schülern Probleme bereiten.

2 [HOME]; [F6]; 2: (engl: Newprob)

3 [VAR-LINK]; [F1]; 5: Verzeichnis anlegen (engl.: Create Folder)

4 [MODE] 2: akt. Verzeichnis (engl. Current Folder)

3. Beim Abspeichern z. B. von Ableitungsfunktionen mit Parametern muss man **„dynamische Definitionen vermeiden"**.

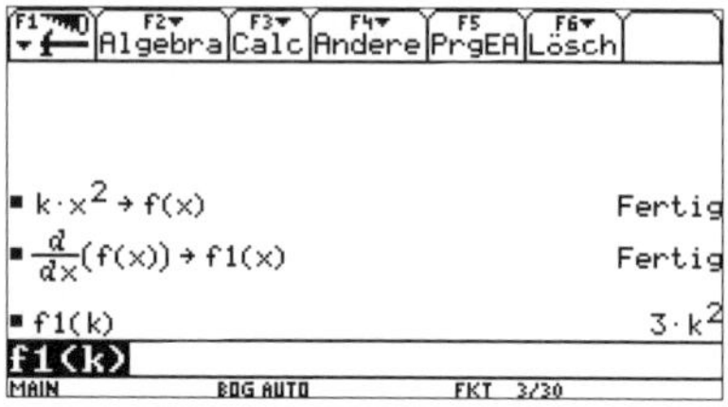

Beispiel:
Für $f(x) = k \cdot x^2$ ist bekanntlich die 1. Ableitungsfunktion $f'(x) = 2k \cdot x$ und damit gilt für die 1. Ableitung von f an der Stelle k: $f'(k) = 2k^2$.
Der Taschencomputer gibt bei folgendem – **falschem!** – Vorgehen aber den Term $f'(k) = 3 \cdot k^2$ an.
Woran liegt das? Speichert man wie im Beispiel nur die Vorschrift zum Bilden der 1. Ableitung unter dem Namen $f_1(x)$ ab, so rechnet der Taschencomputer erst den Wert von f(x) an der Stelle x = k aus und bildet davon die 1. Ableitung nach k: $f(k) = k \cdot k^2 = k^3$ und damit $f'(k) = 3k^2$.
Man vermeidet dynamische Definitionen, indem man immer erst den Term der Ableitungsfunktion ausgeben lässt und den Funktionsterm dann (ggf. unter Verwendung der [ANS]-Taste) unter einem geeigneten Namen abspeichert, wie es für dieses Beispiel gezeigt wird.

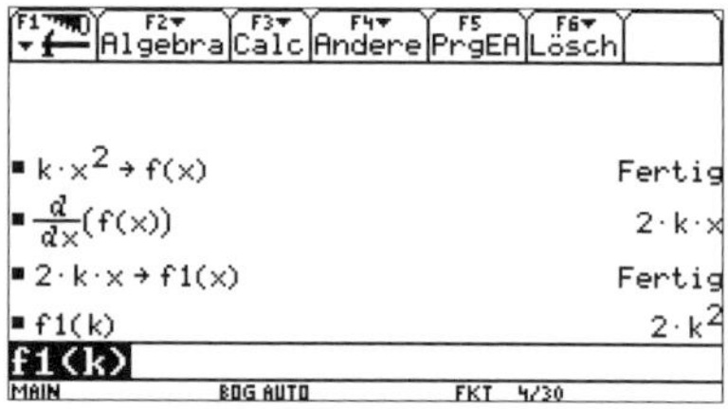

4. Es kommt nicht oft vor, aber man kann es nicht völlig ausschließen, dass der Taschencomputer an seine **technischen Grenzen** stößt. Deshalb sollte man **Warnhinweise** des Rechners **ernst nehmen** und versuchen, die **Lösung auf einem anderen Lösungsweg abzusichern[5].**

Beispiel:
Die Lösungen der Gleichung $\sin(x) = e^x$ werden mit dem Taschencomputer auf algebraischem Wege ermittelt.

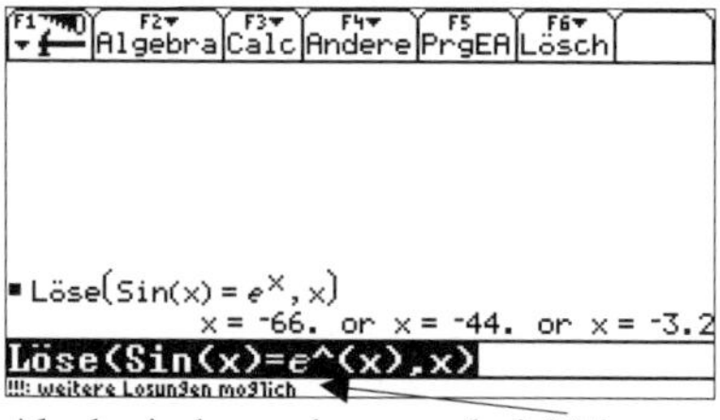

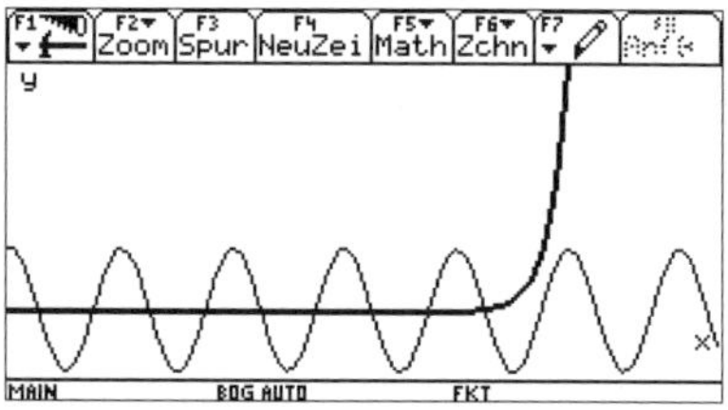

Algebraisch werden nur drei Näherungslösungen ermittelt, aber es wird eine Warnung „weitere Lösungen möglich" angezeigt. In der grafischen Veranschaulichung erkennt man, dass es mehr als drei Lösungen geben muss. Durch inhaltliche Überlegungen (Periodizität der Sinusfunktion und asymptotisches Verhalten der e-Funktion bezüglich der negativen x-Achse) wird klar, dass es sogar unendlich viele Lösungen dieser Gleichung gibt.

5. Auch wenn der Taschencomputer keinen Warnhinweis anzeigt, kann die **Kontrolle auf einem anderen Lösungsweg** helfen, Fehler zu vermeiden, die z. B. durch falsche inhaltliche Überlegungen oder Eingabefehler entstehen können.

---

5 Nicht jeder Warnhinweis ist berechtigt.

Beispiele:

a) Es soll die Gleichung der Tangente t an $f_k(x) = k \cdot x^2$ in $P(1; f_k(1))$ ermittelt werden.
Durch inhaltliche Überlegungen kommt man zu der Tangentengleichung $y = t_k(x) = 2k \cdot x - k$.
Man sollte es nicht versäumen, dieses algebraisch ermittelte Ergebnis anhand einiger Beispiele grafisch zu verifizieren.

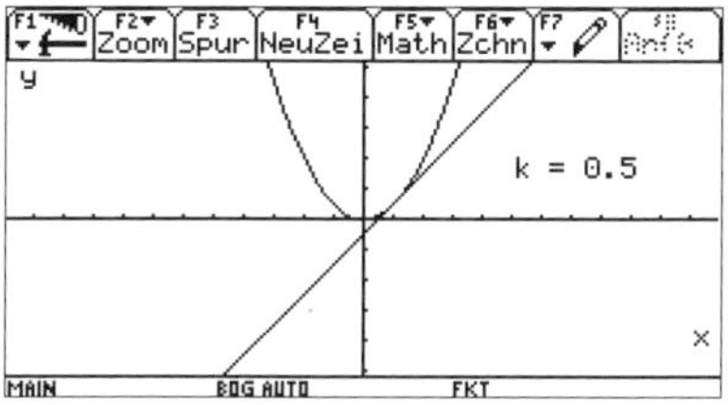

b) Die Funktion $y = f(x) = \frac{(x-5)\cdot(x+3)}{x+4}$ soll auf lokale Extrempunkte untersucht werden.
Sie besitzt genau zwei lokale Extrempunkte. Die grafische Darstellung[6] zeigt aber nur einen lokalen Tiefpunkt an, obwohl die Funktion auch einen lokalen Hochpunkt besitzt. Der Nachweis über die Existenz und Anzahl aller lokalen Extrempunkte gelingt letztlich nur mithilfe algebraischer Methoden.

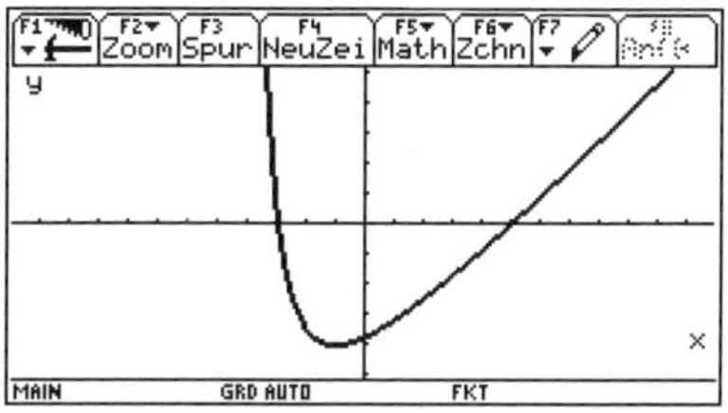

6. Rechnungen lassen sich weitgehend an den CAS-Rechner übertragen. Das spart Zeit und vermeidet Rechenfehler. Sie sollten stets sehr **sorgfältig die Eingabe** in den Rechner **kontrollieren,** um Eingabefehler zu vermeiden. Auch bei der Auswahl der Variablenbezeichnungen muss man aufpassen, dass keine rechnerinternen Überschneidungen entstehen.

   Beispiel:
   Es führt zu einem Fehler, innerhalb ein und derselben Aufgabe die Variable t gleichzeitig als Parameter für den Ortsvektor eines Punktes D(t) und außerdem als Bezeichnung eines anderen Objektes wie einer Geraden zu verwenden.

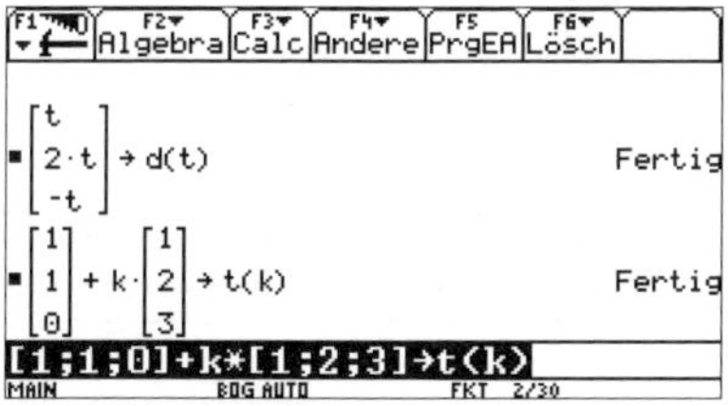

   Die Fehlermeldung kommt dadurch zustande, dass der Rechner bei d(t) für t die Eingabe einer Variablen oder Zahl erwartet, aber t hier als ein Vektor abgespeichert ist.

6 Dies ist natürlich abhängig von den eingestellten Fensterparametern.

7. Um Rundungsfehler zu vermeiden, sollte man die **Zwischenergebnisse** direkt **über Kopieren und Einfügen** im weiteren Rechengang **nutzen**.[7]

   Beispiel:
   Eine Stadt hatte 70 000 Einwohner im Jahr 2000, im Jahre 2006 sind es 85 000. Unter der Annahme, dass exponentielles Wachstum vorliegt, soll das Jahr berechnet werden, in dem sich die Bevölkerungszahl gegenüber dem Jahr 2000 verdoppelt hat.
   Aus dem Ansatz ergibt sich ein exakter Wachstumsfaktor oder ein als Dezimalbruch angegebener Faktor mit vielen Nachkommastellen.

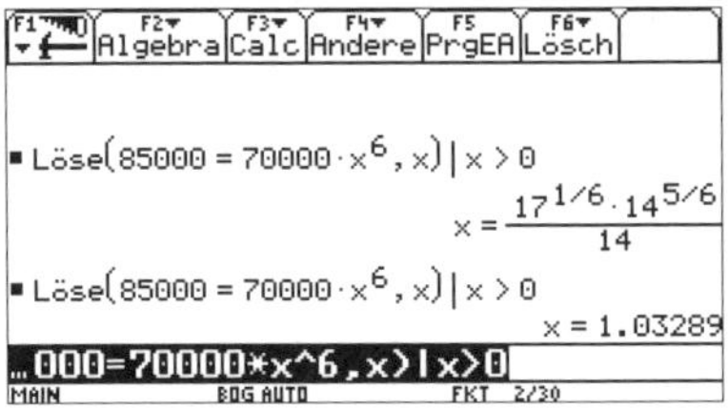

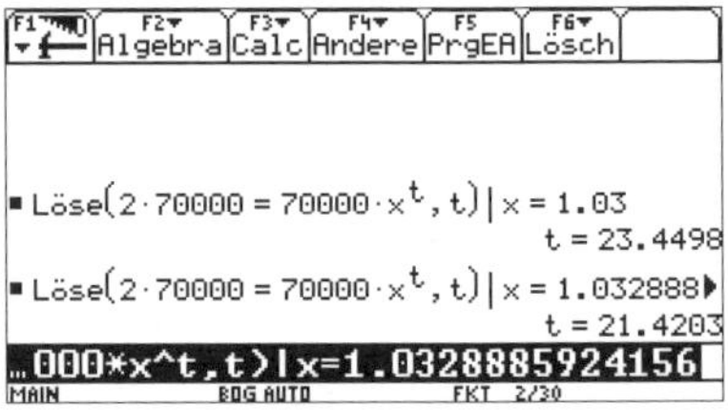

   Man ist versucht, mit einem gerundeten Wert weiterzurechnen, beispielsweise hier mit x = 1,03. Mit diesem gerundeten Zwischenergebnis erhält man eine Abweichung von fast zwei Jahren gegenüber dem Ergebnis, das aus dem nicht gerundeten Wert entsteht.

8. Weil der Taschencomputer Ihnen viel Arbeit abnimmt, kann es passieren, dass Ihre Lösungsdarstellung zu knapp ausfällt. Gewöhnen Sie sich beizeiten daran, den Lösungsweg immer so zu notieren, dass er von anderen gut nachvollzogen werden kann. **Kommentieren Sie Ihre Lösungsansätze, notieren Sie Zwischenschritte und nehmen Sie in der Antwort immer Bezug auf die gestellte Aufgabe.** So haben Sie eine nachträgliche Kontrolle, ob Sie wirklich alle gestellten Aufgabenteile bearbeitet haben. Eventuell ist es dann auch möglich, bei der Korrektur Folgefehler anzuerkennen. Selbstverständlich trägt eine saubere und übersichtliche Darstellung des Lösungsweges zu einem positiven Gesamteindruck Ihrer Abiturarbeit bei.

9. Für TI-Voyage200 und TI-89-Titanium gibt es seit dem Sommer 2005 das **Betriebssystem 3.10**.
   Unter anderem bietet dieses Betriebssystem den Vorteil, Gleichungssysteme auch in vektorieller Form zu lösen. Solche kommen beispielsweise in der Analytischen Geometrie häufig vor.

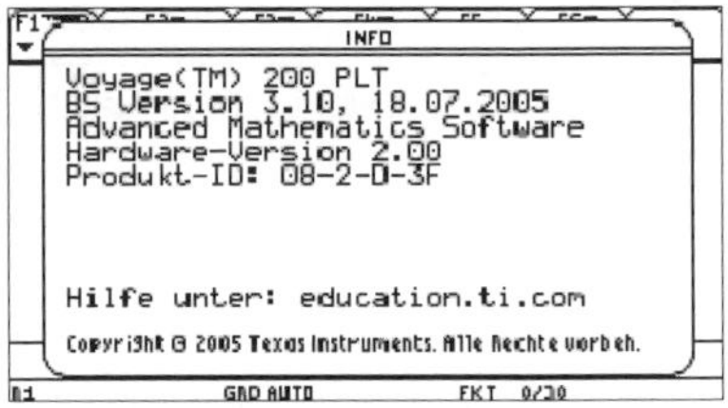

   Beispiel:

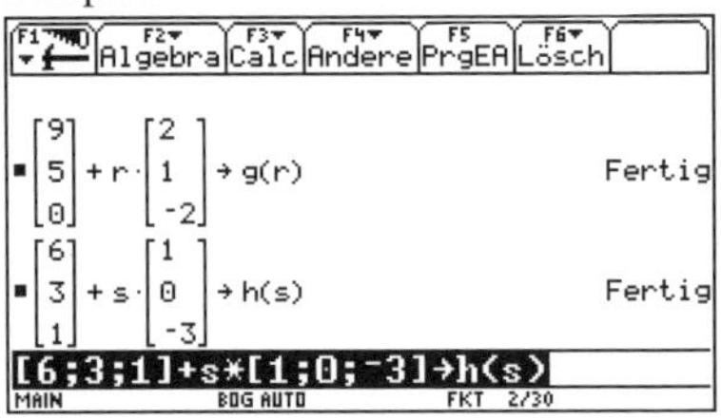

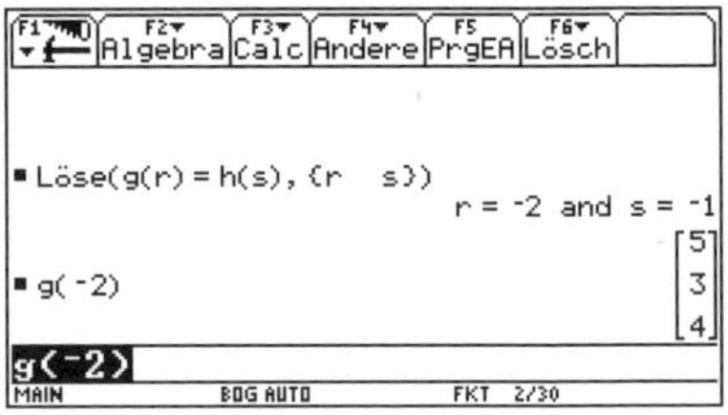

7 [HOME]; [F1]; 5 bzw. [HOME]; [F1]; 6

10. Für Berechnungen in der Stochastik kann man sich kostenlos von der Internetseite www.education.ti.com die Flash-Applikation „Statistik mit Listeneditor“ herunterladen. Dieses Zusatzprogramm, das beim Reset nicht gelöscht wird, beinhaltet u. a. die Funktionen binompdf (berechnet eine diskrete Einzelwahrscheinlichkeit) und binomcdf (berechnet eine Intervallwahrscheinlichkeit) für die Berechnungen zu Binomialverteilungen. Diese Funktionen finden Sie dann z. B. im Katalog [CATALOG] unter [F3].

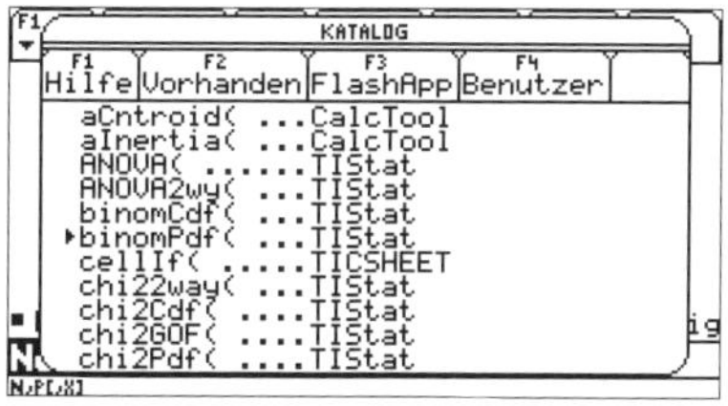

Beispiel:
Berechnen Sie für eine binomialverteilte Zufallsgröße die Einzelwahrscheinlichkeit für n = 10, p = 0,8 und k = 8 sowie die Intervallwahrscheinlichkeit für $8 \leq k \leq 10$.

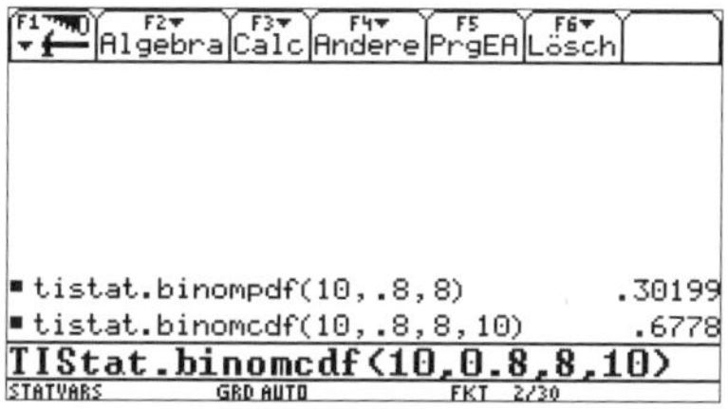

Weiterführende Informationen

Im Internet finden Sie unter
http://bildungsserver.berlin-brandenburg.de/zentralabitur.html
Prüfungsschwerpunkte für die gemeinsamen Fächer im Zentralabitur 2013/2014 in Berlin und Brandenburg und dazu ergänzend Beispielaufgaben mit Erwartungshorizonten.

Berlin/Brandenburg – Mathematik Grundkurs
2010 – Aufgabe 1.1: Analysis

Eisenbahnbrücke Berlin-Spandau BE

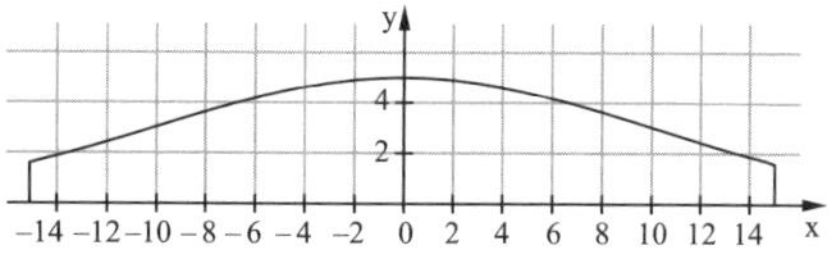

Das abgebildete Brückensegment hat eine Breite von 30 m und ist in der Mitte 5 m hoch. Rechts und links außen beträgt die Höhe noch etwa 1,6 m.

a) Die Oberkante des Brückensegments wird mathematisch für $-15 \leq x \leq 15$ mit einer Exponentialfunktion des Typs $f(x) = a \cdot e^{b \cdot x^2}$ unter Verwendung des im Bild gegebenen Koordinatensystems beschrieben. Ermitteln Sie die Werte für a und b, runden Sie b auf drei Dezimalstellen.
[*Zur Kontrolle:* $f(x) = 5 \cdot e^{-0{,}005 \cdot x^2}$] 6

b) Zeigen Sie durch Rechnung, dass der Graph G_f der Funktion f genau den einen Extrempunkt $H(0\,|\,5)$ besitzt und dass dies ein Hochpunkt ist.
Bestimmen Sie die zwei Wendepunkte von G_f nur mit der notwendigen Bedingung.
[*Zur Kontrolle Ihrer Berechnung der 2. Ableitung:*
$f''(x) = 0{,}0005 \cdot (x^2 - 100) \cdot e^{-0{,}005 \cdot x^2}$] 14

c) Bestimmen Sie den Anstieg der Tangente an G_f im Punkt $P(-15\,|\,f(-15))$.
Berechnen Sie die Größe des Winkels, den die Oberkante des Brückensegments im Punkt $P(-15\,|\,f(-15))$ mit der senkrecht nach unten führenden Kante bildet. 5

d) Anlässlich der Fußballweltmeisterschaft 2010 soll eine rechteckige Werbefläche an der Brückenwand befestigt werden. Das Plakat wird so aufgehängt, dass die unteren Eckpunkte auf Höhe der x-Achse liegen und die oberen Eckpunkte auf dem Brückenbogen. Da die Werbefläche vermietet werden soll, ist man bestrebt, ihren Flächeninhalt A_R maximal zu gestalten.
Berechnen Sie nur mithilfe der notwendigen Bedingung für lokale Extrema die Koordinaten der vier Befestigungspunkte und den Flächeninhalt der Werbefläche.
[*Kontrollergebnis:* eine mögliche Zielfunktion ist $A_R(x) = 10x \cdot e^{-0{,}005 \cdot x^2}$.] 11

e) Die Brückenwand ist etwa 105 m^2 groß. Modellieren Sie die Oberkante des Brückensegments für $-15 \leq x \leq 15$ durch eine quadratische Parabel so, dass der Scheitelpunkt der Parabel dem Hochpunkt $H(0\,|\,5)$ entspricht und die Fläche zwischen der Parabel und der x-Achse 105 m^2 groß ist. 4

40

Tipps und Hinweise zur Lösung von Aufgabe 1.1

Tipps zu Teilaufgabe a

- Verwenden Sie zwei Punkte des Graphen von f, die Ihnen in der Beschreibung des Brückensegmentes gegeben sind.
- Bestimmen Sie zunächst den Parameter a und danach den Parameter b.

Tipps zu Teilaufgabe b

Nachweis des Hochpunktes

- Berechnen Sie die Gleichungen der ersten beiden Ableitungsfunktionen von f und setzen Sie $f'(x)=0$.
- Mithilfe der in die zweite Ableitungsfunktion eingesetzten Lösung dieser Gleichung können Sie nachweisen, dass der Extrempunkt existiert und dass es sich um einen Hochpunkt handelt.
- Berechnen Sie den zugehörigen Funktionswert.

Bestimmung der Koordinaten der Wendepunkte

- Lösen Sie die Gleichung $f''(x)=0$ und berechnen Sie die zugehörigen Funktionswerte.
- Auf die hinreichende Bedingung für die Existenz der Wendepunkte kann laut Aufgabenstellung verzichtet werden.

Tipps zu Teilaufgabe c

Anstieg der Tangente im Punkt P

- Berechnen Sie den Funktionswert der ersten Ableitungsfunktion an der Stelle $x=-15$.

Winkelberechnung

- Der berechnete Tangentenanstieg ist der Tangens des Anstiegswinkels.
- Addieren Sie zum Gradmaß dieses Winkels das Gradmaß eines rechten Winkels.

Tipps zu Teilaufgabe d

- Fertigen Sie sich gegebenenfalls eine Skizze des Sachverhaltes mit allen Daten an.
- Bestimmen Sie eine Gleichung der Zielfunktion A_R als Maßzahl des Flächeninhaltes der rechteckigen Werbefläche.
- Untersuchen Sie, an welchen Stellen die Funktion A_R lokale Extrema besitzt.

Tipps zu Teilaufgabe e

- Eine quadratische Funktion, deren Graph eine zur y-Achse symmetrische Parabel ist, hat die Gleichung $p(x)=a\cdot x^2+c$.
- Mit dem Scheitelpunkt $S(0\,|\,5)$ und dem gegebenen Flächeninhalt können Sie den Parameter a bestimmen.

Lösungen zu Aufgabe 1.1

a) In der allgemeinen Gleichung der Exponentialfunktion, die die Oberkante des Brückensegmentes beschreibt, tritt die Variable x quadratisch auf. Der Graph dieser Funktion ist symmetrisch zur y-Achse. Zur Bestimmung der Parameter a und b genügen zwei Punkte des Graphen, die man mit H(0 | 5) und R(15 | ≈1,6) wählen kann.
Mit H(0 | 5) gilt:

$$5 = a \cdot e^{b \cdot 0^2} \quad \Rightarrow \quad 5 = a \cdot e^0 \quad \Rightarrow \quad \underline{\underline{a = 5}}$$

Mit a = 5 und R(15 | ≈1,6) gilt:

$$1{,}6 \approx 5 \cdot e^{b \cdot 15^2} \quad \Rightarrow \quad 0{,}32 \approx e^{225 \cdot b} \quad \Rightarrow \quad \ln 0{,}32 \approx 225b \quad \Rightarrow \quad \underline{\underline{b \approx -0{,}005 = -\frac{1}{200}}}$$

Die Oberkante des Brückensegmentes wird durch den Graphen der Funktion mit der Gleichung $\underline{\underline{f(x) = 5 \cdot e^{-\frac{x^2}{200}};\ x \in \mathbb{R};\ -15 \le x \le 15}}$ näherungsweise beschrieben.

b) **Nachweis des Hochpunktes**
Um zu zeigen, dass der Graph G_f genau einen Extrempunkt H(0 | 5) hat und dass dieser ein Hochpunkt ist, berechnet man zunächst die Gleichungen der ersten beiden Ableitungsfunktionen von f mithilfe der Ketten- und der Produktregel:

$$f'(x) = 5 \cdot e^{-\frac{x^2}{200}} \cdot \left(-\frac{x}{100}\right) = -\frac{x}{20} \cdot e^{-\frac{x^2}{200}}$$

$$f''(x) = -\frac{1}{20} \cdot e^{-\frac{x^2}{200}} + \left(-\frac{x}{20}\right) \cdot \left(-\frac{x}{100} \cdot e^{-\frac{x^2}{200}}\right) = \left(\frac{x^2}{2\,000} - \frac{1}{20}\right) \cdot e^{-\frac{x^2}{200}}$$

Es gilt:

$$f'(x) = 0 \quad \Rightarrow \quad -\frac{x}{20} \cdot e^{-\frac{x^2}{200}} = 0 \quad \Rightarrow \quad \underline{\underline{x = 0}}$$

$$\underline{\underline{f''(0) = -\frac{1}{20} < 0}}$$

Damit ist gezeigt, dass G_f genau einen lokalen Extrempunkt an der Stelle x = 0 besitzt und dass dieser Extrempunkt H(0 | 5) ein Hochpunkt ist.

Bestimmung der Koordinaten der Wendepunkte
Entsprechend der Aufgabenstellung kann auf die hinreichende Bedingung für die Existenz von Wendepunkten verzichtet werden.
Die notwendige Bedingung f''(x) = 0 ergibt:

$$f''(x) = \left(\frac{x^2}{2\,000} - \frac{1}{20}\right) \cdot e^{-\frac{x^2}{200}} = 0 \quad \Rightarrow \quad \frac{x^2}{2\,000} - \frac{1}{20} = 0$$

$$\Rightarrow \quad \frac{x^2}{2\,000} = \frac{1}{20} \quad \Rightarrow \quad x^2 = 100 \quad \Rightarrow \quad |x| = 10$$

$$f(\pm 10) = 5 \cdot e^{-\frac{(\pm 10)^2}{200}} = 5 \cdot e^{-\frac{1}{2}}$$

Die Wendepunkte haben die Koordinaten $\underline{\underline{W_1\left(-10 \,\middle|\, \frac{5}{\sqrt{e}}\right)}}$ und $\underline{\underline{W_2\left(10 \,\middle|\, \frac{5}{\sqrt{e}}\right)}}$.

c) **Anstieg der Tangente im Punkt P**

Der Tangentenanstieg im Punkt $P(-15\,|\,f(-15)) = P(-15\,|\,5\cdot e^{-\frac{9}{8}})$ ist der Funktionswert der ersten Ableitungsfunktion an der Stelle $x=-15$. Ist m_t der Tangentenanstieg, so gilt:

$$m_t = f'(-15) = -\frac{-15}{20}\cdot e^{-\frac{(-15)^2}{200}} = \underline{\underline{\frac{3}{4}\cdot e^{-\frac{9}{8}} \approx 0{,}2435}}$$

Winkelberechnung

Für den Winkel, den die Tangente mit einer Parallelen zur x-Achse einschließt, gilt:

$$\alpha = \arctan(m_t) \approx 14°$$

Der Winkel, den die Oberkante des Brückensegmentes im Punkt P mit der senkrecht nach unten führenden Kante bildet, setzt sich aus α und einem rechten Winkel zusammen und beträgt somit rund $90° + 14° = \underline{\underline{104°}}$.

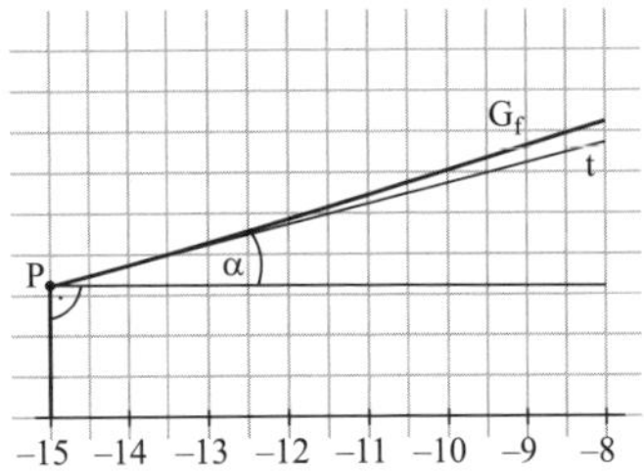

d) Der Eckpunkt S_1 der rechteckigen Werbefläche hat die Koordinaten $S_1(x\,|\,f(x))$. Damit ergibt sich für den Flächeninhalt A_R der Werbefläche folgende Gleichung:

$$A_R(x) = 2\cdot x\cdot f(x) = 10\cdot x\cdot e^{-\frac{x^2}{200}}$$

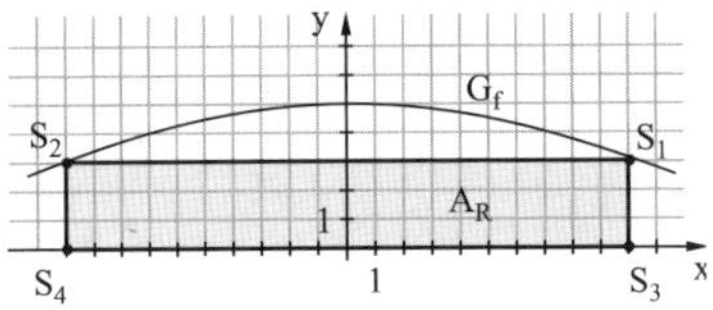

Um den maximalen Flächeninhalt der Werbefläche zu ermitteln, berechnet man mithilfe von Produkt- und Kettenregel die Gleichung der ersten Ableitungsfunktion von A_R und löst dann die Gleichung $A_R'(x) = 0$ nach x auf. Auf die hinreichende Bedingung für die Existenz eines Maximums kann laut Aufgabenstellung verzichtet werden.

$$A_R'(x) = 10\cdot e^{-\frac{x^2}{200}} + 10x\cdot\left(-\frac{x}{100}\cdot e^{-\frac{x^2}{200}}\right) = \left(10 - \frac{x^2}{10}\right)\cdot e^{-\frac{x^2}{200}}$$

$$A_R'(x) = 0 \;\Rightarrow\; 10 - \frac{x^2}{10} = 0 \;\Rightarrow\; 10 = \frac{x^2}{10} \;\Rightarrow\; x^2 = 100 \;\Rightarrow\; |x| = 10$$

Mit $f(10) = 5\cdot e^{-\frac{10^2}{200}} = 5\cdot e^{-\frac{1}{2}} \approx 3$ ergeben sich die Koordinaten aller Eckpunkte und auch der maximale Flächeninhalt der Werbefläche:

$$\underline{\underline{S_{1/2}(\pm 10\,|\,5\cdot e^{-\frac{1}{2}})}};\quad \underline{\underline{S_{3/4}(\pm 10\,|\,0)}}$$

$$A_R = 20\,\text{m}\cdot 3\,\text{m} = \underline{\underline{60\,\text{m}^2}}$$

e) Die Gleichung für eine zur y-Achse symmetrische Parabel lautet $p(x) = a \cdot x^2 + c$. Mit dem Scheitel $S(0 \mid 5)$ ergibt sich die Gleichung $p(x) = a \cdot x^2 + 5$. Die Fläche zwischen Parabel und x-Achse soll im Intervall $-15 \leq x \leq 15$ einen Inhalt von 105 m^2 besitzen. Aus dieser Bedingung ergibt sich folgende Gleichung, welche nach a aufzulösen ist:

$$2 \cdot \int_0^{15} (a \cdot x^2 + 5)\, dx = 105$$

$$\Leftrightarrow \quad 2 \cdot \left[\frac{a}{3} \cdot x^3 + 5x \right]_0^{15} = 105$$

$$\Leftrightarrow \quad 2 \cdot (1\,125a + 75 - 0) = 105$$

$$\Leftrightarrow \quad 2\,250a + 150 = 105$$

$$\Leftrightarrow \quad 2\,250a = -45$$

$$\Leftrightarrow \quad a = -\frac{1}{50}$$

Die Gleichung der quadratischen Funktion, deren Graph die Bedingungen der Aufgabe erfüllt, lautet:

$$\underline{\underline{p(x) = -\frac{x^2}{50} + 5; \quad x \in \mathbb{R}; \quad -15 \leq x \leq 15}}$$

Nennen Sie Ihre Ansätze, Lösungswege und Ergebnisse in der in der Mathematik üblichen Form und nicht in der CAS-Eingabeform.

Eisenbahnbrücke Berlin-Spandau BE

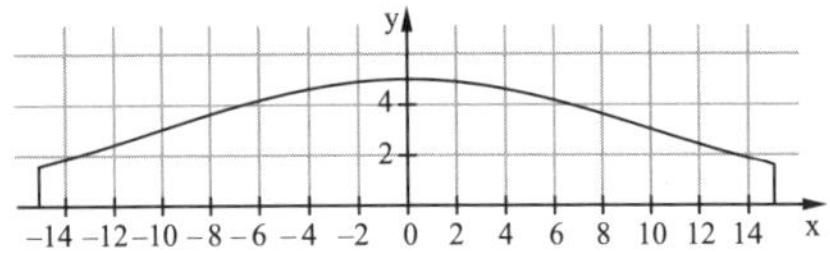

Das abgebildete Brückensegment hat eine Breite von 30 m und ist in der Mitte 5 m hoch. Rechts und links außen beträgt die Höhe noch etwa 1,6 m.

a) Die Oberkante des Brückensegments wird mathematisch für $-15 \leq x \leq 15$ mit einer Exponentialfunktion des Typs $f(x) = a \cdot e^{b \cdot x^2}$ unter Verwendung des im Bild gegebenen Koordinatensystems beschrieben. Ermitteln Sie die Werte für a und b, runden Sie b auf drei Dezimalstellen.
[*Zur Kontrolle:* $f(x) = 5 \cdot e^{-0{,}005 \cdot x^2}$] 4

b) Zeigen Sie durch Rechnung, dass der Graph G_f der Funktion f genau den einen Extrempunkt $H(0 \mid 5)$ besitzt und dass dies ein Hochpunkt ist. Bestimmen Sie die zwei Wendepunkte von G_f nur mit der notwendigen Bedingung.
Berechnen Sie die Größe der Fläche zwischen G_f und der x-Achse über dem Intervall $[-15; 15]$. 12

c) Bestimmen Sie eine Gleichung für die Tangente an G_f im Punkt $P(-15 \mid f(-15))$.
Berechnen Sie die Größe des Winkels, den die Oberkante des Brückensegments im Punkt $P(-15 \mid f(-15))$ mit der senkrecht nach unten führenden Kante bildet. 7

d) Geben Sie für einen Punkt $Q(u \mid f(u))$ die Tangentensteigung allgemein in Abhängigkeit von u an. Bestimmen Sie u so, dass die Tangentensteigung in Q der Steigung zwischen $P(-15 \mid f(-15))$ und $H(0 \mid 5)$ entspricht. 5

e) Anlässlich der Fußballweltmeisterschaft 2010 soll eine rechteckige Werbefläche an der Brückenwand befestigt werden. Das Plakat wird so aufgehängt, dass die unteren Eckpunkte auf Höhe der x-Achse liegen und die oberen Eckpunkte auf dem Brückenbogen. Da die Werbefläche vermietet werden soll, ist man bestrebt, ihren Flächeninhalt A_R maximal zu gestalten.
Berechnen Sie nur mithilfe der notwendigen Bedingung für lokale Extrema die Koordinaten der vier Befestigungspunkte und den Flächeninhalt der Werbefläche.
[*Kontrollergebnis:* Eine mögliche Zielfunktion ist $A_R(x) = 10x \cdot e^{-0{,}005 \cdot x^2}$.] 8

f) Modellieren Sie die Oberkante des Brückensegments für $-15 \leq x \leq 15$ durch eine quadratische Parabel so, dass der Scheitelpunkt der Parabel dem Hochpunkt $H(0\,|\,5)$ entspricht und die Fläche zwischen der Parabel und der x-Achse so groß ist wie Ihre in Teilaufgabe b) berechnete Fläche. 4

40

Tipps und Hinweise zur Lösung von Aufgabe 1.1 (CAS)

Tipps zu Teilaufgabe a

- Verwenden Sie zwei Punkte des Graphen von f, die Ihnen in der Beschreibung des Brückensegmentes gegeben sind.
- Bestimmen Sie zunächst den Parameter a und danach den Parameter b.

Tipps zu Teilaufgabe b

Nachweis des Hochpunktes

- Berechnen Sie die Gleichungen der ersten beiden Ableitungsfunktionen von f und setzen Sie $f'(x) = 0$.
- Mithilfe der in die zweite Ableitungsfunktion eingesetzten Lösung dieser Gleichung können Sie nachweisen, dass der Extrempunkt existiert und dass es sich um einen Hochpunkt handelt.
- Berechnen Sie den zugehörigen Funktionswert.

Bestimmung der Koordinaten der Wendepunkte

- Lösen Sie die Gleichung $f''(x) = 0$ und berechnen Sie die zugehörigen Funktionswerte.
- Auf die hinreichende Bedingung für die Existenz der Wendepunkte kann laut Aufgabenstellung verzichtet werden.

Berechnung des Flächeninhaltes

- Berechnen Sie den Flächeninhalt mithilfe des bestimmten Integrals.

Tipps zu Teilaufgabe c

Gleichung der Tangente im Punkt P

- Berechnen Sie den Funktionswert der ersten Ableitungsfunktion an der Stelle $x = -15$.
- Verwenden Sie dann die Punkt-Richtungsgleichung der Geraden.

Winkelberechnung

- Der berechnete Tangentenanstieg ist der Tangens des Anstiegswinkels.
- Addieren Sie zum Gradmaß dieses Winkels das Gradmaß eines rechten Winkels.

Tipps zu Teilaufgabe d

Allgemeine Tangentensteigung

- Setzen Sie $x = u$ in die erste Ableitungsfunktion ein.

Berechnung von u

- Bestimmen Sie die mittlere Änderungsrate von f im Intervall $[-15;\, 0]$.
- Untersuchen Sie, an welchen Stellen u der Funktionswert $f'(u)$ der mittleren Änderungsrate entspricht.

Tipps zu Teilaufgabe e

- Fertigen Sie sich gegebenenfalls eine Skizze des Sachverhaltes mit allen Daten an.
- Bestimmen Sie eine Gleichung der Zielfunktion A_R als Maßzahl des Flächeninhaltes der rechteckigen Werbefläche.
- Untersuchen Sie, an welchen Stellen die Funktion A_R lokale Extrema besitzt.

Tipps zu Teilaufgabe f

- Eine quadratische Funktion, deren Graph eine zur y-Achse symmetrische Parabel ist, hat die Gleichung $p(x) = a \cdot x^2 + c$.
- Mit dem Scheitelpunkt $S(0 \mid 5)$ und dem in Teilaufgabe b berechneten Flächeninhalt können Sie den Parameter a bestimmen.

Lösungen zu Aufgabe 1.1 (CAS)

a) In der allgemeinen Gleichung der Exponentialfunktion, die die Oberkante des Brückensegmentes beschreibt, tritt die Variable x quadratisch auf. Der Graph dieser Funktion ist symmetrisch zur y-Achse. Zur Bestimmung der Parameter a und b genügen zwei Punkte des Graphen, die man mit H(0 | 5) und R(15 | ≈ 1,6) wählen kann.

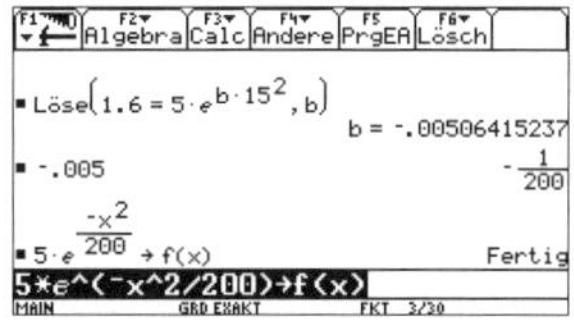

Mit H(0 | 5) gilt:

$$5 = a \cdot e^{b \cdot 0^2} \;\Rightarrow\; 5 = a \cdot e^0 \;\Rightarrow\; \underline{\underline{a = 5}}$$

Mit a = 5 und R(15 | ≈ 1,6) gilt:

$$1{,}6 \approx 5 \cdot e^{b \cdot 15^2} \;\Rightarrow\; \underline{\underline{b \approx -0{,}005 = -\frac{1}{200}}}$$

Die Oberkante des Brückensegmentes wird durch den Graphen der Funktion mit der Gleichung $\underline{\underline{f(x) = 5 \cdot e^{-\frac{x^2}{200}};\ x \in \mathbb{R};\ -15 \le x \le 15}}$ näherungsweise beschrieben.

b) **Nachweis des Hochpunktes**

Um zu zeigen, dass der Graph G_f genau einen Extrempunkt H(0 | 5) hat und dass dieser ein Hochpunkt ist, berechnet man die Gleichungen der ersten beiden Ableitungsfunktionen von f.

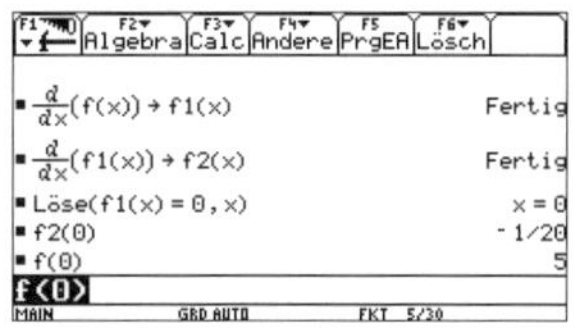

$$f'(x) = -\frac{x}{20} \cdot e^{-\frac{x^2}{200}}$$

$$f''(x) = \left(\frac{x^2}{2\,000} - \frac{1}{20}\right) \cdot e^{-\frac{x^2}{200}}$$

Es gilt:

$$f'(x) = 0 \;\Leftrightarrow\; \underline{\underline{x = 0}}$$

$$\underline{\underline{f''(0) = -\frac{1}{20} < 0}}$$

Damit ist gezeigt, dass G_f genau einen lokalen Extrempunkt an der Stelle x = 0 besitzt und dass dieser Extrempunkt H(0 | 5) ein Hochpunkt ist.

Bestimmung der Koordinaten der Wendepunkte

Entsprechend der Aufgabenstellung kann auf die hinreichende Bedingung für die Existenz von Wendepunkten verzichtet werden.

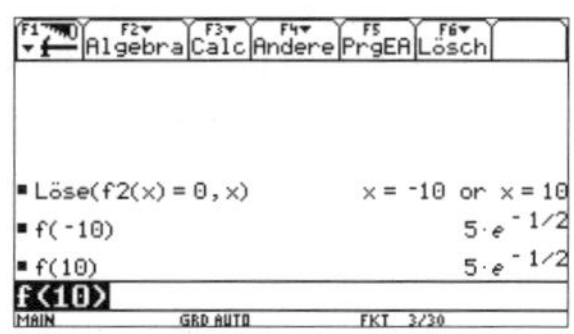

Die notwendige Bedingung f''(x) = 0 ergibt:

$$f''(x) = \left(\frac{x^2}{2\,000} - \frac{1}{20}\right) \cdot e^{-\frac{x^2}{200}} = 0 \;\Rightarrow\; |x| = 10$$

$$f(\pm 10) = 5 \cdot e^{-\frac{(\pm 10)^2}{200}} = 5 \cdot e^{-\frac{1}{2}}$$

Die Wendepunkte haben die Koordinaten $\underline{\underline{W_1\left(-10 \;\middle|\; \frac{5}{\sqrt{e}}\right)}}$ und $\underline{\underline{W_2\left(10 \;\middle|\; \frac{5}{\sqrt{e}}\right)}}$.

Berechnung des Flächeninhaltes

Die Maßzahl A des Flächeninhaltes berechnet man aufgrund von Symmetrie und wegen $f(x) > 0$ für alle $x \in D_f$ mit folgendem bestimmten Integral:

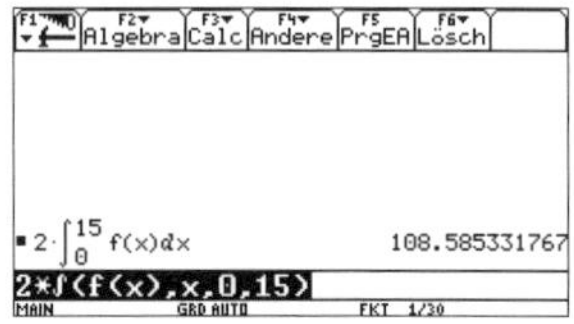

$$A = 2 \cdot \int_0^{15} f(x)\,dx \approx 109$$

Der Flächeninhalt zwischen G_f und der x-Achse im Intervall [−15; 15] beträgt rund $\underline{\underline{109\ m^2}}$.

c) **Gleichung der Tangente im Punkt P**

Die Gleichung der Tangente im Punkt

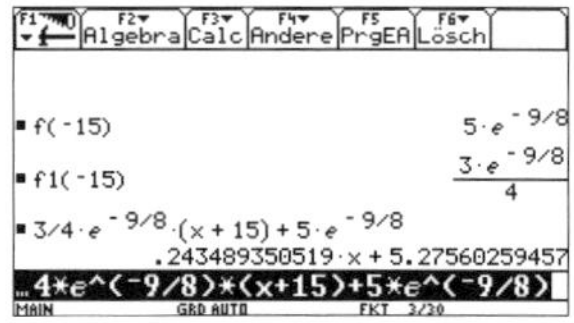

$$P(-15\,|\,f(-15)) = P(-15\,|\,5 \cdot e^{-\frac{9}{8}})$$

berechnet man mithilfe der Punkt-Richtungsgleichung. Ist m_t der Tangentenanstieg, so gilt:

$$m_t = f'(-15) = \frac{3}{4} \cdot e^{-\frac{9}{8}} \approx 0{,}2435$$

Damit ist die Gleichung der Tangente:

$$t(x) = \frac{3}{4} \cdot e^{-\frac{9}{8}} \cdot (x+15) + 5 \cdot e^{-\frac{9}{8}} \approx \underline{\underline{0{,}2435 \cdot x + 5{,}2756}}$$

Winkelberechnung

Für den Winkel, den die Tangente mit einer Parallelen zur x-Achse einschließt, gilt:

$$\alpha = \arctan(m_t) \approx 14°$$

Der Winkel, den die Oberkante des Brückensegmentes im Punkt P mit der senkrecht nach unten führenden Kante bildet, setzt sich aus α und einem rechten Winkel zusammen und beträgt somit rund $90° + 14° = \underline{\underline{104°}}$.

d) Der von u abhängige Anstieg m_t einer Tangente im Punkt $Q(u\,|\,5 \cdot e^{-\frac{u^2}{200}})$ ist $f'(u)$. Es gilt:

$$\underline{\underline{f'(u) = -\frac{u}{20} \cdot e^{-\frac{u^2}{200}}}}$$

Im Intervall [−15; 0] erhält man mit den Funktionswerten $f(0) = 5$ und $f(-15) \approx 1{,}6$ die mittlere Änderungsrate:

$$\bar{m}_t \approx \frac{5 - 1{,}6}{15} \approx 0{,}23$$

Um zu ermitteln, an welchen Stellen des Intervalls [−15; 0] diese mittlere Änderungsrate erreicht wird, löst man folgende Gleichung:

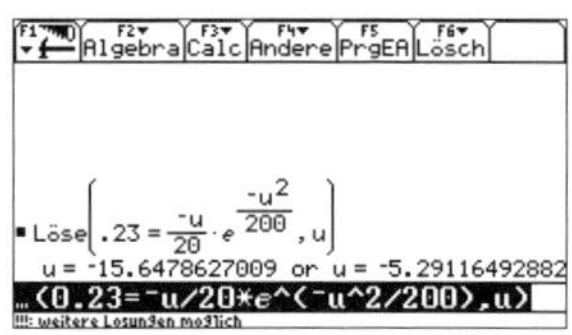

$$0{,}23 = -\frac{u}{20} \cdot e^{-\frac{u^2}{200}}$$

$$\Leftrightarrow \quad u_1 \approx -15{,}6; \; u_2 \approx -5{,}3$$

Da $u_1 \notin [-15; 0]$ ist, entspricht der Anstieg nur an der Stelle $\underline{\underline{u \approx -5{,}3}}$ dem mittleren Anstieg.

e) Der Eckpunkt S_1 der rechteckigen Werbefläche hat die Koordinaten $S_1(x\,|\,f(x))$. Damit ergibt sich für den Flächeninhalt A_R der Werbefläche folgende Gleichung:

$$A_R(x) = 2 \cdot x \cdot f(x) = \underline{\underline{10 \cdot x \cdot e^{-\frac{x^2}{200}}}}$$

Um den maximalen Flächeninhalt der Werbefläche zu ermitteln, berechnet man die Gleichung der ersten Ableitungsfunktion von A_R und löst dann die Gleichung $A_R'(x) = 0$ nach x auf. Auf die hinreichende Bedingung für die Existenz eines Maximums kann laut Aufgabenstellung verzichtet werden.

$$A_R'(x) = \left(10 - \frac{x^2}{10}\right) \cdot e^{-\frac{x^2}{200}}$$

$$A_R'(x) = 0 \quad \Rightarrow \quad |x| = 10$$

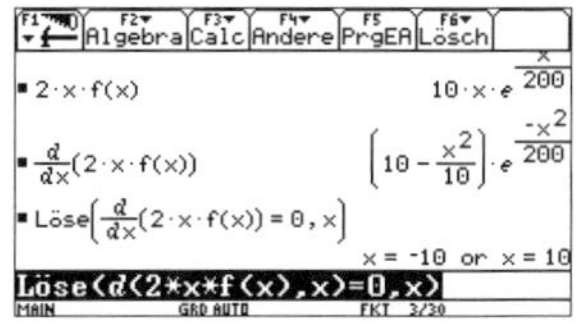

Mit $f(10) = 5 \cdot e^{-\frac{10^2}{200}} = 5 \cdot e^{-\frac{1}{2}} \approx 3$ ergeben sich die Koordinaten aller Eckpunkte und auch der maximale Flächeninhalt der Werbefläche:

$$\underline{\underline{S_{1/2}(\pm 10\,|\,5 \cdot e^{-\frac{1}{2}})}}; \quad \underline{\underline{S_{3/4}(\pm 10\,|\,0)}}$$

$$A_R = 20\text{ m} \cdot 3\text{ m} = \underline{\underline{60\text{ m}^2}}$$

f) Die Gleichung für eine zur y-Achse symmetrische Parabel lautet $p(x) = a \cdot x^2 + c$. Mit dem Scheitel $S(0\,|\,5)$ ergibt sich die Gleichung $p(x) = a \cdot x^2 + 5$. Die Fläche zwischen Parabel und x-Achse soll im Intervall $-15 \le x \le 15$ einen Inhalt von rund 109 m² besitzen. Aus dieser Bedingung ergibt sich folgende Näherung, die nach a aufzulösen ist:

$$2 \cdot \int_0^{15} (a \cdot x^2 + 5)\,dx \approx 109$$

Der Parameter a kann auf $a \approx -\frac{1}{50}$ gerundet werden.

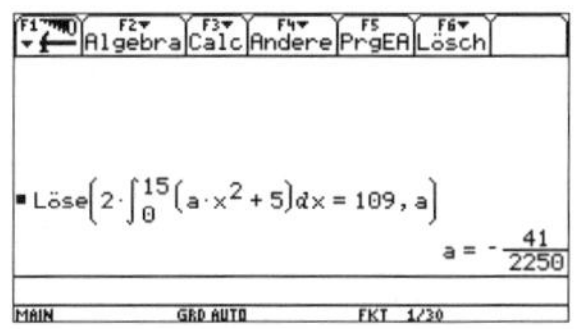

Die Gleichung der quadratischen Funktion, deren Graph die Bedingungen der Aufgabe näherungsweise erfüllt, lautet:

$$\underline{\underline{p(x) = -\frac{x^2}{50} + 5;\ x \in \mathbb{R};\ -15 \le x \le 15}}$$

Lärmschutzwall BE

Gegeben ist die Funktion f mit

$f(x) = \frac{1}{6}x^4 - \frac{3}{2}x^2 + 3;\ x \in \mathbb{R}.$

Ihr Graph sei G und ist im Koordinatensystem dargestellt.

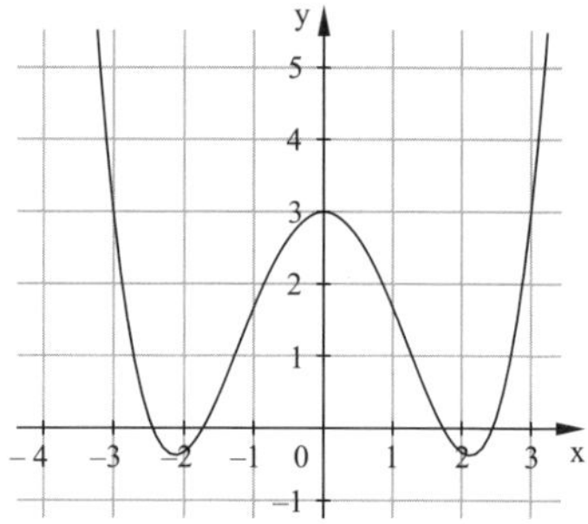

a) Bestimmen Sie die Koordinaten der Schnittpunkte von G mit den Koordinatenachsen.
Weisen Sie nach, dass G achsensymmetrisch zur y-Achse ist. 12

b) Zeigen Sie, dass $T\left(\frac{3}{2}\sqrt{2}\ \middle|\ -\frac{3}{8}\right)$ ein lokaler Tiefpunkt von G ist. 7

c) Die beiden Tangenten an den Graphen in den Wendepunkten (Wendetangenten) schließen zusammen mit der x-Achse ein Dreieck ein.
Begründen Sie, dass dieses Dreieck gleichschenklig sein muss, und berechnen Sie die Größe der Basiswinkel des Dreiecks. 7

d) Der Punkt $P(x_P \mid f'(x_P))$ mit $0 < x_P < \frac{3}{2}\sqrt{2}$ sei ein im IV. Quadranten liegender Punkt auf dem Graphen der Ableitungsfunktion f' (siehe nebenstehende Abbildung) der gegebenen Funktion f. Der Punkt Q ist der Fußpunkt des Lotes von P auf die x-Achse.
Weisen Sie nach, dass der Flächeninhalt des Dreiecks OPQ (O- Koordinatenursprung) mit der Formel $A(x_P) = -\frac{1}{3}x_P^4 + \frac{3}{2}x_P^2$ berechnet werden kann.

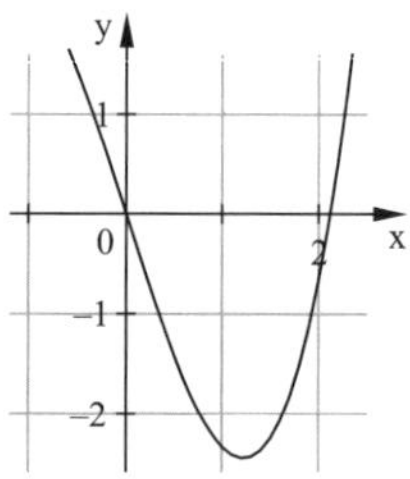

Berechnen Sie die Koordinaten von P für den Fall, dass das Dreieck OPQ einen maximalen Flächeninhalt besitzt.
Auf den Nachweis mit einer hinreichenden Bedingung wird verzichtet. 6

e) Der Graph G und die x-Achse schließen im I. und II. Quadranten eine Fläche vollständig ein (1 LE = 1 m). Diese Fläche A_L beschreibt modellhaft die Querschnittsfläche eines Lärmschutzwalls.
Zum Aufschütten des Lärmschutzwalls stehen 1 870 m^3 Material zur Verfügung.
Berechnen Sie, wie viel Meter des Walls damit aufgeschüttet werden können. 8

40

Tipps und Hinweise zur Lösung von Aufgabe 1.2

Tipps zu Teilaufgabe a

Schnittpunkte mit den Koordinatenachsen

- Für Punkte auf der x-Achse gilt: $y = 0$
- Für Punkte auf der y-Achse gilt: $x = 0$

Achsensymmetrie zur y-Achse

- Setzen Sie $-x$ in den Funktionsterm ein und vergleichen Sie das Ergebnis mit $f(x)$.

Tipps zu Teilaufgabe b

- Die Bedingung für einen lokalen Tiefpunkt lautet: $f'(x) = 0$ und $f''(x) > 0$
- Berechnen Sie den zugehörigen Funktionswert.

Tipps zu Teilaufgabe c

Gleichschenkliges Dreieck

- Berechnen Sie zunächst die Wendestellen.
- Die Bedingung für Wendepunkte lautet: $f''(x) = 0$ und $f'''(x) \neq 0$
- Beachten Sie die Symmetrie aus Teilaufgabe a.

Basiswinkel α

- Der Winkel lässt sich mithilfe der Steigung der Wendetangente berechnen.
- Beachten Sie, dass $f'(x) = \tan\alpha$ gilt.

Tipps zu Teilaufgabe d

Flächeninhalt

- Achten Sie darauf, dass es sich um ein rechtwinkliges Dreieck handelt.
- Für die Fläche gilt: $A_{\text{Dreieck}} = \frac{1}{2} \cdot \overline{OQ} \cdot \overline{PQ}$

Koordinaten von P

- Berechnen Sie das Maximum von $A(x_P)$, indem Sie $A'(x_P) = 0$ nach x_P auflösen.
- Setzen Sie x_P in $f'(x_P)$ ein, um die y-Koordinate zu berechnen.

Tipps zu Teilaufgabe e

- Berechnen Sie die Querschnittsfläche mit dem Integralansatz.
- Beachten Sie die Symmetrie und die in Teilaufgabe a berechneten Nullstellen.
- Für das Volumen des Walls gilt: $V = \text{Querschnittsfläche} \cdot \text{Länge}$

Lösungen zu Aufgabe 1.2

a) **Schnittpunkte mit Koordinatenachsen**

Für Nullstellen, also Schnittpunkte mit der x-Achse, gilt: $y = 0$

$$0 = \frac{1}{6}x^4 - \frac{3}{2}x^2 + 3 \quad \text{Substitution: } z = x^2$$

$$0 = \frac{1}{6}z^2 - \frac{3}{2}z + 3 \qquad |\cdot 6$$

$$0 = z^2 - 9z + 18$$

Lösung mittels pq-Formel:

$$\mathbb{L}_z = \left\{\frac{9}{2} \pm \sqrt{\frac{81}{4} - 18}\right\} = \left\{\frac{9}{2} \pm \sqrt{\frac{9}{4}}\right\} = \{6; 3\}$$

Rückführung der Substitution:

$$x^2 = 6 \quad \text{oder} \quad x^2 = 3$$

Die Nullstellen liegen bei $\mathbb{L}_x = \{\pm\sqrt{6};\ \pm\sqrt{3}\}$:

$$\underline{\underline{N_{1/2}(\pm\sqrt{6}\,|\,0)}},\ \underline{\underline{N_{3/4}(\pm\sqrt{3}\,|\,0)}}$$

Für Punkte auf der y-Achse gilt: $x = 0$

$$f(0) = 3$$

$$\underline{\underline{S_y(0\,|\,3)}}$$

Achsensymmetrie

Die Bedingung für Achsensymmetrie zur y-Achse lautet: $f(x) = f(-x)$

$$f(-x) = \frac{1}{6}(-x)^4 - \frac{3}{2}(-x)^2 + 3 = \frac{1}{6}x^4 - \frac{3}{2}x^2 + 3 = f(x)$$

Der Graph G ist $\underline{\underline{\text{achsensymmetrisch zur y-Achse.}}}$

b) Die Bedingung für einen lokalen Tiefpunkt lautet: $f'(x) = 0$ und $f''(x) > 0$

$$f'(x) = \frac{2}{3}x^3 - 3x$$

$$0 = \frac{2}{3}x^3 - 3x$$

$$0 = x \cdot \left(\frac{2}{3}x^2 - 3\right)$$

Ein Produkt ist null, wenn mindestens einer der Faktoren null ist.

Damit gilt:

$$x = 0 \quad \text{oder} \quad \frac{2}{3}x^2 - 3 = 0$$

$$x^2 = \frac{9}{2}$$

$$x = \pm\sqrt{\frac{9}{2}} = \pm\frac{3}{\sqrt{2}} = \pm\frac{3\sqrt{2}}{2}$$

Um den Tiefpunkt zu bestätigen, wird die 2. Ableitung gebildet:

$$f''(x) = 2x^2 - 3$$

$$f''\left(\frac{3}{2}\sqrt{2}\right) = 9 - 3 > 0 \quad \Rightarrow \quad \text{Tiefpunkt}$$

Durch Einsetzen von $\frac{3}{2}\sqrt{2}$ in die Ausgangsgleichung erhält man den zugehörigen y-Wert:

$$f\left(\frac{3}{2}\sqrt{2}\right) = -\frac{3}{8}$$

Damit ist $\underline{\underline{T\left(\frac{3}{2}\sqrt{2} \mid -\frac{3}{8}\right)}}$ lokaler Tiefpunkt von G.

c) **Gleichschenkliges Dreieck**

Die notwendige Bedingung für die Existenz eines Wendepunktes ist: $f''(x) = 0$

$$0 = 2x^2 - 3$$

$$\Rightarrow \quad x_{\text{Wendepunkt}} = \pm\sqrt{\frac{3}{2}}$$

Durch die Symmetrie des Graphen liegen auch die beiden Wendetangenten symmetrisch. Die auf den Wendetangenten liegenden Schenkel des Dreiecks sind somit gleich lang.

Basiswinkel

Der Basiswinkel im 2. Quadranten entspricht dem Steigungswinkel der Wendetangente an der Stelle $x = -\sqrt{\frac{3}{2}}$.

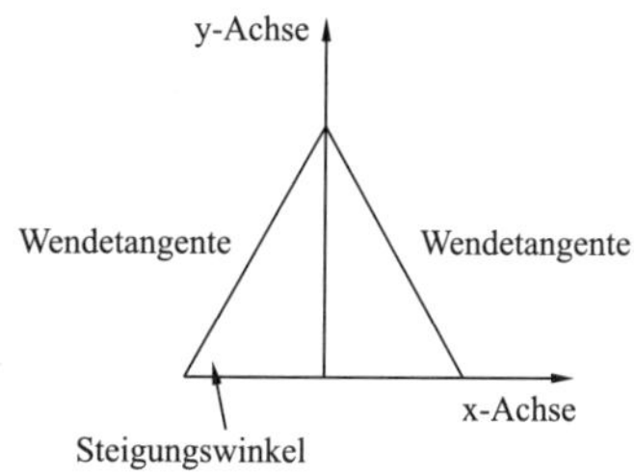

$$f'(x_{\text{Wendepunkt}}) = \tan\alpha$$

$$f'\left(-\sqrt{\frac{3}{2}}\right) = \sqrt{6}$$

$$\tan\alpha = \sqrt{6}$$

Für den Basiswinkel gilt demnach:

$$\underline{\underline{\alpha = 67{,}8°}}$$

d) **Flächeninhalt**

Da es sich um ein rechtwinkliges Dreieck handelt, gilt für die Fläche des Dreiecks OPQ:

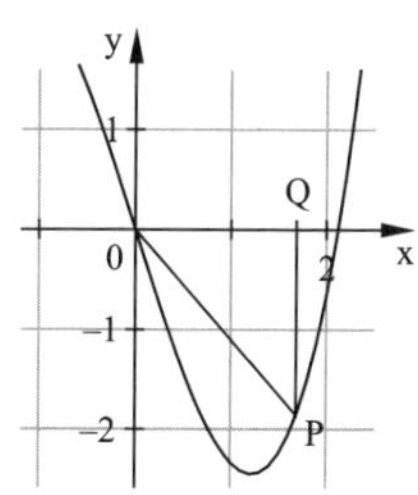

$$A_{\text{Dreieck}} = \frac{1}{2} \cdot \overline{OQ} \cdot \overline{PQ} = \frac{1}{2} \cdot x_P \cdot |f'(x_P)|$$

Da die Steigungszahl negativ ist, gilt:

$$A(x_{P)} = \frac{1}{2} \cdot x_P \cdot \left(-\left(\frac{2}{3}x_P^3 - 3x_P\right)\right)$$

$$= -\frac{1}{3}x_P^4 + \frac{3}{2}x_P^2$$

Koordinaten von P
Die Bedingung für den maximalen Flächeninhalt lautet: $A'(x_P)=0$
Für x gilt: $0 < x < \frac{3}{2}\sqrt{2}$

$$A'(x_P) = -\frac{4}{3}x_P^3 + 3x_P$$

$$0 = -\frac{4}{3}x_P^3 + 3x_P \qquad x_P \text{ ausklammern}$$

$$0 = x_P \cdot \left(-\frac{4}{3}x_P^2 + 3\right)$$

Ein Produkt ist null, wenn mindestens einer der Faktoren null ist.
Die Lösung $x_P=0$ entfällt, da für diese Lage von P kein Dreieck entsteht.

$$-\frac{4}{3}x_P^2 + 3 = 0 \;\Rightarrow\; x_P^2 = \frac{9}{4} \;\Rightarrow\; x_P = \pm\frac{3}{2}$$

Da P im 4. Quadranten liegt, gilt nur $x_P = \frac{3}{2}$.
Durch Einsetzen in die Gleichung von f' erhält man den zugehörigen Funktionswert von P:

$$y_P = \frac{2}{3}\left(\frac{3}{2}\right)^3 - 3\cdot\frac{3}{2} = -\frac{9}{4} \;\Rightarrow\; \underline{\underline{P\left(\frac{3}{2}\middle|-\frac{9}{4}\right)}}$$

Die maximale Fläche beträgt:

$$A_{max} = \frac{1}{2}\cdot\frac{3}{2}\cdot\frac{9}{4} = \frac{27}{16}\text{ FE}$$

e) Unter Beachtung der Symmetrie und der Nullstellen aus Teilaufgabe a ergibt sich die Querschnittsfläche aus dem Integralansatz:

$$2\cdot\int_0^{\sqrt{3}}\left(\frac{1}{6}x^4 - \frac{3}{2}x^2 + 3\right)dx = 2\cdot\left[\frac{1}{30}x^5 - \frac{1}{2}x^3 + 3x\right]_0^{\sqrt{3}} = \frac{18}{5}\sqrt{3}$$

Für das Volumen V des Walls gilt: V = Querschnittsfläche · Länge
Da das Volumen angegeben ist, folgt die Länge ℓ des Walls:

$$\frac{18}{5}\sqrt{3}\cdot\ell = 1870 \;\Rightarrow\; \ell \approx 299{,}90$$

Der Wall kann ca. $\underline{\underline{\text{300 m}}}$ aufgeschüttet werden.

Drachenviereck BE

Gegeben sind die Punkte $A(3|-1|2)$, $B(7|2|11)$, $C(3|3|14)$ und $D(-1|2|11)$ und die Gerade g durch

$$g:\ \vec{x} = \begin{pmatrix} 1 \\ 4 \\ 1 \end{pmatrix} + r \cdot \begin{pmatrix} -1 \\ 2 \\ -2 \end{pmatrix};\ r \in \mathbb{R}.$$

a) Entwickeln Sie für die Ebene E, die durch die Punkte A, B und C festgelegt ist, je eine Gleichung in Parameterform und in Normalenform.

[*Zur Kontrolle:* E: $\left[\vec{x} - \begin{pmatrix} 3 \\ -1 \\ 2 \end{pmatrix}\right] \cdot \begin{pmatrix} 0 \\ -3 \\ 1 \end{pmatrix} = 0$] 7

b) Weisen Sie nach, dass A, B, C und D in einer Ebene liegen und Eckpunkte eines Drachenvierecks mit der Symmetrieachse AC sind. 6

c) Bestimmen Sie den Flächeninhalt des Drachenvierecks ABCD.
Das Drachenviereck ABCD rotiert um seine Symmetrieachse. Es entsteht ein Doppelkegel. Berechnen Sie sein Volumen. 8

d) Weisen Sie nach, dass die Gerade g und die Ebene E einen Schnittpunkt haben. Untersuchen Sie, ob dieser Schnittpunkt auf der Diagonalen $\overline{AC}$ des Drachenvierecks liegt. 5

e) Das Drachenviereck beschreibt einen realen Drachen, wobei eine Längeneinheit im Modell für 10 cm in der Wirklichkeit steht. Der Drachen steigt um ca. 30 m. Seine Eckpunkte befinden sich nun in $A'(3|-27|308)$, $B'(7|-18|311)$, $C'(3|-15|312)$ und $D'(-1|-18|311)$. Bei diesem Steigungsvorgang hat sich der Drachen gedreht. Begründen Sie, dass er sich um die Achse BD gedreht hat. 4

30

Tipps und Hinweise zur Lösung von Aufgabe 2.1

Tipps zu Teilaufgabe a

- Eine Parameterform der Ebene E erhalten Sie durch $\vec{x} = \overrightarrow{OA} + s \cdot \overrightarrow{AB} + t \cdot \overrightarrow{AC};\ s, t \in \mathbb{R}$.
- Ermitteln Sie einen Normalenvektor, der auf beiden Richtungsvektoren senkrecht steht.
- Zwei Vektoren stehen senkrecht aufeinander, wenn ihr Skalarprodukt null ist.

Tipps zu Teilaufgabe b

Punktprobe

- Setzen Sie die Koordinaten von D in eine Gleichung der Ebene E ein und überprüfen Sie, ob eine wahre Aussage entsteht.

Nachweis der Existenz eines Drachenvierecks

- Berechnen Sie die Seitenlängen des Vierecks und stellen Sie fest, ob diese den Bedingungen eines Drachenvierecks genügen.
- Bei einem Drachenviereck ist eine Diagonale die Symmetrieachse.

Tipps zu Teilaufgabe c

Flächeninhalt des Drachenvierecks

- Der Flächeninhalt eines Drachenvierecks berechnet sich über $A = \frac{1}{2} \cdot e \cdot f$, wobei e und f die Diagonalen sind.
- Bestimmen Sie die notwendigen Streckenlängen.

Volumen des Doppelkegels

- Der Rotationskörper besteht aus zwei geraden Kreiskegeln.
- Die Höhen bestimmen Sie mit dem Satz des Pythagoras.

Tipps zu Teilaufgabe d

Lagebeziehung von g und E

- Setzen Sie g in die Koordinatenform von E ein und bestimmen Sie den Parameter, mit dem Sie die Koordinaten des Schnittpunktes angeben können.

Nachweis, dass $S \in \overline{AC}$ gilt

- Geben Sie eine Gleichung der Strecke $\overline{AC}$ an.
- Überprüfen Sie, ob der Schnittpunkt S diese Gleichung erfüllt.

Tipps zu Teilaufgabe e

- Überlegen Sie, welche Bedingung die Vektoren $\overrightarrow{BB'}$ und $\overrightarrow{DD'}$ erfüllen müssen, damit die beschriebene Drehung erfolgt sein kann.

Lösungen zu Aufgabe 2.1

a) Aus dem Stützvektor $\overrightarrow{OA}$ und den nicht kollinearen Richtungsvektoren $\overrightarrow{AB}$ und $\overrightarrow{AC}$ entsteht eine Parameterform $\vec{x} = \overrightarrow{OA} + s \cdot \overrightarrow{AB} + t \cdot \overrightarrow{AC};\ s, t \in \mathbb{R}$ der Ebene E:

$$\overrightarrow{AB} = \begin{pmatrix} 4 \\ 3 \\ 9 \end{pmatrix};\quad \overrightarrow{AC} = \begin{pmatrix} 0 \\ 4 \\ 12 \end{pmatrix} = 4 \cdot \begin{pmatrix} 0 \\ 1 \\ 3 \end{pmatrix}$$

$$\text{E: } \vec{x} = \begin{pmatrix} 3 \\ -1 \\ 2 \end{pmatrix} + s \cdot \begin{pmatrix} 4 \\ 3 \\ 9 \end{pmatrix} + t \cdot \begin{pmatrix} 0 \\ 1 \\ 3 \end{pmatrix};\quad s, t \in \mathbb{R}$$

1. Möglichkeit:

Für die Normalenform wird ein Normalenvektor $\vec{n}$ benötigt, der sowohl zu $\overrightarrow{AB}$ als auch zu $\overrightarrow{AC}$ senkrecht ist. Damit müssen die Gleichungen $\vec{n} \circ \overrightarrow{AB} = 0$ und $\vec{n} \circ \overrightarrow{AC} = 0$ erfüllt sein.

$$\begin{pmatrix} 4 \\ 3 \\ 9 \end{pmatrix} \circ \begin{pmatrix} n_1 \\ n_2 \\ n_3 \end{pmatrix} = 4n_1 + 3n_2 + 9n_3 = 0$$

$$\begin{pmatrix} 0 \\ 1 \\ 3 \end{pmatrix} \circ \begin{pmatrix} n_1 \\ n_2 \\ n_3 \end{pmatrix} = n_2 + 3n_3 = 0 \quad \Rightarrow \quad n_2 = -3n_3$$

Damit gilt:

$$4n_1 + 3 \cdot (-3n_3) + 9n_3 = 0 \quad \Rightarrow \quad n_1 = 0$$

Wählt man $n_3 = 1$, so gilt:

$$\vec{n} = \begin{pmatrix} 0 \\ -3 \\ 1 \end{pmatrix}$$

Für die Normalenform folgt:

$$\text{E: } \left[\vec{x} - \begin{pmatrix} 3 \\ -1 \\ 2 \end{pmatrix} \right] \circ \begin{pmatrix} 0 \\ -3 \\ 1 \end{pmatrix} = 0$$

$$\text{E: } \begin{pmatrix} 0 \\ -3 \\ 1 \end{pmatrix} \circ \vec{x} - 5 = 0$$

2. Möglichkeit:

Man kann auch mithilfe des Gleichungssystems aus der Parameterform eine Koordinatenform bilden, aus der der Normalenvektor abgelesen werden kann.

$$\begin{array}{ll} \text{I} & x = 3 + 4s \\ \text{II} & y = -1 + 3s + t \\ \text{III} & z = 2 + 9s + 3t \end{array}$$

Multipliziert man die Gleichung II mit -3 und addiert das Produkt zur Gleichung III, so erhält man die Koordinatenform E: $-3y + z = 5$, die für jedes reelle x gilt. Das heißt, die Ebene E ist senkrecht zur y-z-Ebene. Eine Normalenform der Ebene ist:

$$\text{E: } \begin{pmatrix} 0 \\ -3 \\ 1 \end{pmatrix} \circ \vec{x} - 5 = 0$$

b) **Punktprobe**

Das Einsetzen des Punktes D(−1 | 2 | 11) in die Koordinatenform ergibt mit $(-3)\cdot 2+11-5=0$ eine wahre Aussage. Der Punkt D ist Element der Ebene E.

Nachweis der Existenz eines Drachenvierecks

Es werden die Längen der Seiten des Vierecks berechnet:

$$|\overrightarrow{AB}|=\left|\begin{pmatrix}7\\2\\11\end{pmatrix}-\begin{pmatrix}3\\-1\\2\end{pmatrix}\right|=\left|\begin{pmatrix}4\\3\\9\end{pmatrix}\right|=\sqrt{4^2+3^2+9^2}=\underline{\underline{\sqrt{106}}}$$

$$|\overrightarrow{BC}|=\left|\begin{pmatrix}3\\3\\14\end{pmatrix}-\begin{pmatrix}7\\2\\11\end{pmatrix}\right|=\left|\begin{pmatrix}-4\\1\\3\end{pmatrix}\right|=\sqrt{(-4)^2+1^2+3^2}=\underline{\underline{\sqrt{26}}}$$

$$|\overrightarrow{CD}|=\left|\begin{pmatrix}-1\\2\\11\end{pmatrix}-\begin{pmatrix}3\\3\\14\end{pmatrix}\right|=\left|\begin{pmatrix}-4\\-1\\-3\end{pmatrix}\right|=\sqrt{(-4)^2+(-1)^2+(-3)^2}=\underline{\underline{\sqrt{26}}}$$

$$|\overrightarrow{AD}|=\left|\begin{pmatrix}-1\\2\\11\end{pmatrix}-\begin{pmatrix}3\\-1\\2\end{pmatrix}\right|=\left|\begin{pmatrix}-4\\3\\9\end{pmatrix}\right|=\sqrt{(-4)^2+3^2+9^2}=\underline{\underline{\sqrt{106}}}$$

Da $|\overrightarrow{AB}|=|\overrightarrow{AD}|$ und $|\overrightarrow{BC}|=|\overrightarrow{CD}|$ gilt, ist ABCD ein Drachenviereck mit der Symmetrieachse AC.

c) **Flächeninhalt des Drachenvierecks**

Die Maßzahl A des Flächeninhaltes eines Drachenvierecks berechnet man mit der Formel $A=\frac{1}{2}\cdot e\cdot f$, wobei e und f die Längenmaßzahlen der Diagonalen $\overrightarrow{AC}$ bzw. $\overrightarrow{BD}$ sind.

Es gilt:

$$e=|\overrightarrow{AC}|=\left|\begin{pmatrix}0\\4\\12\end{pmatrix}\right|=\sqrt{4^2+12^2}=\sqrt{160}=4\cdot\sqrt{10}$$

$$f=|\overrightarrow{BD}|=\left|\begin{pmatrix}-8\\0\\0\end{pmatrix}\right|=\sqrt{8^2}=8$$

Damit folgt:

$$A=\frac{1}{2}\cdot 4\cdot\sqrt{10}\cdot 8=16\cdot\sqrt{10}\approx\underline{\underline{50{,}6}}$$

Das Drachenviereck hat einen Flächeninhalt von rund 50,6 FE.

Volumen des Doppelkegels

Das Volumen eines geraden Kreiskegels berechnet man mit der Formel:

$$V=\frac{1}{3}\cdot\pi\cdot r^2\cdot h$$

Der Rotationskörper besteht aus zwei geraden Kreiskegeln mit den Höhen h_1 und h_2. Diese Höhen berechnet man aus den bereits gegebenen Daten nach dem Satz des Pythagoras:

$$h_1 = \sqrt{106-16} = 3\cdot\sqrt{10}$$

$$h_2 = \sqrt{26-16} = \sqrt{10}$$

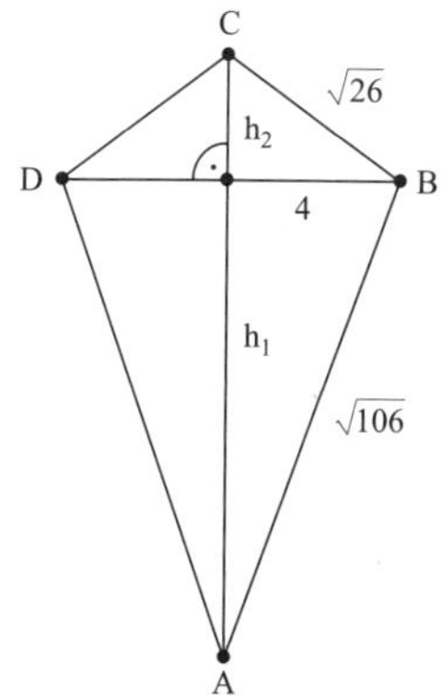

Das Volumen des Rotationskörpers erhält man aus der Summe der Volumina beider Kegel:

$$V = \frac{1}{3}\cdot\pi\cdot 4^2\cdot 3\cdot\sqrt{10} + \frac{1}{3}\cdot\pi\cdot 4^2\cdot\sqrt{10}$$

$$= \frac{1}{3}\cdot\pi\cdot 4^2\cdot 4\cdot\sqrt{10} = \frac{64}{3}\cdot\pi\cdot\sqrt{10} \approx \underline{\underline{212}}$$

Der Rotationskörper hat ein Volumen von rund 212 VE.

d) **Lagebeziehung von g und E**

Zur Bestimmung des Parameters r setzt man g in die Koordinatenform von E ein:

$g \cap E$:

$$\begin{aligned} -3\cdot(4+2r)+(1-2r)-5 &= 0 \\ -12-6r+1-2r-5 &= 0 \\ -8r-16 &= 0 \\ 8r &= -16 \\ r &= -2 \end{aligned}$$

Nun kann der Ortsvektor des Schnittpunktes aus der Geradengleichung ermittelt werden:

$$\vec{x} = \begin{pmatrix} 1 \\ 4 \\ 1 \end{pmatrix} + (-2)\cdot\begin{pmatrix} -1 \\ 2 \\ -2 \end{pmatrix} = \begin{pmatrix} 3 \\ 0 \\ 5 \end{pmatrix}$$

Die Gerade g schneidet die Ebene E im Punkt $\underline{\underline{S(3\,|\,0\,|\,5)}}$.

Nachweis, dass $S \in \overline{AC}$ gilt

Die Ortsvektoren $\vec{x}$ aller Punkte der Strecke $\overline{AC}$ erfüllen die Bedingung

$\vec{x} = \overrightarrow{OA} + u\cdot\overrightarrow{AC};\ 0 \le u \le 1;\ u \in \mathbb{R}$. Zur Überprüfung setzt man $\vec{x} = \overrightarrow{OS}$ und erhält:

$$\begin{pmatrix} 3 \\ 0 \\ 5 \end{pmatrix} = \begin{pmatrix} 3 \\ -1 \\ 2 \end{pmatrix} + u\cdot\begin{pmatrix} 0 \\ 4 \\ 12 \end{pmatrix};\quad 0 \le u \le 1;\quad u \in \mathbb{R}$$

Die Gleichung wird durch $u = \frac{1}{4}$ erfüllt. Damit ist gezeigt, dass der Schnittpunkt S auf der Strecke $\overline{AC}$ liegt.

e) Da zu zeigen ist, dass sich der Drachen um die Achse BD gedreht hat, vergleicht man die Vektoren $\overrightarrow{BB'}$ und $\overrightarrow{DD'}$:

$$\overrightarrow{BB'} = \overrightarrow{OB'} - \overrightarrow{OB} = \begin{pmatrix} 7 \\ -18 \\ 311 \end{pmatrix} - \begin{pmatrix} 7 \\ 2 \\ 11 \end{pmatrix} = \begin{pmatrix} 0 \\ -20 \\ 300 \end{pmatrix}$$

$$\overrightarrow{DD'} = \overrightarrow{OD'} - \overrightarrow{OD} = \begin{pmatrix} -1 \\ -18 \\ 311 \end{pmatrix} - \begin{pmatrix} -1 \\ 2 \\ 11 \end{pmatrix} = \begin{pmatrix} 0 \\ -20 \\ 300 \end{pmatrix}$$

Da $\overrightarrow{BB'} = \overrightarrow{DD'}$ gilt, kann eine Drehung des Drachens nur um die Achse BD erfolgt sein.

Verpackung BE

In einem kartesischen Koordinatensystem sind die Gerade

$$g:\ \vec{x} = \begin{pmatrix} -4 \\ -7 \\ -2 \end{pmatrix} + r \cdot \begin{pmatrix} 2 \\ 2 \\ 1 \end{pmatrix};\ r \in \mathbb{R}$$

sowie die Punkte $A(4\,|\,1\,|\,2)$, $B(3\,|\,0\,|\,6)$ und $C(11\,|\,8\,|\,10)$ gegeben.

a) Zeigen Sie, dass der Punkt A auf der Geraden g liegt.
Die Gerade h verläuft durch die Punkte B und C. Weisen Sie nach, dass g und h parallel zueinander verlaufen und nicht identisch sind. 4

b) Die Punkte A, B und C sind die Eckpunkte eines Dreiecks.
Zeigen Sie, dass dieses Dreieck einen rechten Winkel ABC hat, und berechnen Sie die Größe des Winkels BCA.
Geben Sie eine Gleichung der Ebene E, in der das Dreieck ABC liegt, in Koordinatenform an. 11

c) Ein Süßwarenhersteller beauftragt eine Werbefirma, eine neue Form für eine Verpackung zu kreieren. Die Werbefirma schlägt ein gerades dreiseitiges Prisma vor.
Berechnen Sie das Volumen der Verpackung für den Fall, dass A, B und C Eckpunkte der Grundfläche sind und die Deckfläche in der Ebene $H:\ -x + y = 17$ liegt. 8

d) Um eine bessere optische Wirkung zu erzielen, wird die Grundfläche des geraden dreiseitigen Prismas verändert. Die Eckpunkte B und C werden beibehalten und der Punkt A wird auf der Geraden g verschoben.
Begründen Sie, dass sich das Volumen für jedes neu entstehende gerade Prisma nicht ändert.
Der Süßwarenhersteller entscheidet sich für ein dreiseitiges Prisma, dessen Grundfläche ein gleichschenkliges Dreieck ist. Bestimmen Sie für diesen Fall die Koordinaten des auf der Geraden g liegenden Punktes. 7

30

Tipps und Hinweise zur Lösung von Aufgabe 2.2

Tipps zu Teilaufgabe a

Punktprobe

- Ein Punkt liegt auf einer Geraden, wenn seine Koordinaten die Geradengleichung erfüllen.

Parallelität

- Für die Gleichung von h ist der Stützpunkt gegeben, der Richtungsvektor ergibt sich z. B. durch $\overrightarrow{BC}$.
- Zwei Geraden sind parallel, wenn ihre Richtungsvektoren kollinear sind.
- Sie sind echt parallel, d. h. nicht identisch, wenn sie keinen Punkt gemeinsam haben.
- Überprüfen Sie dazu, ob der Stützpunkt der einen Geraden auf der anderen Geraden liegt.

Tipps zu Teilaufgabe b

Winkelberechnung

- Bei einem rechten Winkel stehen die Schenkel senkrecht aufeinander.
- Zwei Vektoren stehen senkrecht aufeinander, wenn ihr Skalarprodukt null ist.
- Den Winkel BCA berechnet man über die Kantenvektoren.

Gleichung der Ebene E in Koordinatenform

- Stellen Sie zunächst die Gleichung von E in Parameterform auf.
- Der Normalenvektor der Ebene muss auf beiden Richtungsvektoren senkrecht stehen.
- Das Ausmultiplizieren der Normalenform der Ebene ergibt die Koordinatenform.

Tipps zu Teilaufgabe c

- Die gegebene Ebene H ist parallel zur Ebene E.
- Der Abstand der Ebenen entspricht der Höhe des Prismas.
- Für die Abstandsberechnung benötigen Sie die Hesse'sche Normalenform.
- Für das Volumen eines Prismas gilt: $V = G \cdot h$

Tipps zu Teilaufgabe d

Begründung für gleichbleibendes Volumen

- Beachten Sie die Grundseiten und Höhen der verschiedenen Dreiecke.

Gleichschenkliges Dreieck

- Für ein gleichschenkliges Dreieck muss der Punkt A auf der Mittelsenkrechten zu $\overline{BC}$ liegen.
- Bestimmen Sie den Mittelpunkt von $\overline{BC}$ und beachten Sie, dass $\overrightarrow{BA}$ senkrecht auf $\overline{BC}$ steht.

Lösungen zu Aufgabe 2.2

a) **Punktprobe**

Der Punkt A liegt auf der Geraden g, wenn seine Koordinaten die Geradengleichung von g erfüllen.

Die Koordinaten von A, in die Gleichung von g eingesetzt, ergeben drei Gleichungen:

$$\begin{array}{ll} \text{I} & 4 = -4 + 2r \\ \text{II} & 1 = -7 + 2r \\ \text{III} & 2 = -2 + r \end{array}$$

Aus III folgt $r = 4$, welches durch I und II bestätigt wird. Somit gilt $\underline{\underline{A \in g}}$.

Parallelität

Für die Gleichung von h ist der Stützpunkt B gegeben, der Richtungsvektor ergibt sich z. B. durch $\overrightarrow{BC}$:

$$h\colon\ \vec{x} = \begin{pmatrix} 3 \\ 0 \\ 6 \end{pmatrix} + s \cdot \begin{pmatrix} 8 \\ 8 \\ 4 \end{pmatrix};\quad s \in \mathbb{R}$$

Die Richtungsvektoren von g und h sind kollinear:

$$\begin{pmatrix} 8 \\ 8 \\ 4 \end{pmatrix} = 4 \cdot \begin{pmatrix} 2 \\ 2 \\ 1 \end{pmatrix}$$

Somit sind g und h parallel.

Die Probeeinsetzung der Koordinaten des Stützpunktes von g in die Gleichung von h ergibt einen Widerspruch:

$$\begin{array}{lll} \text{I} & -4 = 3 + 8s & \\ \text{II} & -7 = \quad 8s & \Rightarrow\ s = -\frac{7}{8} \\ \text{III} & -2 = 6 + 4s & \Rightarrow\ s = -2 \quad \text{Widerspruch!} \end{array}$$

Die Geraden g und h sind nicht identisch, sondern $\underline{\underline{\text{echt parallel}}}$.

b) **Winkelberechnungen**

Der Winkel ABC ist ein rechter Winkel, wenn die Kantenvektoren $\overrightarrow{BC}$ und $\overrightarrow{BA}$ senkrecht zueinander sind. Das Skalarprodukt der beiden Vektoren muss null sein.

$$\overrightarrow{BC} = \begin{pmatrix} 8 \\ 8 \\ 4 \end{pmatrix} \quad \overrightarrow{BA} = \begin{pmatrix} 1 \\ 1 \\ -4 \end{pmatrix}$$

$$\begin{pmatrix} 8 \\ 8 \\ 4 \end{pmatrix} \circ \begin{pmatrix} 1 \\ 1 \\ -4 \end{pmatrix} = 8 + 8 - 16 = \underline{\underline{0}}$$

Die beiden Kantenvektoren stehen senkrecht aufeinander, der Winkel ABC ist ein rechter Winkel.

Den Winkel BCA berechnet man über die Kantenvektoren. Der Betrag eines Vektors $\vec{a}$ wird berechnet durch:

$$|\vec{a}| = \left|\begin{pmatrix} a_1 \\ a_2 \\ a_3 \end{pmatrix}\right| = \sqrt{a_1^2 + a_2^2 + a_3^2}$$

Damit gilt für den Winkel:

$$\cos(\sphericalangle BCA) = \frac{\overrightarrow{CB} \circ \overrightarrow{CA}}{|\overrightarrow{CB}| \cdot |\overrightarrow{CA}|} = \frac{\begin{pmatrix} -8 \\ -8 \\ -4 \end{pmatrix} \circ \begin{pmatrix} -7 \\ -7 \\ -8 \end{pmatrix}}{\sqrt{144} \cdot \sqrt{162}} = \frac{56 + 56 + 32}{12 \cdot \sqrt{162}} = 0,9428$$

Der Winkel $\sphericalangle BCA$ beträgt $\underline{\underline{19,47°}}$.

Gleichung der Ebene E in Koordinatenform

Die Ebenengleichung von E lässt sich z. B. mithilfe des Stützpunktes A und der Richtungsvektoren $\overrightarrow{AB}$ und $\overrightarrow{AC}$ aufstellen:

$$E: \vec{x} = \begin{pmatrix} 4 \\ 1 \\ 2 \end{pmatrix} + k \cdot \begin{pmatrix} -1 \\ -1 \\ 4 \end{pmatrix} + \ell \cdot \begin{pmatrix} 7 \\ 7 \\ 8 \end{pmatrix}; \quad k, \ell \in \mathbb{R}$$

Der Normalenvektor der Ebene muss auf beiden Richtungsvektoren senkrecht stehen. Die Skalarprodukte müssen null ergeben.

$\vec{n} = \begin{pmatrix} x \\ y \\ z \end{pmatrix}$ sei Normalenvektor zu E.

Damit gilt:

$$\begin{pmatrix} -1 \\ -1 \\ 4 \end{pmatrix} \circ \begin{pmatrix} x \\ y \\ z \end{pmatrix} = 0 \qquad \begin{pmatrix} 7 \\ 7 \\ 8 \end{pmatrix} \circ \begin{pmatrix} x \\ y \\ z \end{pmatrix} = 0$$

Es ergibt sich folgendes Gleichungssystem:

$$\begin{array}{ll} \text{I} & -x - y + 4z = 0 \quad |\cdot 7 \\ \text{II} & \underline{7x + 7y + 8z = 0} \\ \text{I} \cdot 7 & -7x - 7y + 28z = 0 \\ \text{II} & \underline{7x + 7y + 8z = 0} \end{array}$$

Durch Addition der beiden Gleichungen folgt:

$$36z = 0 \Rightarrow z = 0$$

Eingesetzt in Gleichung I folgt $x = -y$.
Die Wahl $x = 1$ führt zum Normalenvektor $\vec{n} = \begin{pmatrix} 1 \\ -1 \\ 0 \end{pmatrix}$.

Die Ebenengleichung für E in Normalenform lautet:

$$E: \left(\vec{x} - \begin{pmatrix} 4 \\ 1 \\ 2 \end{pmatrix}\right) \circ \begin{pmatrix} 1 \\ -1 \\ 0 \end{pmatrix} = 0$$

Die Durchführung des Skalarproduktes führt zur Koordinatenform der Ebenengleichung:

$$E: x - y - (4 - 1) = 0$$

$$\underline{\underline{E: x - y - 3 = 0}}$$

c) Die gegebene Ebene H ist parallel zur Ebene E, denn die Normalenvektoren der beiden Ebenen $\vec{n}_E = \begin{pmatrix} 1 \\ -1 \\ 0 \end{pmatrix}$ und $\vec{n}_H = \begin{pmatrix} -1 \\ 1 \\ 0 \end{pmatrix}$ sind kollinear.

$\vec{n}_H$ liest man aus der Koordinatenform der Ebene H ab.

Der Abstand der Ebenen E und H entspricht der Höhe des Prismas. Den Abstand der beiden Ebenen kann man berechnen über d(B; H), da $B \in E$. Dazu wird die Hesse'sche Normalenform benötigt, die man durch Normieren des Normalenvektors erhält.

$$|\vec{n}_H| = \left| \begin{pmatrix} n_1 \\ n_2 \\ n_3 \end{pmatrix} \right| = \sqrt{n_1^2 + n_2^2 + n_3^2} = \sqrt{1+1} = \sqrt{2}$$

Die Hesse'sche Normalenform der Ebene H lautet:

$$H\colon \frac{1}{\sqrt{2}} \cdot (-x + y - 17) = 0$$

Die Koordinaten des Punktes B eingesetzt ergeben den Abstand des Punktes B von der Ebene H:

$$d(B;H) = \left| \frac{1}{\sqrt{2}} \cdot (-3-17) \right| = \frac{20}{\sqrt{2}} = 10\sqrt{2} = h_{Prisma}$$

Für das Volumen des Prismas gilt:

$$V = G \cdot h$$

Die Grundfläche ist das rechtwinklige Dreieck ABC, dessen Fläche sich aus der Hälfte des Produkts der Katheten errechnet.

Für die Kathetenlängen gilt:

$$|\overrightarrow{BA}| = \left| \begin{pmatrix} 1 \\ 1 \\ -4 \end{pmatrix} \right| = \sqrt{1^2 + 1^2 + 4^2} = \sqrt{18} = 3\sqrt{2}$$

$$|\overrightarrow{BC}| = \left| \begin{pmatrix} 8 \\ 8 \\ 4 \end{pmatrix} \right| = \sqrt{8^2 + 8^2 + 4^2} = \sqrt{144} = 12$$

Damit gilt:

$$A_{Dreieck} = \frac{1}{2} \cdot |\overrightarrow{BA}| \cdot |\overrightarrow{BC}| = \frac{1}{2} \cdot 3\sqrt{2} \cdot 12 = 18\sqrt{2} \text{ [FE]}$$

$$V_{Prisma} = A_{Dreieck} \cdot h_{Prisma} = 18\sqrt{2} \cdot 10\sqrt{2} = \underline{\underline{360}} \text{ [VE]}$$

Das Volumen des Prismas beträgt 360 Volumeneinheiten.

d) **Begründung für gleichbleibendes Volumen**

B und C liegen auf der Geraden h, die parallel zur Geraden g verläuft. Der Abstand der Geraden ist konstant, somit ist die Höhe aller Dreiecke, erzeugt durch den auf der Geraden g laufenden Punkt A^*, gleich. Die Grundseite $\overline{BC}$ bleibt. Die Größe der Grundfläche der Prismen bleibt somit konstant. Die Volumina der entstehenden geraden Prismen ändern sich nicht.

Gleichschenkliges Dreieck

Für ein gleichschenkliges Dreieck muss der Punkt A^* auf der Mittelsenkrechten zu $\overline{BC}$ liegen.

1. Möglichkeit:

Die Koordinaten des Mittelpunktes M der Strecke $\overline{BC}$ berechnen sich über folgenden Ansatz:

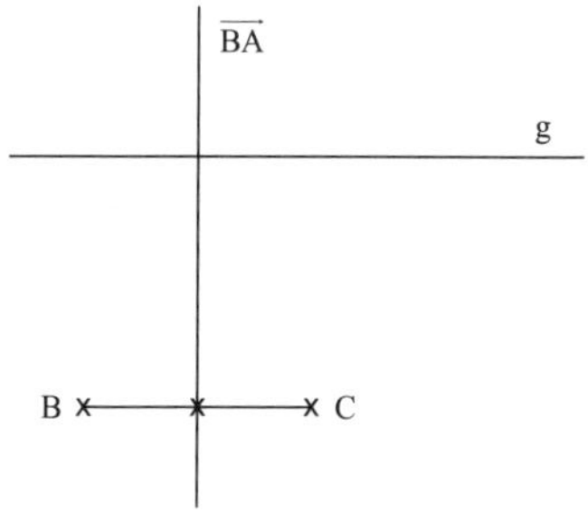

$$\vec{x}_M = \frac{1}{2} \cdot (\vec{x}_B + \vec{x}_C) = \begin{pmatrix} 7 \\ 4 \\ 8 \end{pmatrix}$$

Da der ursprüngliche Vektor $\overrightarrow{BA}$ aus dem rechtwinkligen Dreieck ABC senkrecht auf $\overrightarrow{BC}$ steht, kann man den Vektor $\overrightarrow{BA}$ zur Bestimmung der Koordinaten des Punktes A^* nutzen, der das Dreieck zu einem gleichschenkligen Dreieck macht.

$$\vec{x}_{A^*} = \vec{x}_M + \overrightarrow{BA} = \begin{pmatrix} 7 \\ 4 \\ 8 \end{pmatrix} + \begin{pmatrix} 1 \\ 1 \\ -4 \end{pmatrix} = \begin{pmatrix} 8 \\ 5 \\ 4 \end{pmatrix}$$

Die Koordinaten des Punktes A^* auf der Geraden g lauten $\underline{\underline{(8\,|\,5\,|\,4)}}$.

2. Möglichkeit:

Sieht man diese Zusammenhänge nicht, kann man über eine Hilfsebene F gehen, die senkrecht zu BC durch den Punkt M geht.

$\overrightarrow{BC}$ ist als Normalenvektor geeignet, M ist Stützpunkt.

$$F:\ \left(\vec{x} - \begin{pmatrix} 7 \\ 4 \\ 8 \end{pmatrix}\right) \circ \begin{pmatrix} 8 \\ 8 \\ 4 \end{pmatrix} = 0$$

Ausmultiplizieren des Skalarproduktes führt zur Koordinatenform der Ebenengleichung:

$$F:\ 8x + 8y + 4z - (56 + 32 + 32) = 0$$

$$F:\ 8x + 8y + 4z - 120 = 0$$

Durch Division durch 4 erhält man die äquivalente Gleichung:

$$F:\ 2x + 2y + z - 30 = 0$$

Die Koordinaten des Schnittpunktes A^* der Geraden g mit der Hilfsebene F erhält man durch Einsetzen der Koordinatenbedingungen der Geradengleichung g in die Koordinatenform der Ebenengleichung F.

$$\begin{aligned} 2 \cdot (-4 + 2r) + 2 \cdot (-7 + 2r) + (-2 + r) &= 30 \\ -8 + 4r - 14 + 4r - 2 + r &= 30 \\ 9r &= 54 \\ r &= 6 \end{aligned}$$

Eingesetzt in die Geradengleichung von g ergeben sich die Koordinaten des gesuchten Punktes A^*.

Die Koordinaten des Punktes A^* auf der Geraden g lauten $\underline{\underline{(8\,|\,5\,|\,4)}}$.

Berlin/Brandenburg – Mathematik Grundkurs
2010 – Aufgabe 3.1: Stochastik

Würfeln BE

Das Werfen zweier Würfel (W_1 und W_2) und eines Tetraeders (T) wird im Folgenden untersucht. Die Aufschriften der Körperseiten sind den skizzierten Netzen zu entnehmen. Beim Werfen des Tetraeders gilt die Zahl als Ergebnis, die unten liegt.

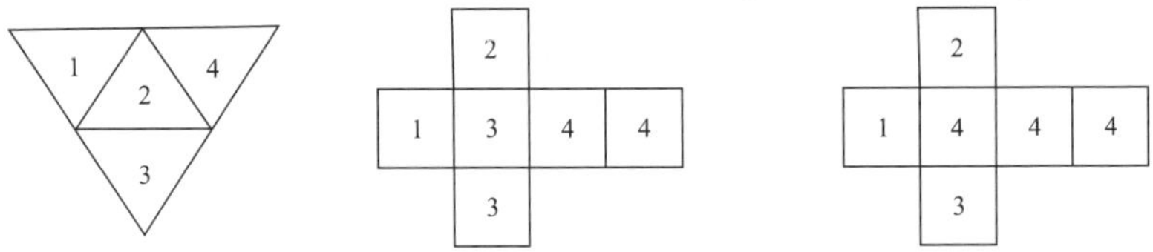

Körper T W_1 W_2

a) Die beiden Würfel werden gleichzeitig geworfen und folgende Ereignisse betrachtet:
A: Es erscheinen zwei ungerade Zahlen.
B: Mindestens ein Würfel zeigt eine ungerade Zahl.
Zeichnen Sie ein geeignetes, beschriftetes Baumdiagramm und berechnen Sie die Wahrscheinlichkeiten dieser beiden Ereignisse. 7

b) Die drei Körper werden gleichzeitig geworfen und folgende Ereignisse betrachtet:
C: Die Augensumme beträgt 4.
D: Die Augensumme beträgt 12.
Jemand stellt fest: Ereignis D tritt nur ein, wenn alle drei Körper eine „4“ zeigen, also nur bei einer Möglichkeit. Ereignis C tritt dagegen bei mehreren Möglichkeiten ein.
Er folgert daraus: Ereignis C ist wahrscheinlicher als das Ereignis D.
Prüfen Sie, ob diese Folgerung richtig ist.
[*Zur Kontrolle:* $P(D) \approx 0{,}042$] 5

c) Der Würfel W_1 wird fünfmal geworfen. Bestimmen Sie die Wahrscheinlichkeiten für die beiden folgenden Ereignisse:
E: Die Zahl 4 erscheint genau dreimal.
F: Die Zahl 4 erscheint genau dreimal direkt hintereinander. 9

d) Die drei Körper werden gleichzeitig geworfen, und zwar fünfmal hintereinander. Bestimmen Sie die Wahrscheinlichkeit dafür, dass genau einmal die Summe 12 beträgt. 5

e) Der Veranstalter V und der Spieler S vereinbaren folgendes Glücksspiel:
S zahlt seinen Einsatz ein und die drei Körper werden einmal geworfen. Ist die Summe ungerade, erhält S seinen Einsatz zurück. Beträgt die Summe 12, erhält der Spieler 10 € ausgezahlt.
Bestimmen Sie den Einsatz für S so, dass er auf lange Sicht, z. B. bei 1 000 Spielen, weder Gewinn noch Verlust macht.
Ohne Nachweis dürfen Sie verwenden, dass bei einem Wurf dieser drei Wurfgeräte die Wahrscheinlichkeit für eine ungerade Summe 0,5 ist. 4

30

Tipps und Hinweise zur Lösung von Aufgabe 3.1

Tipps zu Teilaufgabe a

- Im Gegensatz zum Tetraeder sind die Würfel nicht normal beschriftet. Ermitteln Sie daher zunächst die Wahrscheinlichkeiten für das Eintreten der Ergebnisse $\{1\}$, $\{2\}$, $\{3\}$, $\{4\}$.
- Der Wurf mit zwei Würfeln ist ein zweistufiges Zufallsexperiment. Überlegen Sie, welches Ereignis nach der Aufgabenstellung für jeden Würfel von Interesse ist und mit welcher Wahrscheinlichkeit es auftritt.
- Die Ereignisse A und B lassen sich durch ein geeignetes einfaches Baumdiagramm darstellen. Ihre Wahrscheinlichkeiten ergeben sich nach den Pfadregeln.

Tipps zu Teilaufgabe b

- Jedes Wurfergebnis der drei Körper lässt sich durch ein Zahlentripel (T, W_1, W_2) oder durch einen dreistufigen Pfad darstellen.
- Die Wahrscheinlichkeit seines Eintretens ergibt sich nach der Produktregel.
- Beschreiben Sie die Ereignisse C und D auf diese Weise und vergleichen Sie deren Wahrscheinlichkeiten.

Tipps zu Teilaufgabe c

- Wenden Sie das Modell „Binomialverteilung" mit den Parametern n, p und $q = 1 - p$ an.
- Das Ereignis E tritt genau dann ein, wenn in der Bernoulli-Kette der Länge $n = 5$ genau an drei Stellen eine 1 (für Treffer) steht und die restlichen zwei Positionen mit 0 besetzt sind. Es liegt also Binomialverteilung vor.
- Das Ereignis F tritt genau dann ein, wenn in der Bernoulli-Kette der Länge $n = 5$ auf drei aufeinanderfolgenden Stellen eine 1 (für Treffer) steht und die restlichen zwei Positionen mit 0 besetzt sind.
- Die Wahrscheinlichkeit für das Eintreten einer solchen Kette ist folglich $p^3 \cdot (1 - p)^2$.
- Ermitteln Sie die Anzahl dieser Ketten und berechnen Sie damit die Wahrscheinlichkeit von F.

Tipps zu Teilaufgabe d

- Das interessierende Ereignis ist D: „Die Augensumme ist 12" (Treffer) aus Teilaufgabe b.
- Die Feststellung, ob das Ereignis zutrifft oder nicht, ist ein Bernoulli-Experiment mit der „Trefferwahrscheinlichkeit" $p = P(D) = \frac{1}{24}$.
- Für das Ereignis „Die Augensumme 12 tritt genau einmal auf" sind alle Bernoulli-Ketten der Länge 5 zutreffend, bei denen an genau einer Stelle eine 1 (für Treffer) steht und alle anderen Positionen mit 0 besetzt sind.

Tipps zu Teilaufgabe e

- Bei einem Zufallsexperiment trete ein Ereignis E mit der Wahrscheinlichkeit p ein. Das Experiment wird n-mal wiederholt, wobei n relativ groß sein soll („auf lange Sicht"). Es liegt eine Bernoulli-Kette der Länge n vor. Dann ist zu erwarten, dass E in einer solchen Kette $(n \cdot p)$-mal eintritt.
- Überlegen Sie, ob nach den Spielregeln das Ereignis „Summe ist ungerade" für die Gewinn-Verlust-Bilanz eine Rolle spielt.
- Überlegen Sie, welcher Verlust auf lange Sicht für den Spieler entsteht, wenn der Einsatz von S je Spiel x Geldeinheiten beträgt.
- Der Gewinn ergibt sich durch das Eintreten des Ereignisses D aus Teilaufgabe b mit der Trefferwahrscheinlichkeit $p = P(D) = \frac{1}{24} \approx 0{,}042$.
- Ermitteln Sie, welchen Gewinn auf lange Sicht (n groß) der Spieler S zu erwarten hat.
- Formulieren Sie eine Bedingungsgleichung für eine auf lange Sicht ausgeglichene Bilanz.
- Berechnen Sie daraus die Größe x.

Lösungen zu Aufgabe 3.1

Das Werfen mit den Würfeln und dem Tetraeder sind Laplace-Experimente, da jede Seitenfläche mit der gleichen Wahrscheinlichkeit oben oder unten liegen kann. Wegen der abweichenden Beschriftung der Würfelflächen entspricht die Ergebnismenge {1, 2, 3, 4} aber keinem Laplace-Experiment. Die Wahrscheinlichkeit dafür, dass eine bestimmte Zahl oben liegt, ist das Verhältnis aus der Anzahl der mit dieser Zahl gekennzeichneten Seitenflächen zur Zahl 6. Damit ergeben sich folgende Wahrscheinlichkeitsverteilungen:

	1	2	3	4
T	$\frac{1}{4}$	$\frac{1}{4}$	$\frac{1}{4}$	$\frac{1}{4}$
W_1	$\frac{1}{6}$	$\frac{1}{6}$	$\frac{2}{6}$	$\frac{2}{6}$
W_2	$\frac{1}{6}$	$\frac{1}{6}$	$\frac{1}{6}$	$\frac{3}{6}$

a) Aus diesen Wahrscheinlichkeitsverteilungen berechnet sich die Wahrscheinlichkeit des Ereignisses U: „Würfel zeigt eine ungerade Zahl“ = {1, 3} durch Addition der Ergebniswahrscheinlichkeiten:

$$P(U) = P(\{1\}) + P(\{3\})$$

Für W_1 gilt:

$$P(U) = \frac{1}{6} + \frac{2}{6} = \frac{1}{2}$$

Für W_2 erhält man:

$$P(U) = \frac{1}{6} + \frac{1}{6} = \frac{1}{3}$$

Ereignis A

Nach den Pfadregeln gilt:

$$P(A) = \frac{1}{2} \cdot \frac{1}{3} = \underline{\underline{\frac{1}{6}}}$$

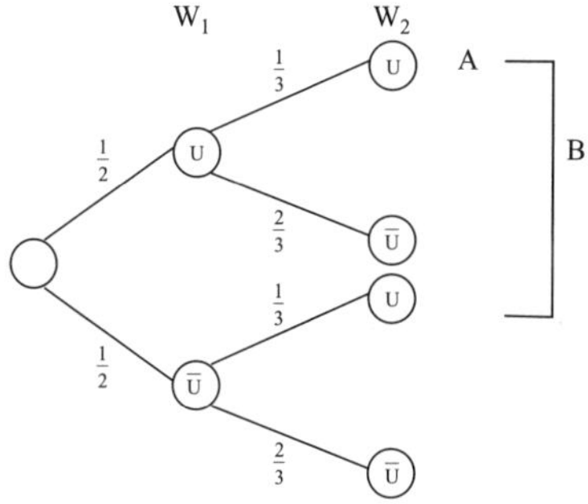

Ereignis B

1. Möglichkeit:

$$P(B) = \frac{1}{2} \cdot \frac{1}{3} + \frac{1}{2} \cdot \frac{2}{3} + \frac{1}{2} \cdot \frac{1}{3} = \underline{\underline{\frac{2}{3}}}$$

2. Möglichkeit:

Über die Gegenwahrscheinlichkeit lässt sich diese Wahrscheinlichkeit kürzer berechnen:

$$P(B) = 1 - P(\overline{B}) = 1 - \frac{1}{2} \cdot \frac{2}{3} = \underline{\underline{\frac{2}{3}}}$$

b) Stellt man das Ergebnis des „Dreierwurfes“ durch ein Zahlentripel (T, W_1, W_2) dar, erhält man aus der oben dargestellten Verteilungstabelle $C = \{(1, 1, 2), (1, 2, 1), (2, 1, 1)\}$ und $D = \{(4, 4, 4)\}$. Die Ereignisse lassen sich auch als Pfade in einem dreistufigen Baumdiagramm darstellen. Nach den Pfadregeln bzw. der Produkt- und Summenregel erhält man:

$$P(C) = \frac{1}{4}\cdot\frac{1}{6}\cdot\frac{1}{6} + \frac{1}{4}\cdot\frac{1}{6}\cdot\frac{1}{6} + \frac{1}{4}\cdot\frac{1}{6}\cdot\frac{1}{6} = 3\cdot\frac{1}{4}\cdot\frac{1}{6}\cdot\frac{1}{6} = \frac{1}{48}$$

$$P(D) = \frac{1}{4}\cdot\frac{2}{6}\cdot\frac{3}{6} = \frac{1}{24}$$

Die zitierte Folgerung ist <u>falsch</u>, denn die Wahrscheinlichkeit von D ist doppelt so groß wie die von C.

c) Es interessiert das Ereignis T: = „Die Zahl 4 erscheint“ (Treffer). Die Feststellung, ob das Ereignis zutrifft oder nicht, ist ein Bernoulli-Experiment mit der „Trefferwahrscheinlichkeit“ $p = P(T) = \frac{2}{6} = \frac{1}{3}$.

Ereignis E:
Sei X: „Anzahl des Eintretens von T“ in einer Bernoulli-Kette. Folglich ist X $B_{5;\frac{1}{3}}$-verteilt.

$$P(E) = P(X = 3) = \binom{5}{3}\cdot\left(\frac{1}{3}\right)^3\cdot\left(\frac{2}{3}\right)^2 \approx \underline{\underline{0{,}165}}$$

Zur Erklärung der Formel: Von den fünf Plätzen der Kette sind genau drei mit der Zahl 1 besetzt. Diese Anordnung lässt sich auf $\binom{5}{3} = 10$ unterschiedliche Weisen kombinieren. Es gibt also 10 Ketten, die zum Ereignis E führen. Jede Kette tritt mit der Wahrscheinlichkeit $\left(\frac{1}{3}\right)^3\cdot\left(\frac{2}{3}\right)^2$ auf.

Ereignis F
Von den oben genannten 10 Ketten führen nur jene zum Ereignis F, die in drei aufeinanderfolgenden Positionen eine 1 stehen haben. Das sind die Ketten 11100, 01110, 00111. Folglich ist:

$$P(F) = 3\cdot\left(\frac{1}{3}\right)^3\cdot\left(\frac{2}{3}\right)^2 \approx \underline{\underline{0{,}049}}$$

d) Sei Y: „Anzahl des Eintretens von D“ [Ereignis D aus Teilaufgabe b] in einer Bernoulli-Kette der Länge 5. Folglich genügt Y der Binomialverteilung $B_{5;\frac{1}{24}}$.

$$P(Y = 1) = \binom{5}{1}\cdot\left(\frac{1}{24}\right)^1\cdot\left(\frac{23}{24}\right)^4 \approx \underline{\underline{0{,}176}}$$

Zur Erklärung der Formel: Von den fünf Plätzen der Kette ist genau einer mit der Zahl 1 besetzt. Diese Anordnung lässt sich auf 5 unterschiedliche Weisen kombinieren. Es gibt also 5 Ketten, die zum gesuchten Ereignis G führen. Jede Kette tritt mit der Wahrscheinlichkeit $\left(\frac{1}{24}\right)^1\cdot\left(\frac{23}{24}\right)^4$ auf.

e) Die Wahrscheinlichkeit für eine ungerade Augensumme beträgt 0,5. Daher ist auf lange Sicht zu erwarten, dass bei n Spielen dieses Ereignis $\frac{n}{2}$-mal eintritt. Da in diesem Fall weder Gewinn noch Verlust gemacht wird, ist das für die Bilanz ohne Bedeutung. Spieler S zahlt folglich $\frac{n}{2} \cdot x$ Geldeinheiten tatsächlich ein.
Ereignis D aus Teilaufgabe b mit der Trefferwahrscheinlichkeit $p = P(D) = \frac{1}{24} \approx 0{,}042$ kann man auf lange Sicht $n \cdot p = \frac{n}{24}$-mal erwarten. Das ergibt einen Gewinn von $\frac{10n}{24}$ Geldeinheiten.
Die Bilanz soll ausgeglichen sein, d. h., es muss folgende Bedingung erfüllt sein:

$$\frac{n}{2} \cdot x = \frac{10n}{24}$$

$$x = \frac{5}{6} \approx 0{,}8\overline{3}$$

Der Spieler S muss rund $0{,}8\overline{3}$ Geldeinheiten pro Spiel einsetzen, um die genannte Zielstellung zu erreichen.

Ergänzung: Um langfristig einen Überschuss zu erzielen, muss die Bedingung $\frac{n}{2} \cdot x < \frac{10n}{24}$ erfüllt sein, also ein geringerer Einsatz gewählt werden. Der zu erwartende Überschuss beträgt $\frac{n}{2} \cdot \left(\frac{5}{6} - x\right)$.

Internetkommunikation BE

a) 71 % aller Jugendlichen haben einen eigenen PC. 84 % dieser Jugendlichen nutzen das Internet mehrmals pro Woche, 62 % davon sogar täglich.
Unter allen Jugendlichen wird ein Jugendlicher zufällig ausgewählt.
Berechnen Sie die Wahrscheinlichkeit folgender Ereignisse:
A_1: Man trifft auf einen jugendlichen PC-Besitzer, der das Internet zwar mehrmals pro Woche, aber nicht täglich nutzt.
A_2: Man trifft auf einen jugendlichen PC-Besitzer, der täglich ins Internet geht. 7

Eine Befragung unter Jugendlichen nach ihren kommunikativen Internettätigkeiten ergab:

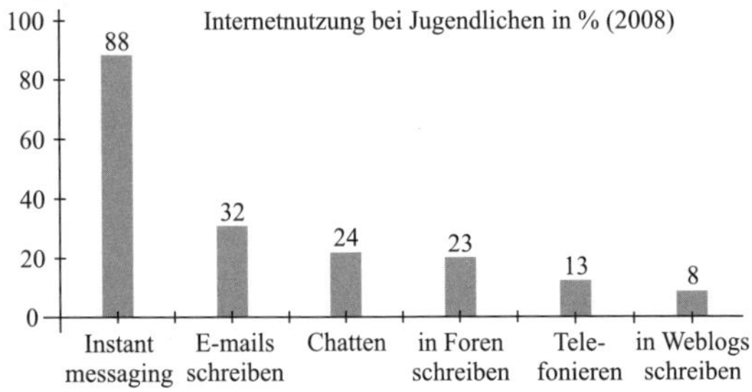

b) Berechnen Sie die Wahrscheinlichkeiten der folgenden Ereignisse:
B: Unter 20 zufällig ausgewählten Jugendlichen sind genau drei, die über das Internet chatten.
C: Unter zwölf zufällig ausgewählten Jugendlichen befinden sich höchstens zwei, die in ihrer Freizeit in Weblogs schreiben. 11

c) Berechnen Sie, wie viele Jugendliche man mindestens befragen müsste, um mit einer Mindestwahrscheinlichkeit von 92,5 % wenigstens einen unter ihnen zu haben, der in Foren schreibt. 8

d) Eine unter Jugendlichen beliebte Warenhauskette bezieht ihre PCs von drei verschiedenen Herstellern. Es ist bekannt, dass der Anteil p mit $0 < p < 1$ der gelieferten PCs vom Hersteller Sell stammt. Die beiden anderen Hersteller liefern jeweils einen gleich großen Anteil. Aus langjährigen Erfahrungen weiß man, dass die von Sell gelieferten PCs durchschnittlich zu 2,3 %, die vom zweiten Hersteller gelieferten PCs zu 3,4 % und die vom dritten Hersteller zu 5,6 % fehlerhaft sind. Berechnen Sie den Anteil der jeweiligen Hersteller an den gelieferten PCs für den Fall, dass die Fehlerquote insgesamt bei 4 % liegt. 4

30

Tipps und Hinweise zur Lösung von Aufgabe 3.2

Tipps zu Teilaufgabe a

- Definieren Sie Ereignisse, die den Sachverhalt beschreiben, und prüfen Sie, in welcher Relation diese Ereignisse zueinander stehen. Beispielsweise:
  A: „Ein zufällig ausgewählter Jugendlicher hat einen eigenen PC."
  B: „Ein zufällig ausgewählter PC-Besitzer nutzt das Internet mehrmals pro Woche."
  C: „Ein zufällig ausgewählter PC-Besitzer nutzt das Internet täglich."
- Interpretieren Sie die Situation als ein dreistufiges Experiment. In der ersten Stufe wird geprüft, ob ein zufällig ausgewählter Jugendlicher zu A gehört. Wenn ja, wird in der 2. Stufe geklärt, ob er zu B gehört, und in der 3. Stufe wird nach C gefragt.
- Stellen Sie die Situation durch ein Teildiagramm eines Entscheidungsbaumes dar (es interessiert nur der Teil des Baumes, der für die Fragestellung relevant ist).
- Stellen Sie die Ereignisse A_1 und A_2 durch Verknüpfungen von A, B und C dar.
- Berechnen Sie die gesuchten Wahrscheinlichkeiten mittels der ersten Pfadregel bzw. Produktregel.

Tipps zu Teilaufgabe b

- Wenden Sie das Modell „Binomialverteilung" mit den Parametern n, p und $q = 1 - p$ an. Die Wahrscheinlichkeit p (Trefferwahrscheinlichkeit) ist diejenige, mit der das Ereignis E eintritt.
- Definieren Sie eine geeignete Zufallsgröße als „Anzahl des Eintretens des Ereignisses E".
- Beschreiben Sie mit dieser Zufallsgröße die Ereignisse durch eine Gleichung bzw. Ungleichung.

Tipps zu Teilaufgabe c

- Wie in Teilaufgabe b definieren Sie eine Zufallsgröße als „Anzahl der Jugendlichen, die in Foren schreiben".
- Die Zufallsgröße ist binomialverteilt mit $p = 0{,}23$ und unbekanntem n.
- Drücken Sie das Ereignis „wenigstens einer …" durch eine Ungleichung mit der Zufallsgröße aus.
- Beschreiben Sie die Aussage, dass die Wahrscheinlichkeit für dieses mindestens 92,5 % betragen soll, durch eine Ungleichung.
- Wenden Sie die Formel für die Gegenwahrscheinlichkeit $P(A) = 1 - P(\overline{A})$ an.
- Lösen Sie die Ungleichung nach n auf und beachten Sie dabei die Monotonie der Logarithmusfunktion.

Tipps zu Teilaufgabe d

- Definieren Sie drei Ereignisse, die die Herkunft der PCs beschreiben.
- Entwickeln Sie ein Baumdiagramm mit den drei Pfaden, die im ersten Schritt zu den Herstellern führen und dann in das Ereignis F: „Produkt ist fehlerhaft" münden. Tragen Sie die Angaben des Aufgabentextes in das Baumdiagramm ein, auch die Variablen.
- Wenden Sie für jeden Pfad die Produktregel an und bilden dann die Summe aller Pfade. Das Ergebnis ergibt die Fehlerquote.
- Ermitteln Sie aus dieser Gleichung die Anteile der Hersteller.

Lösungen zu Aufgabe 3.2

a) Der Aufgabentext enthält Aussagen über folgende Ereignisse:
A: „Ein zufällig ausgewählter Jugendlicher hat einen eigenen PC."
B: „Ein zufällig ausgewählter PC-Besitzer nutzt das Internet mehrmals pro Woche."
C: „Ein zufällig ausgewählter PC-Besitzer nutzt das Internet täglich."
Offensichtlich gilt $C \subset B \subset A$.

Es liegt ein dreistufiges Zufallsexperiment vor. In der ersten Stufe wird geprüft, ob ein zufällig ausgewählter Jugendlicher zu A gehört. Wenn ja, wird in der 2. Stufe geklärt, ob er zu B gehört, und in der 3. Stufe wird nach C gefragt. Den Sachverhalt kann man durch ein dreistufiges Baumdiagramm darstellen, wobei nach der Aufgabenstellung nur der folgende Teilbaum von Interesse ist:

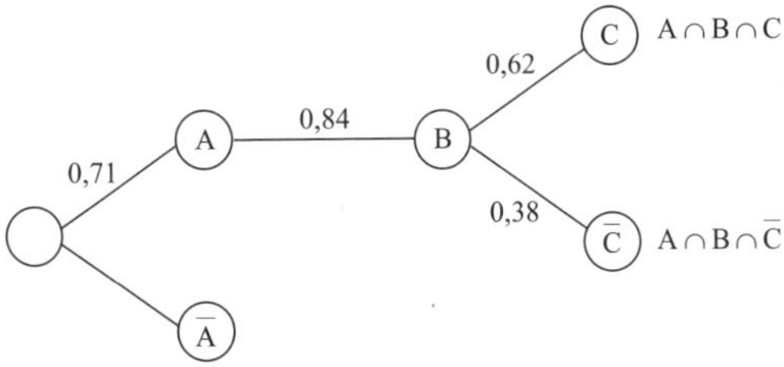

Die im Aufgabentext gegebenen Wahrscheinlichkeiten sind eingetragen. Die Ereignisse A_1 und A_2 lassen sich durch A, B und C wie folgt ausdrücken:

$$A_1 = A \cap B \cap \overline{C} = B \cap \overline{C}$$

$$A_2 = A \cap B \cap C = C$$

Nach der ersten Pfadregel bzw. Produktregel errechnen sich die gesuchten Wahrscheinlichkeiten zu:

$$P(A_1) = 0,71 \cdot 0,84 \cdot 0,38 \approx \underline{\underline{0,23}}$$

$$P(A_2) = 0,71 \cdot 0,84 \cdot 0,62 \approx \underline{\underline{0,37}}$$

Etwa 23 % aller Jugendlichen besitzen einen PC und nutzen das Internet mehrmals wöchentlich, aber nicht täglich, während rund 37 % der PC-Besitzer das Internet täglich nutzen.

b) Es ist zunächst festzustellen, ob ein bestimmtes Ereignis (Treffer) für einen zufällig ausgewählten Jugendlichen zutrifft oder nicht. Das ist ein Bernoulli-Experiment. Die Prüfung wird für alle Jugendlichen einer Stichprobe vom Umfang n vorgenommen. Daher liegt eine Bernoulli-Kette der Länge n (Stichprobenlänge n) vor. Für die Lösung der Aufgabe ist folglich das Modell „Binomialverteilung" geeignet.

Ereignis B
Es liegt eine Bernoulli-Kette der Länge $n = 20$ mit der Trefferwahrscheinlichkeit $p = 0,24$ (siehe Diagramm in der Aufgabenstellung) vor. Sei X: „Anzahl der Jugendlichen, die über das Internet chatten". Die Zufallsgröße X ist $B_{20;\,0,24}$-verteilt.

$$P(B) = P(X = 3) = \binom{20}{3} \cdot 0,24^3 \cdot 0,76^{17} = 1140 \cdot 0,24^3 \cdot 0,76^{17} \approx \underline{\underline{0,148}}$$

Die Wahrscheinlichkeit, dass genau drei von 20 Jugendlichen im Internet chatten, beträgt rund 0,15.

Ereignis C

In diesem Fall hat die Bernoulli-Kette die Länge $n = 12$ und die Trefferwahrscheinlichkeit ist $p = 0{,}08$ (siehe Diagramm in der Aufgabenstellung). Sei Y: „Anzahl der Jugendlichen, die in Weblogs schreiben“. Die Zufallsgröße Y ist $B_{12;0,08}$-verteilt.

$$P(C) = P(Y \leq 2) = \sum_{k=0}^{2} \binom{12}{k} \cdot 0{,}08^k \cdot 0{,}92^{12-k}$$

$$= 0{,}92^{12} + 12 \cdot 0{,}08 \cdot 0{,}92^{11} + 66 \cdot 0{,}08^2 \cdot 0{,}92^{10} \approx \underline{\underline{0{,}9348}}$$

Die Wahrscheinlichkeit, dass von 12 Jugendlichen höchstens 2 in Weblogs schreiben, beträgt rund 0,93.

c) Die Zufallsgröße Z: „Anzahl der Jugendlichen, die in Foren schreiben“ ist $B_{n;0,23}$-verteilt mit noch unbekanntem Stichprobenumfang n. Nach der Aufgabenstellung soll das Ereignis $Z \geq 1$ mit einer Wahrscheinlichkeit von mindestens 0,925 eintreten, also muss n so bestimmt werden, dass die Ungleichung $P(Z \geq 1) \geq 0{,}925$ gilt.

Wegen

$$P(Z \geq 1) = \sum_{k=1}^{n} \binom{n}{k} \cdot 0{,}23^k \cdot 0{,}77^{n-k} = 0{,}23^1 \cdot 0{,}77^{n-1} + \ldots + 0{,}23^n$$

lässt sich n aus dieser Darstellung nicht bestimmen. Es muss zur Gegenwahrscheinlichkeit übergegangen werden. Grundsätzlich ist bei $P(X \geq 1)$ der Übergang zur Gegenwahrscheinlichkeit $P(X \geq 1) = 1 - P(X < 1) = 1 - P(X = 0) = 1 - (1-p)^n$ immer angebracht.

$$P(Z \geq 1) \geq 0{,}925 \iff 1 - P(Z = 0) \geq 0{,}925 \iff P(Z = 0) \leq 0{,}075$$
$$\iff 0{,}77^n \leq 0{,}075 \iff n \cdot \ln 0{,}77 \leq \ln 0{,}075$$

Die Logarithmusfunktion ist streng monoton wachsend, daher bleibt die Ungleichung in dieser Relation erhalten. Im nächsten Schritt wird durch $\ln 0{,}77 < 0$ dividiert und die Relation kehrt um.

$$n \geq \frac{\ln 0{,}075}{\ln 0{,}77} \approx 9{,}9$$

Es sind mindestens zehn Jugendliche zu befragen, um eine Mindestsicherheit von 92,5 % dafür zu haben, dass wenigstens einer von ihnen in Foren schreibt.

d) Der Sachverhalt lässt sich durch ein zweistufiges Baumdiagramm beschreiben, wobei aufgrund der Aufgabenstellung nur die Pfade von Interesse sind, die im ersten Schritt zum Hersteller und im zweiten Schritt zum Ereignis F: „Produkt ist fehlerhaft“ führen. Sei H_k: „PC kommt vom Hersteller k“, $k = 1, 2, 3$ (H_1 entspricht Sell).

Eingetragen in das Baumdiagramm sind die Anteile der drei Hersteller und deren Fehlerquote. Dann ist der Anteil des jeweiligen Herstellers an den fehlerhaften PCs der Warenhauskette das Produkt entlang des zugeordneten Pfades.

Die Summe über alle Pfade ergibt den Anteil der fehlerhaften PCs am Gesamtbestand der Warenhauskette. Nach Vorgabe beträgt dieser 4 %.

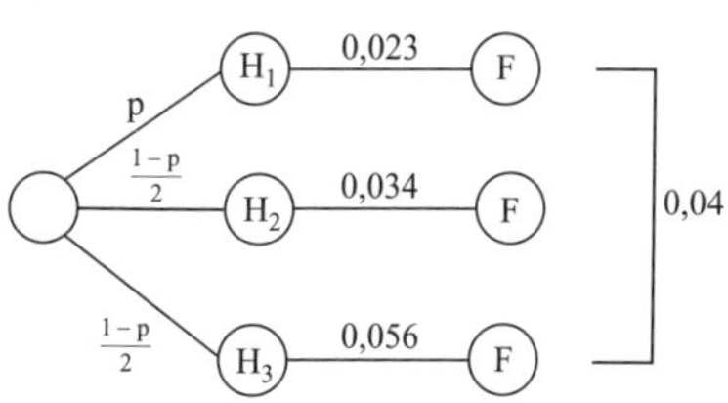

Folglich muss gelten:

$$0{,}023 \cdot p + \frac{0{,}034 \cdot (1-p)}{2} + \frac{0{,}056 \cdot (1-p)}{2} = 0{,}04$$

$$\Leftrightarrow \quad 0{,}046 \cdot p + 0{,}09 \cdot (1-p) = 0{,}08$$

$$\Leftrightarrow \quad -0{,}044p = -0{,}01 \quad \Leftrightarrow \quad 4{,}4 \cdot p = 1 \quad \Leftrightarrow \quad p = \underline{\underline{\frac{10}{44}}}$$

Für die Hersteller H_2 und H_3 gilt:

$$\frac{1-\frac{10}{44}}{2} = \frac{\frac{34}{44}}{2} = \underline{\underline{\frac{17}{44}}}$$

See BE

Gegeben sind die Funktionen f und g durch die Gleichung $f(x) = -x^3 + 4x^2 - 3x$ und den Graphen von g in der Anlage.
Die Graphen von f und g begrenzen für $1 \leq x \leq 3$ einen See. Der Graph von f bildet modellhaft die nördliche und die zu g gehörende quadratische Parabel die südliche Uferbegrenzungslinie.
Die x-Achse verläuft in West-Ost-Richtung. Die Längeneinheit ist 1 km.

a) Bestimmen Sie die Funktionsgleichung von g.
[*Zur Kontrolle:* $g(x) = \frac{1}{2}x^2 - 2x + \frac{3}{2}$] 4

b) Zeigen Sie, dass der Punkt $S_x(1\,|\,0)$ ein gemeinsamer Punkt der Graphen von f und g ist.
Der Graph der Funktion f schneidet die x-Achse in zwei weiteren Punkten. Ermitteln Sie deren Koordinaten. 7

c) Bestimmen Sie für den Graphen von f die Koordinaten der lokalen Extrempunkte und deren Art. Für die Koordinaten der Extrempunkte genügen Näherungswerte.
Zeichnen Sie auf der Grundlage Ihrer bisherigen Ergebnisse den Graphen von f in der Anlage ein. 15

d) Berechnen Sie die Länge des Sees zwischen seinem nördlichsten und seinem südlichsten Punkt in Metern. 4

e) Berechnen Sie die Größe der Seefläche. 6

f) Im Punkt $P(3\,|\,0)$ befinden sich Start und Ziel einer Schwimmveranstaltung. Für die Schwimmveranstaltung soll durch zwei Bojen im See ein 5 km langer Kurs in Form eines gleichseitigen Dreiecks abgesteckt werden, wobei eine der drei Schwimmbahnen in West-Ost-Richtung verläuft.
Berechnen Sie für den beschriebenen Schwimmkurs die exakten Koordinaten der Bojen. 4

40

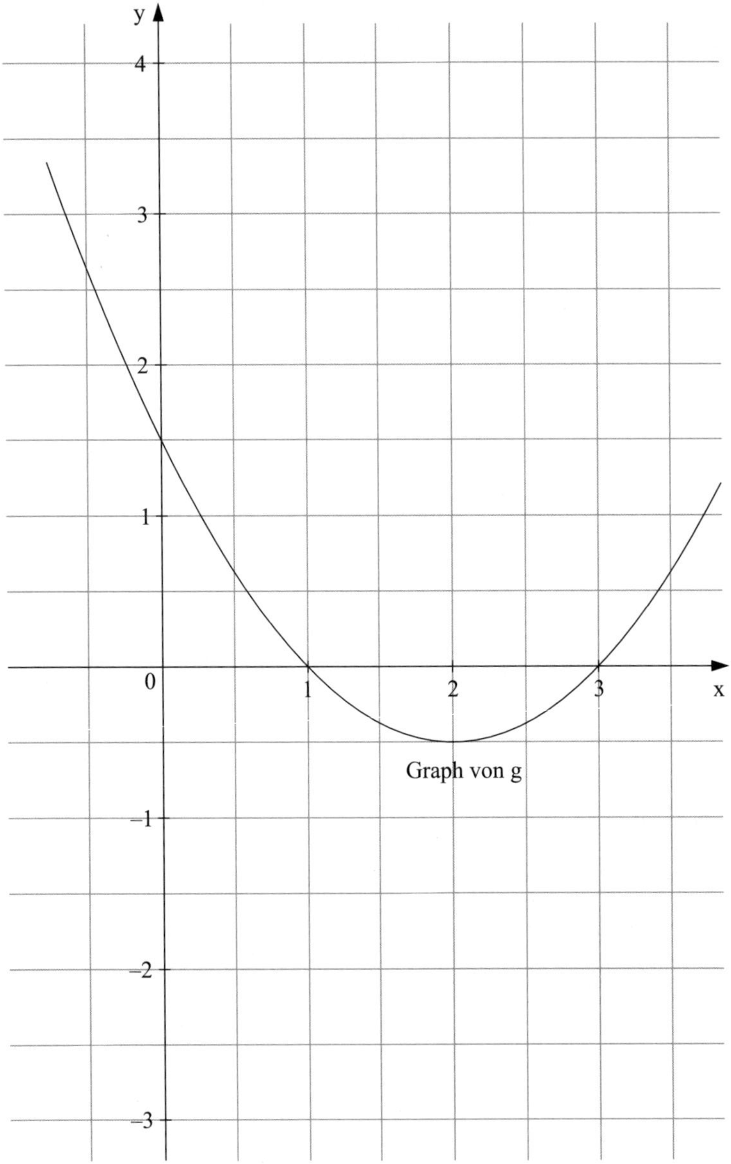

y
4
3
2
1
0
1
2
3
x
Graph von g
–1
–2
–3

Tipps und Hinweise zur Lösung von Aufgabe 1.1

Tipps zu Teilaufgabe a

- Lesen Sie aus der grafischen Darstellung in der Anlage die Koordinaten von charakteristischen Punkten ab, die die Gleichung der Funktion g bestimmen.
- Sie können zur Bestimmung des Funktionsterms auch ein lineares Gleichungssystem verwenden.

Tipps zu Teilaufgabe b

Nachweis, dass $S_x = N_1$ gemeinsamer Punkt der Graphen von f und g ist

- Den Nachweis führen Sie durch Einsetzen der Punktkoordinaten in die Funktionsgleichungen.
- Entsteht eine wahre Aussage, so ist der Punkt Element des jeweiligen Graphen.

Schnittpunkte des Graphen von f mit der x-Achse

- Bestimmen Sie durch Lösung der Gleichung $f(x) = 0$ die Nullstellen der Funktion und geben Sie dann die Koordinaten der Schnittpunkte mit der x-Achse an.

Tipps zu Teilaufgabe c

Koordinaten der lokalen Extrempunkte des Graphen von f

- Berechnen Sie die Gleichungen der ersten beiden Ableitungsfunktionen von f.
- Bestimmen Sie dann mithilfe der notwendigen und hinreichenden Bedingung die lokalen Extremstellen.
- Abschließend berechnen Sie die zugehörigen Funktionswerte.

Grafische Darstellung

- Tragen Sie die Achsenschnittpunkte und die lokalen Extrempunkte in das Koordinatensystem ein.
- Mithilfe dieser Punkte können Sie den Graphen von f skizzieren.

Tipps zu Teilaufgabe d

- Stellen Sie zunächst fest, welcher Punkt des Seeufers am nördlichsten und welcher am südlichsten liegt und verwenden Sie die Koordinaten dieser Punkte.
- Mithilfe des Satzes des Pythagoras können Sie danach die Entfernung dieser Punkte berechnen.
- Fertigen Sie sich gegebenenfalls eine Skizze an.

Tipps zu Teilaufgabe e

- Die Flächenmaßzahl der Seeoberfläche berechnen Sie unter Verwendung eines bestimmten Integrals, wobei der Integrand die Differenz $f(x) - g(x)$ ist.
- Die Integrationsgrenzen sind durch den westlichsten und den östlichsten Punkt des Sees bestimmt.

Tipps zu Teilaufgabe f

- Fertigen Sie sich eine Zeichnung an, in die Sie das gleichseitige Dreieck mit dem Punkt P und den beiden Bojen gemäß der Aufgabenstellung eintragen.
- Die dazu notwendigen Überlegungen sind eine Hilfe bei der Berechnung der Eckpunktkoordinaten dieses Dreiecks.

Lösungen zu Aufgabe 1.1

a) *1. Möglichkeit:*
Der Graph der Funktion g ist eine quadratische Parabel. Aus der Anlage zur Aufgabe kann entnommen werden, dass diese Parabel die Punkte $N_1(1\,|\,0)$, $S\left(2\,\middle|\,-\frac{1}{2}\right)$ und $N_2(3\,|\,0)$ enthält. Daran erkennt man, dass die quadratische Funktion g die Nullstellen $x_1 = 1$ und $x_2 = 3$ hat und dass ihr Graph im Vergleich zur Normalparabel mit dem Faktor $a = \frac{1}{2}$ gestaucht ist. Die Gleichung dieser quadratischen Funktion hat folglich die Form:

$$g(x) = \frac{1}{2} \cdot (x-1) \cdot (x-3) \quad \Rightarrow \quad \underline{\underline{g(x) = \frac{1}{2}x^2 - 2x + \frac{3}{2}}}$$

2. Möglichkeit:
Setzt man in die Gleichung der allgemeinen Form einer quadratischen Funktion $g(x) = a \cdot x^2 + b \cdot x + c$ die Koordinaten der Punkte N_1, S und N_2 ein, so erhält man ein lineares Gleichungssystem:

$$\begin{array}{ll} \text{I} & a+b+c=0 \\ \text{II} & 4a+2b+c=-\frac{1}{2} \\ \text{III} & 9a+3b+c=0 \end{array}$$

Aus III – I folgt $b = -4a$ und dies eingesetzt in II ergibt $c = 4a - \frac{1}{2}$. Eingesetzt in I erhält man die Lösungen:

$$a = \frac{1}{2}, \; b = -2 \text{ und } c = \frac{3}{2}$$

b) **Nachweis, dass $S_x = N_1$ gemeinsamer Punkt der Graphen von f und g ist**
Die Gleichung der Funktion g wurde mithilfe der Koordinaten des Punktes $S_x = N_1(1\,|\,0)$ berechnet. Deshalb gehört dieser Punkt zum Graphen von g.
Um nachzuweisen, dass $S_x = N_1(1\,|\,0)$ auch zum Graphen von f gehört, setzt man seine Koordinaten in die Gleichung von f ein:

$$0 = -1^3 + 4 \cdot 1^2 - 3 \cdot 1 \quad \Rightarrow \quad 0 = 0$$

Die wahre Aussage bestätigt die Zugehörigkeit des Punktes zum Graphen von f.

Schnittpunkte des Graphen von f mit der x-Achse
Die Schnittpunkte eines Graphen mit der x-Achse ermittelt man über die Berechnung der Nullstellen der zugehörigen Funktion.

Mit $x_1 = 1$ ist bereits eine Nullstelle der Funktion f bekannt. Die Gleichung von f lässt sich in der Form $f(x) = x \cdot (-x^2 + 4x - 3)$ schreiben. Deshalb hat f eine weitere Nullstelle $x_2 = 0$. Die Gleichung $-x^2 + 4x - 3 = 0 \;\Leftrightarrow\; x^2 - 4x + 3 = 0$ lässt sich mit der pq-Formel lösen:

$$x_{1/3} = 2 \pm \sqrt{4-3} = 2 \pm 1$$
$$x_1 = 1 \;\vee\; x_3 = 3$$

Damit hat der Graph von f die Achsenschnittpunkte $\underline{\underline{N_0(0\,|\,0)}}$, $S_x = \underline{\underline{N_1(1\,|\,0)}}$ und $\underline{\underline{N_2(3\,|\,0)}}$.

c) **Koordinaten der lokalen Extrempunkte des Graphen von f**

Von der Funktion f mit $f(x) = -x^3 + 4x^2 - 3x$ berechnet man die Gleichungen der ersten beiden Ableitungsfunktionen:

$$f'(x) = -3x^2 + 8x - 3$$
$$f''(x) = -6x + 8$$

Notwendige Bedingung für die Existenz lokaler Extremstellen:

$$f'(x) = 0 \;\Rightarrow\; -3x^2 + 8x - 3 = 0 \;\Rightarrow\; x^2 - \frac{8}{3}x + 1 = 0$$

$$\Rightarrow\; x_{1/2} = \frac{4}{3} \pm \sqrt{\frac{16-9}{9}} \;\Rightarrow\; x_1 = \frac{4-\sqrt{7}}{3} \approx 0{,}5;\; x_2 = \frac{4+\sqrt{7}}{3} \approx 2{,}2$$

Hinreichende Bedingung für die Existenz lokaler Extremstellen:

$$f''(0{,}5) = -6 \cdot 0{,}5 + 8 = 5 > 0 \quad \text{(Minimum)}$$
$$f''(2{,}2) = -6 \cdot 2{,}2 + 8 = -5{,}2 < 0 \quad \text{(Maximum)}$$

Berechnung der Funktionswerte an den lokalen Extremstellen:

$$f(0{,}5) = -0{,}5^3 + 4 \cdot 0{,}5^2 - 3 \cdot 0{,}5 = -0{,}625 \approx -0{,}6$$
$$f(2{,}2) = -2{,}2^3 + 4 \cdot 2{,}2^2 - 3 \cdot 2{,}2 = 2{,}112 \approx 2{,}1$$

Der Graph von f besitzt genau einen lokalen Tiefpunkt T und genau einen lokalen Hochpunkt H. Die Koordinaten dieser Punkte sind auf eine Nachkommastelle gerundet:

$$\underline{\underline{T(0{,}5 \mid -0{,}6)}};\; \underline{\underline{H(2{,}2 \mid 2{,}1)}}$$

Grafische Darstellung

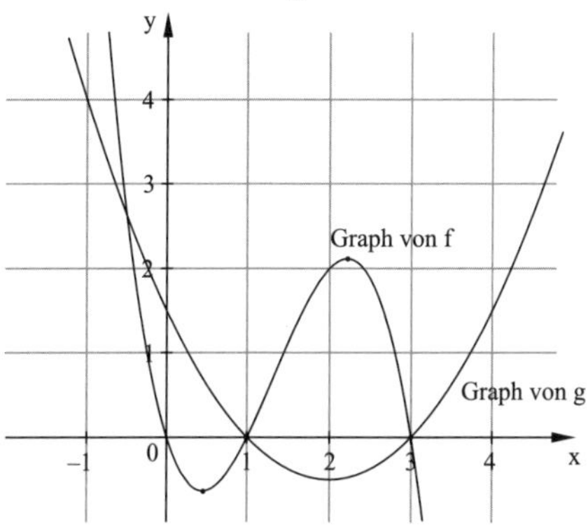

d) Da die x-Achse in West-Ost-Richtung verläuft, ist der nördlichste Punkt des Sees der Hochpunkt $H(2{,}2 \mid 2{,}1)$ des Graphen von f. Der südlichste Punkt des Sees ist der Scheitelpunk $S\left(2 \mid -\frac{1}{2}\right)$ des Graphen von g. Den Abstand dieser beiden Punkte berechnet man mithilfe des Satzes des Pythagoras:

$$|\overline{SH}| = \sqrt{(2{,}2-2)^2 + \left(2{,}1 - \left(-\tfrac{1}{2}\right)\right)^2} \approx 2{,}6$$

Mit 1 LE $\hat{=}$ 1 km = 1 000 m hat der See zwischen nördlichstem und südlichstem Punkt eine Länge von rund $\underline{\underline{2\,600\text{ m}}}$.

e) Den Grenzen des Sees in West-Ost-Richtung sind die Achsenschnittpunkte $S_x = N_1(1\,|\,0)$ und $N_2(3\,|\,0)$ beider Graphen zugeordnet. Die Maßzahl A der Seeflächengröße berechnet man deshalb mithilfe des bestimmten Integrals:

$$A = \int_1^3 [f(x) - g(x)]dx$$

$$= \int_1^3 \left[-x^3 + 4x^2 - 3x - \left(\frac{1}{2}x^2 - 2x + \frac{3}{2}\right)\right]dx$$

$$= \int_1^3 \left[-x^3 + \frac{7}{2}x^2 - x - \frac{3}{2}\right]dx$$

$$= \left[-\frac{1}{4}x^4 + \frac{7}{6}x^3 - \frac{1}{2}x^2 - \frac{3}{2}x\right]_1^3$$

$$= -\frac{81}{4} + \frac{63}{2} - \frac{9}{2} - \frac{9}{2} - \left(-\frac{1}{4} + \frac{7}{6} - \frac{1}{2} - \frac{3}{2}\right) = \frac{10}{3}$$

Mit 1 LE $\hat{=}$ 1 km ergibt sich für die Oberfläche des Sees eine Größe von rund $\underline{\underline{3{,}3\ \text{km}^2}}$.

f) Wenn das gleichseitige Dreieck B_1PB_2 einen Umfang von 5 km hat, so hat eine Seite des Dreiecks eine Länge von $\frac{5}{3}$ km.

Die Schwimmveranstaltung startet im Punkt $P(3\ \text{km}\,|\,0\ \text{km})$ und eine der drei Bahnen verläuft in West-Ost-Richtung. Damit muss eine im See befindliche Boje $\frac{5}{3}$ km westlich von P liegen.
Mit $3\ \text{km} - \frac{5}{3}\ \text{km} = \frac{4}{3}\ \text{km}$ hat diese Boje die Koordinaten

$\underline{\underline{B_1\left(\frac{4}{3}\ \text{km}\,\middle|\,0\ \text{km}\right)}}$.

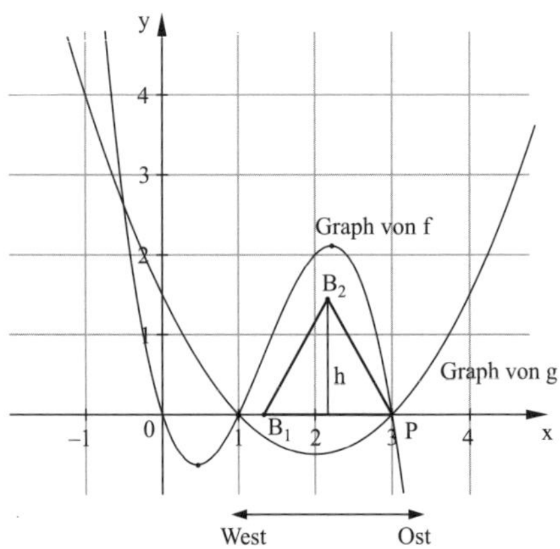

Für die Boje B_2 ist die x-Koordinate der Mittelpunkt der Strecke $\overline{B_1P}$ und damit $\frac{4}{3}\ \text{km} + \frac{5}{6}\ \text{km} = \frac{13}{6}\ \text{km}$. Die y-Koordinate ist die Höhe h des gleichseitigen Dreiecks mit der Seitenlänge $\frac{5}{3}\ \text{km} \Rightarrow h = \frac{5}{6} \cdot \sqrt{3}\ \text{km}$.

Die Boje B_2 hat also die Koordinaten $\underline{\underline{B_2\left(\frac{13}{6}\ \text{km}\,\middle|\,\frac{5}{6} \cdot \sqrt{3}\ \text{km}\right)}}$.

Die verwendete Zeichnung dient nur zur Anschauung und gehört nicht zum Lösungsweg.

Berlin/Brandenburg – Mathematik Grundkurs
2011 – Aufgabe 1.1: Analysis (CAS)

Nennen Sie Ihre Ansätze, Lösungswege und Ergebnisse in der in der Mathematik üblichen Form und nicht in der CAS-Eingabeform.

See BE

Gegeben sind die Funktionen f und g durch die Gleichung $f(x) = -x^3 + 4x^2 - 3x$ und den Graphen von g in der Anlage.
Die Graphen von f und g begrenzen für $1 \le x \le 3$ einen See. Der Graph von f bildet modellhaft die nördliche und die zu g gehörende quadratische Parabel die südliche Uferbegrenzungslinie.
Die x-Achse verläuft in West-Ost-Richtung. Die Längeneinheit ist 1 km.

a) Bestimmen Sie die Funktionsgleichung von g.
[*Zur Kontrolle:* $g(x) = \frac{1}{2}x^2 - 2x + \frac{3}{2}$] 3

b) Zeigen Sie, dass der Punkt $S_x(1\,|\,0)$ ein gemeinsamer Punkt der Graphen von f und g ist. Der Graph der Funktion f schneidet die x-Achse in zwei weiteren Punkten. Ermitteln Sie deren Koordinaten. 4

c) Bestimmen Sie für den Graphen von f die Koordinaten der lokalen Extrempunkte und deren Art. Für die Koordinaten der Extrempunkte genügen Näherungswerte. Zeichnen Sie auf der Grundlage Ihrer bisherigen Ergebnisse den Graphen von f in der Anlage ein. 9

d) Berechnen Sie die Länge des Sees zwischen seinem nördlichsten und seinem südlichsten Punkt in Metern. Berechnen Sie die Größe der Seefläche. 6

e) Westlich des Sees verläuft eine geradlinige Straße durch den Punkt $P(1\,|\,1)$ parallel zur Wendetangente des Graphen von f.
Der Graph von f besitzt genau einen Wendepunkt. Ermitteln Sie dessen Koordinaten und bestimmen Sie eine Gleichung für den Straßenverlauf. Zeichnen Sie diesen in der Anlage ein.
[*Kontrollergebnis:* $W\left(\frac{4}{3}\,\middle|\,\frac{20}{27}\right)$]
Berechnen Sie die Entfernung des Wendepunktes von der Straße auf einen Meter genau. 14

f) Im Punkt $Q(3\,|\,0)$ befinden sich Start und Ziel einer Schwimmveranstaltung. Für die Schwimmveranstaltung soll durch zwei Bojen im See ein 5 km langer Kurs in Form eines gleichseitigen Dreiecks abgesteckt werden, wobei eine der drei Schwimmbahnen in West-Ost-Richtung verläuft.
Berechnen Sie für den beschriebenen Schwimmkurs die exakten Koordinaten der Bojen. 4

40

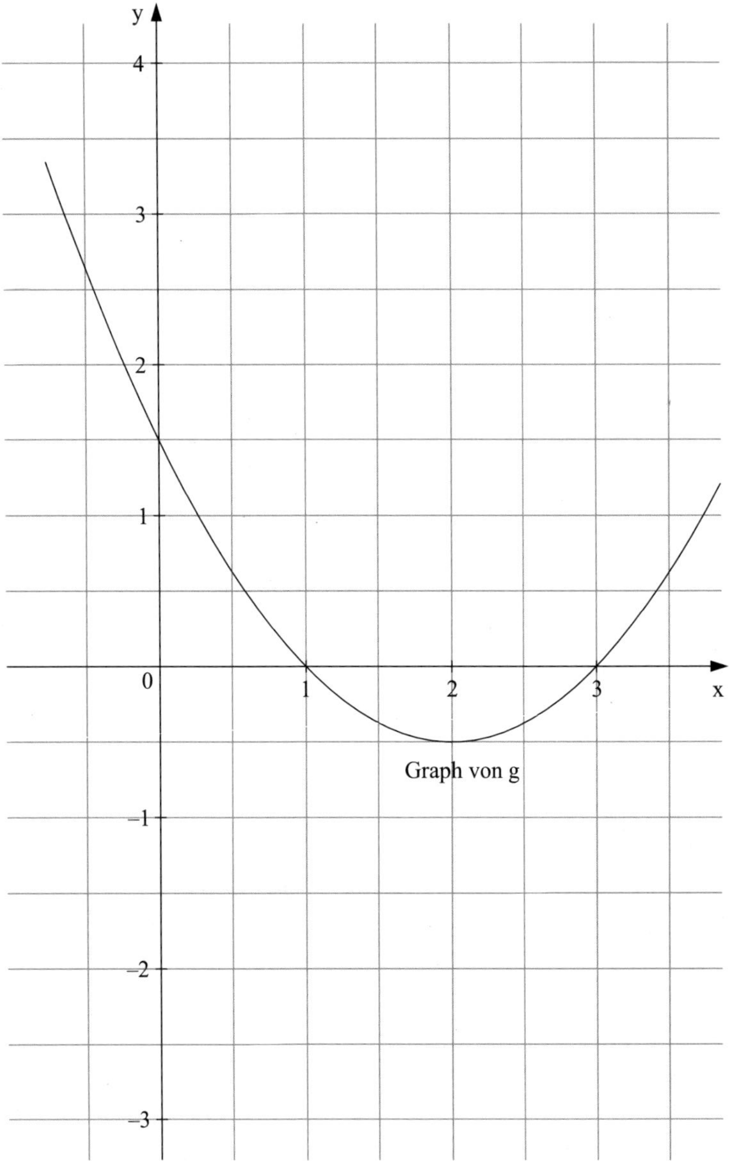
y
4
3
2
1
0
1
2
3
x
Graph von g
–1
–2
–3

Tipps und Hinweise zur Lösung von Aufgabe 1.1 (CAS)

Tipps zu Teilaufgabe a

- Lesen Sie aus der grafischen Darstellung in der Anlage die Koordinaten von charakteristischen Punkten ab, die die Gleichung der Funktion g bestimmen.
- Sie können zur Bestimmung des Funktionsterms auch ein lineares Gleichungssystem verwenden.

Tipps zu Teilaufgabe b

Nachweis, dass $S_x = N_1$ gemeinsamer Punkt der Graphen von f und g ist

- Den Nachweis führen Sie durch Einsetzen der Punktkoordinaten in die Funktionsgleichungen.
- Entsteht eine wahre Aussage, so ist der Punkt Element des jeweiligen Graphen.

Schnittpunkte des Graphen von f mit der x-Achse

- Bestimmen Sie durch Lösung der Gleichung $f(x) = 0$ die Nullstellen der Funktion und geben Sie dann die Koordinaten der Schnittpunkte mit der x-Achse an.

Tipps zu Teilaufgabe c

Koordinaten der lokalen Extrempunkte des Graphen von f

- Berechnen Sie die Gleichungen der ersten beiden Ableitungsfunktionen von f.
- Bestimmen Sie dann mithilfe der notwendigen und hinreichenden Bedingung die lokalen Extremstellen.
- Abschließend berechnen Sie die zugehörigen Funktionswerte.

Grafische Darstellung

- Tragen Sie die Achsenschnittpunkte und die lokalen Extrempunkte in das Koordinatensystem ein. Mithilfe dieser Punkte können Sie den Graphen von f skizzieren.

Tipps zu Teilaufgabe d

Berechnung der Länge des Sees

- Stellen Sie zunächst fest, welcher Punkt des Seeufers am nördlichsten und welcher am südlichsten liegt, und verwenden Sie die Koordinaten dieser Punkte.
- Mithilfe des Satzes des Pythagoras können Sie danach die Entfernung dieser Punkte berechnen.
- Fertigen Sie sich gegebenenfalls eine Skizze an.

Berechnung der Größe der Seefläche

- Die Flächenmaßzahl der Seeoberfläche berechnen Sie unter Verwendung eines bestimmten Integrals, wobei der Integrand die Differenz $f(x) - g(x)$ ist.
- Die Integrationsgrenzen sind durch den westlichsten und den östlichsten Punkt des Sees bestimmt.

Tipps zu Teilaufgabe e

Koordinaten des Wendepunktes

- Berechnen Sie mit der notwendigen Bedingung $f''(x) = 0$ die Wendestelle und mit dieser den zugehörigen Funktionswert.

Gleichung des Straßenverlaufs

- Die Geradengleichung erhalten Sie aus der „Punkt-Richtungsgleichung" unter Verwendung des Punktes P und des Anstieges des Graphen von f an der Wendestelle.

Entfernung des Wendepunktes von der Straße

- Berechnen Sie den Abstand, das heißt die Länge des Lotes, das vom Wendepunkt auf die Straße gefällt wird.
- Geben Sie dazu eine Gleichung der Geraden an, die durch den Wendepunkt geht und senkrecht zum Straßenverlauf ist.
- Bestimmen Sie die Koordinaten des Lotfußpunktes und berechnen Sie seine Entfernung vom Wendepunkt.

Tipps zu Teilaufgabe f

- Fertigen Sie sich eine Zeichnung an, in die Sie das gleichseitige Dreieck mit dem Punkt P und den beiden Bojen gemäß der Aufgabenstellung eintragen.
- Die dazu notwendigen Überlegungen sind eine Hilfe bei der Berechnung der Eckpunktkoordinaten dieses Dreiecks.

Lösungen zu Aufgabe 1.1 (CAS)

a) *1. Möglichkeit:*
Der Graph der Funktion g ist eine quadratische Parabel. Aus der Anlage zur Aufgabe kann entnommen werden, dass diese Parabel die Punkte $N_1(1\,|\,0)$, $S\left(2\,\middle|\,-\frac{1}{2}\right)$ und $N_2(3\,|\,0)$ enthält. Daran erkennt man, dass die quadratische Funktion g die Nullstellen $x_1 = 1$ und $x_2 = 3$ hat und dass ihr Graph im Vergleich zur Normalparabel mit dem Faktor $a = \frac{1}{2}$ gestaucht ist. Die Gleichung dieser quadratischen Funktion hat folglich die Form:

$$g(x) = \frac{1}{2} \cdot (x-1) \cdot (x-3) \quad \Rightarrow \quad \underline{\underline{g(x) = \frac{1}{2}x^2 - 2x + \frac{3}{2}}}$$

2. Möglichkeit:
Setzt man in die Gleichung der allgemeinen Form einer quadratischen Funktion $g(x) = a \cdot x^2 + b \cdot x + c$ die Koordinaten der Punkte N_1, S und N_2 ein, so erhält man ein lineares Gleichungssystem:

$$\begin{array}{ll} \text{I} & a + b + c = 0 \\ \text{II} & 4a + 2b + c = -\frac{1}{2} \\ \text{III} & 9a + 3b + c = 0 \end{array}$$

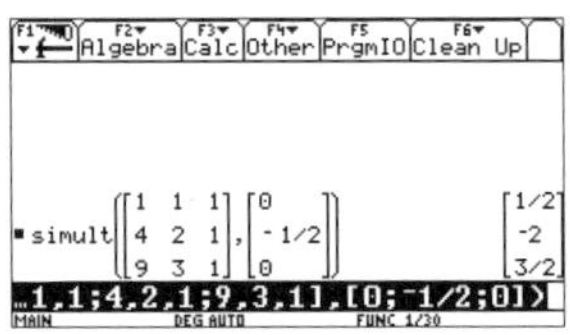

Das System hat folgende Lösungen:

$$a = \frac{1}{2}, \; b = -2 \text{ und } c = \frac{3}{2}$$

b) **Nachweis dass $S_x = N_1$ gemeinsamer Punkt der Graphen von f und g ist**
Die Gleichung der Funktion g wurde mithilfe der Koordinaten des Punktes $S_x = N_1(1\,|\,0)$ berechnet. Deshalb gehört dieser Punkt zum Graphen von g.
Um nachzuweisen, dass $S_x = N_1(1\,|\,0)$ auch zum Graphen von f gehört, setzt man seine Koordinaten in die Gleichung von f ein:

$$0 = -1^3 + 4 \cdot 1^2 - 3 \cdot 1 \quad \Rightarrow \quad 0 = 0$$

Die wahre Aussage bestätigt die Zugehörigkeit des Punktes zum Graphen von f.

Schnittpunkte des Graphen von f mit der x-Achse

Die Schnittpunkte eines Graphen mit der x-Achse ermittelt man über die Berechnung der Nullstellen der zugehörigen Funktion.

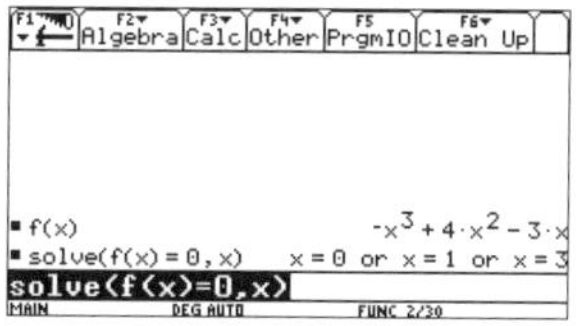

Mit $x_1 = 1$ ist bereits eine Nullstelle der Funktion f bekannt. Die Gleichung von f lässt sich in der Form $f(x) = x \cdot (-x^2 + 4x - 3)$ schreiben. Deshalb hat f eine weitere Nullstelle $x_2 = 0$. Die Gleichung $-x^2 + 4x - 3 = 0$ hat außer $x_1 = 1$ noch die Lösung $x_3 = 3$. Damit hat der Graph von f die Achsenschnittpunkte $\underline{\underline{N_0(0\,|\,0)}}$, $S_x = \underline{\underline{N_1(1\,|\,0)}}$ und $\underline{\underline{N_2(3\,|\,0)}}$.

c) **Koordinaten der lokalen Extrempunkte des Graphen von f**

Von der Funktion f mit $f(x) = -x^3 + 4x^2 - 3x$ berechnet man die Gleichungen der ersten beiden Ableitungsfunktionen:

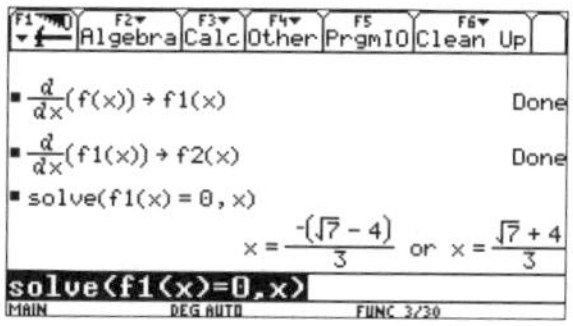

$$f'(x) = -3x^2 + 8x - 3$$
$$f''(x) = -6x + 8$$

Notwendige Bedingung für die Existenz lokaler Extremstellen:

$$f'(x) = 0 \;\Rightarrow\; -3x^2 + 8x - 3 = 0$$
$$\Rightarrow\; x_1 = \frac{4 - \sqrt{7}}{3} \approx 0{,}5; \quad x_2 = \frac{4 + \sqrt{7}}{3} \approx 2{,}2$$

Hinreichende Bedingung für die Existenz lokaler Extremstellen:

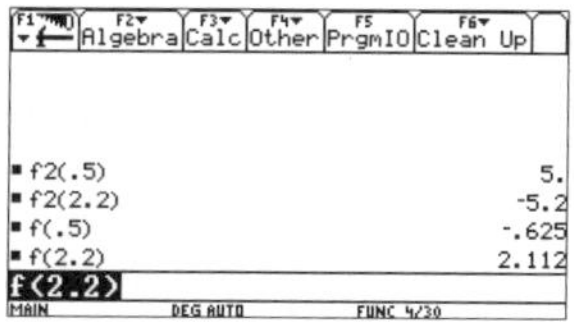

$$f''(0{,}5) = -6 \cdot 0{,}5 + 8 = 5 > 0 \quad \text{(Minimum)}$$
$$f''(2{,}2) = -6 \cdot 2{,}2 + 8 = -5{,}2 < 0 \quad \text{(Maximum)}$$

Berechnung der Funktionswerte an den lokalen Extremstellen:

$$f(0{,}5) = -0{,}5^3 + 4 \cdot 0{,}5^2 - 3 \cdot 0{,}5 = -0{,}625 \approx -0{,}6$$
$$f(2{,}2) = -2{,}2^3 + 4 \cdot 2{,}2^2 - 3 \cdot 2{,}2 = 2{,}112 \approx 2{,}1$$

Der Graph von f besitzt genau einen lokalen Tiefpunkt T und genau einen lokalen Hochpunkt H. Die Koordinaten dieser Punkte sind auf eine Nachkommastelle gerundet:

$\underline{\underline{T(0{,}5\,|-0{,}6)}}$; $\underline{\underline{H(2{,}2\,|\,2{,}1)}}$

Grafische Darstellung

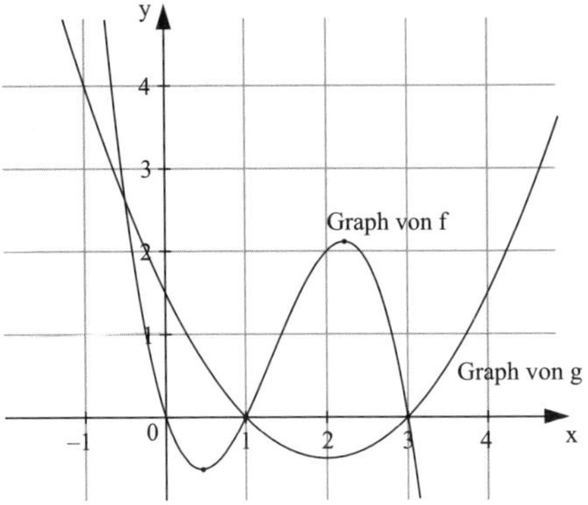

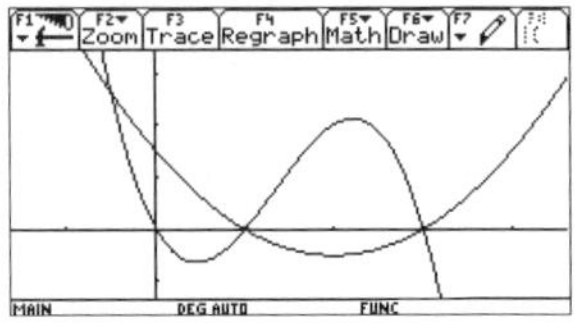

d) **Berechnung der Länge des Sees**

Da die x-Achse in West-Ost-Richtung verläuft, ist der nördlichste Punkt des Sees der Hochpunkt $H(2{,}2\,|\,2{,}1)$ des Graphen von f. Der südlichste Punkt des Sees ist der Scheitelpunkt $S\left(2\,\middle|\,-\frac{1}{2}\right)$ des Graphen von g. Den Abstand dieser beiden Punkte berechnet man mithilfe des Satzes des Pythagoras:

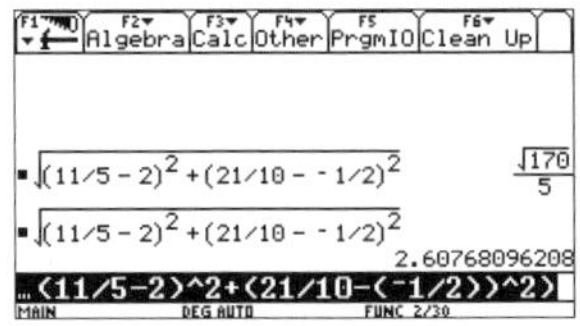

$$|\overline{SH}| = \sqrt{(2{,}2-2)^2 + \left(2{,}1-\left(-\tfrac{1}{2}\right)\right)^2} = \frac{\sqrt{170}}{5} \approx 2{,}6$$

Mit 1 LE ≙ 1 km = 1 000 m hat der See zwischen nördlichstem und südlichstem Punkt eine Länge von rund 2 600 m.

Berechnung der Größe der Seefläche

Den Grenzen des Sees in West-Ost-Richtung sind die Achsenschnittpunkte $S_x = N_1(1\,|\,0)$ und $N_2(3\,|\,0)$ beider Graphen zugeordnet. Die Maßzahl A der Seeflächengröße berechnet man deshalb mithilfe des bestimmten Integrals:

$$A = \int_1^3 [f(x) - g(x)]dx = \frac{10}{3}$$

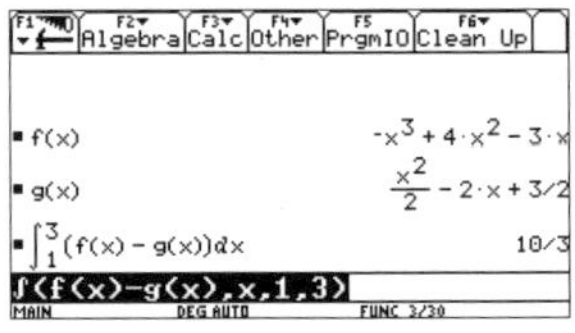

Mit 1 LE ≙ 1 km ergibt sich für die Oberfläche des Sees eine Größe von rund $3{,}3\ \text{km}^2$.

e) **Koordinaten des Wendepunktes**

Notwendige Bedingung:

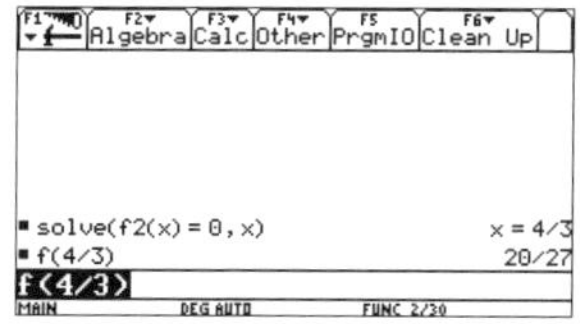

$$f''(x) = -6x + 8 = 0 \quad \Rightarrow \quad x = \frac{4}{3}$$

Da die Aufgabenstellung die Existenz genau eines Wendepunktes angibt, kann auf die hinreichende Bedingung verzichtet werden.

$$f\left(\frac{4}{3}\right) = -\left(\frac{4}{3}\right)^3 + 4 \cdot \left(\frac{4}{3}\right)^2 - 3 \cdot \frac{4}{3} = \frac{20}{27}$$

Der Wendepunkt des Graphen von f hat die Koordinaten $\underline{\underline{W\left(\frac{4}{3} \,\middle|\, \frac{20}{27}\right)}}$.

Gleichung des Straßenverlaufs

Die Straße verläuft durch den Punkt P(1 | 1) und ihr Anstieg m entspricht dem des Graphen von f an der Wendestelle $x = \frac{4}{3}$:

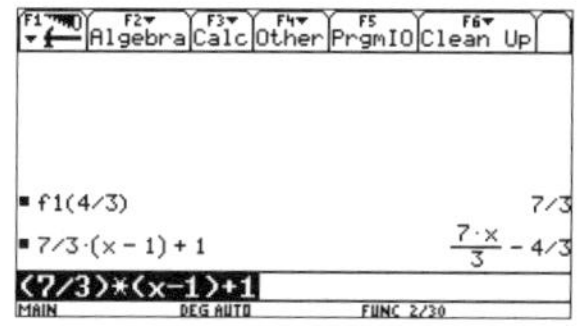

$$m = f'\left(\frac{4}{3}\right) = -3\left(\frac{4}{3}\right)^2 + 8 \cdot \frac{4}{3} - 3 = \frac{7}{3}$$

Mithilfe der Punkt-Richtungsgleichung bestimmt man nun die Gleichung des Straßenverlaufs:

$$\underline{\underline{y = \frac{7}{3} \cdot (x-1) + 1 = \frac{7}{3}x - \frac{4}{3}}}$$

Ergänzung der grafischen Darstellung

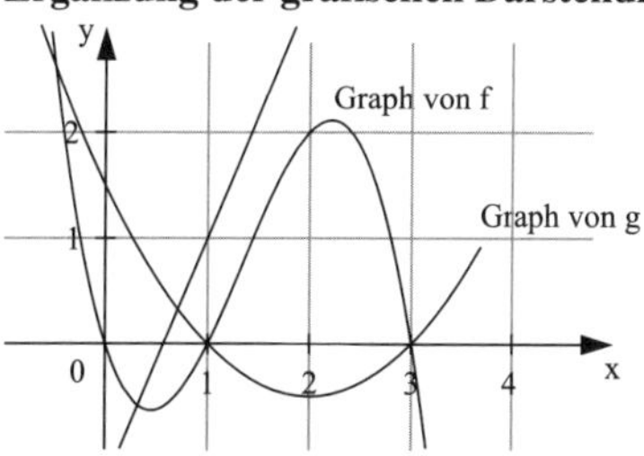

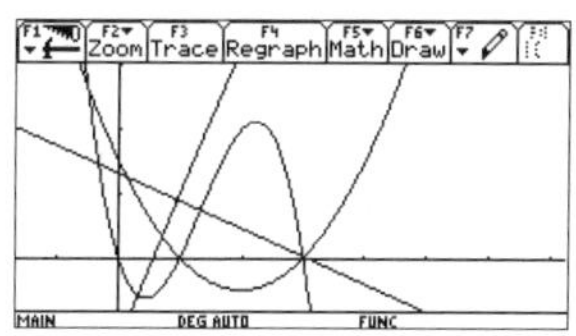

Im Display ist zusätzlich die im Folgenden zu verwendende Gerade h eingezeichnet.

Entfernung des Wendepunktes von der Straße

Zu berechnen ist der Abstand, das heißt die Länge des Lotes, das vom Wendepunkt auf die Straße gefällt wird.

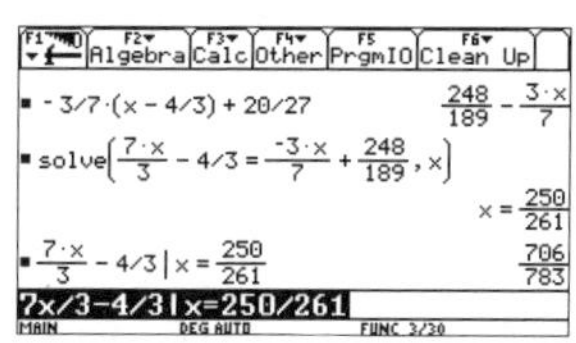

Man gibt eine Gleichung der Geraden h an, die durch den Wendepunkt geht und senkrecht zum Straßenverlauf ist. Für die Steigung gilt:

$$m' = -\frac{1}{m} = -\frac{3}{7}$$

Damit gilt:

$$h(x) = -\frac{3}{7} \cdot \left(x - \frac{4}{3}\right) + \frac{20}{7} = -\frac{3}{7}x + \frac{248}{189}$$

Um die x-Koordinate des Lotfußpunktes zu bestimmen, löst man folgende Gleichung:

$$\frac{7}{3}x-\frac{4}{3}=-\frac{3}{7}x+\frac{248}{189} \quad\Rightarrow\quad x=\frac{250}{261} \quad\Rightarrow\quad h\left(\frac{250}{261}\right)=\frac{706}{783}$$

Den Abstand d zwischen Lotfußpunkt und Wendepunkt berechnet man mithilfe des Satzes des Pythagoras:

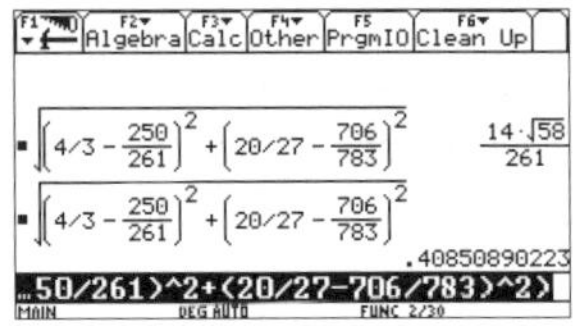

$$d=\sqrt{\left(\frac{4}{3}-\frac{250}{261}\right)^2+\left(\frac{20}{27}-\frac{706}{783}\right)^2}\ \text{km}$$

$$=\frac{14\cdot\sqrt{58}}{261}\ \text{km}\approx 0{,}409\ \text{km}$$

Der Abstand des Wendepunktes von der Straße beträgt rund 409 m.

f) Wenn das gleichseitige Dreieck B_1PB_2 einen Umfang von 5 km hat, so hat eine Seite des Dreiecks eine Länge von $\frac{5}{3}$ km.

Die Schwimmveranstaltung startet im Punkt P(3 km | 0 km) und eine der drei Bahnen verläuft in West-Ost-Richtung. Damit muss eine im See befindliche Boje $\frac{5}{3}$ km westlich von P liegen.

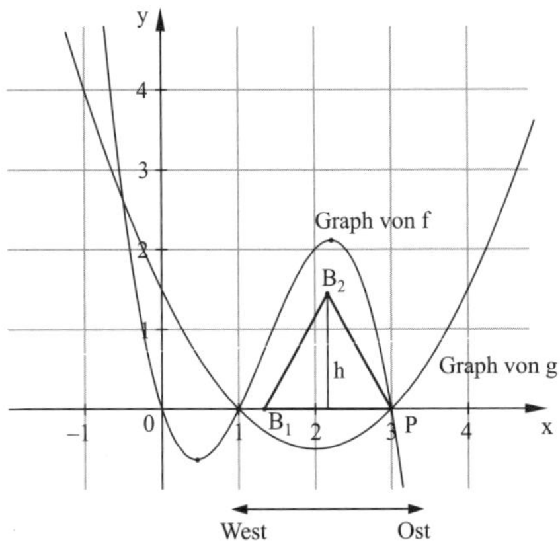

Mit $3\ \text{km}-\frac{5}{3}\ \text{km}=\frac{4}{3}\ \text{km}$ hat diese Boje die Koordinaten $B_1\left(\frac{4}{3}\ \text{km}\ \middle|\ 0\ \text{km}\right)$.

Für die Boje B_2 ist die x-Koordinate der Mittelpunkt der Strecke $\overline{B_1P}$ und damit $\frac{4}{3}\ \text{km}+\frac{5}{6}\ \text{km}=\frac{13}{6}\ \text{km}$. Die y-Koordinate ist die Höhe h des gleichseitigen Dreiecks mit der Seitenlänge $\frac{5}{3}\ \text{km} \;\Rightarrow\; h=\frac{5}{6}\cdot\sqrt{3}\ \text{km}$.

Die Boje B_2 hat also die Koordinaten $B_2\left(\frac{13}{6}\ \text{km}\ \middle|\ \frac{5}{6}\cdot\sqrt{3}\ \text{km}\right)$.

Die verwendete Zeichnung dient nur zur Anschauung und gehört nicht zum Lösungsweg.

Lenkdrachen

BE

Gegeben sind die Funktionen f und g mit den Gleichungen

$f(x) = -\frac{1}{2}x \cdot e^{x+1};\ x \in \mathbb{R}$ und $g(x) = -\frac{1}{2}x \cdot (e^{x+1} - x);\ x \in \mathbb{R}$.

Der Graph der Funktion f sei G_f, der Graph der Funktion g sei G_g.

a) Geben Sie das Verhalten der Funktionswerte von f für $x \to +\infty$ und $x \to -\infty$ an. 2

b) Ermitteln Sie die Koordinaten und die Art des lokalen Extrempunktes von G_f. Der Graph G_f besitzt genau einen Wendepunkt W. Zeigen Sie, dass die Tangente in W parallel zur Geraden h mit der Gleichung $y = \frac{1}{2e}x$ verläuft. 15

c) Weisen Sie nach, dass der Koordinatenursprung O einziger gemeinsamer Punkt der Graphen G_f und G_g ist.
Zeigen Sie, dass G_f und G_g in diesem Punkt eine gemeinsame Tangente besitzen. 7

d) Ein Spielzeughersteller möchte die Fläche, die die Graphen G_g und G_f mit der Geraden $x = -3$ einschließen, als Vorlage für den Bau von Lenkdrachen nutzen. Der Drachen ist symmetrisch, seine Symmetrieachse liegt auf der Geraden $x = -3$.
Berechnen Sie den Flächeninhalt eines solchen Drachens unter der Bedingung, dass ein Meter in der Realität drei Längeneinheiten in der rechts stehenden Skizze entspricht.
[*Zur Kontrolle:* $g(x) - f(x) = \frac{1}{2}x^2$]

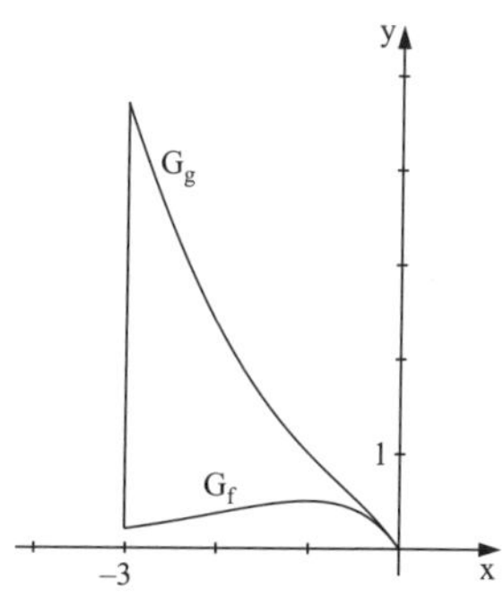

7

e) Für eine in der Herstellung billigere Variante des Lenkdrachens soll ein Dreieck genutzt werden, das durch Spiegelung an der Geraden $x = -3$ die neue Drachenform ergibt. Eckpunkte dieses Dreiecks sind der Koordinatenursprung O, der Schnittpunkt des Graphen G_g mit der Geraden $x = -3$ sowie ein auf dieser Geraden liegender Punkt $Q(-3 \mid y_Q)$ mit $0 < y_Q < 2$.
Zeichnen Sie in der Anlage eine mögliche vollständige neue Drachenform ein.
Berechnen Sie die Koordinaten des Punktes Q unter der Bedingung, dass der Flächeninhalt des neuen Lenkdrachens 1 m^2 beträgt (1 m = 3 LE). 9

40

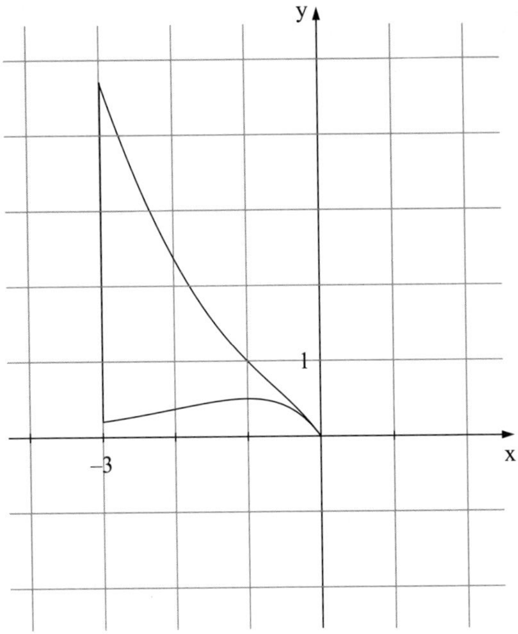
y
1
x
−3

Tipps und Hinweise zur Lösung von Aufgabe 1.2

Tipps zu Teilaufgabe a

- Betrachten Sie die Faktoren des Funktionsterms und schließen Sie daraus auf das Verhalten für $x \to \pm\infty$ für den gesamten Term.

Tipps zu Teilaufgabe b

Lokaler Extrempunkt

- Die Bedingungen lauten: $f'(x) = 0$ und $f''(x) \neq 0$ oder Vorzeichenwechsel in f'.

Nachweis, dass Tangente in W parallel zur Geraden h verläuft

- Die Bedingung für einen Wendepunkt lautet: $f''(x) = 0$
- Die 1. Ableitung für die x-Koordinate des Wendepunktes muss mit der Steigungszahl der gegebenen Gerade h übereinstimmen.

Tipps zu Teilaufgabe c

Nachweis, dass der Ursprung gemeinsamer Punkt ist

- Setzen Sie die Funktionsterme gleich und lösen Sie nach x auf.

Nachweis der gemeinsamen Tangente

- f und g müssen in diesem Punkt die gleiche Steigung haben.

Tipps zu Teilaufgabe d

- Nutzen Sie die Symmetrie und berechnen Sie das bestimmte Integral von $g(x) - f(x)$ in den Grenzen von -3 bis 0.
- Achten Sie darauf, die Längeneinheiten entsprechend umzurechnen.

Tipps zu Teilaufgabe e

Zeichnung

- Zeichnen Sie die vollständige neue Drachenform unter Beachtung der angegebenen Punkte ein.

Koordinaten des Punktes Q

- Berechnen Sie die y-Koordinate von Q über die Flächenberechnung der rechten Hälfte des Drachens.
- Wählen Sie als Grundseite die Seite, die auf $x = -3$ liegt.
- Die zugehörige Höhe beträgt 3 LE.
- Ermitteln Sie y_Q über den vorgegebenen Flächeninhalt.

Lösungen zu Aufgabe 1.2

a) Das Verhalten für $x \to \pm\infty$ wird durch den e-Term bestimmt.

Für $x \to +\infty$ gilt:

$$-\frac{1}{2}x \to -\infty \quad \text{und} \quad e^{x+1} \to +\infty \quad \Rightarrow \quad f(x) \to \underline{\underline{-\infty}}$$

Für $x \to -\infty$ gilt:

$$-\frac{1}{2}x \to +\infty \quad \text{und} \quad e^{x+1} \to 0^+ \quad \Rightarrow \quad f(x) \to \underline{\underline{0^+}}$$

b) **Lokaler Extrempunkt**

Die Bedingungen für einen lokalen Extrempunkt lauten: $f'(x) = 0$ und $f''(x) \neq 0$ oder Vorzeichenwechsel in f'.

In den Ableitungen müssen die Produkt- und Kettenregel beachtet werden.

$$f'(x) = -\frac{1}{2} \cdot e^{x+1} - \frac{1}{2}x \cdot e^{x+1} = e^{x+1} \cdot \left(-\frac{1}{2} - \frac{1}{2}x\right)$$

$$f''(x) = -\frac{1}{2} \cdot e^{x+1} + \left(-\frac{1}{2} - \frac{1}{2}x\right) \cdot e^{x+1} = e^{x+1} \cdot \left(-\frac{1}{2} - \frac{1}{2} - \frac{1}{2}x\right)$$

$$= e^{x+1} \cdot \left(-1 - \frac{1}{2}x\right)$$

Die Bedingungen für einen lokalen Extrempunkt lauten: $f'(x) = 0$ und $f''(x) \neq 0$

$$0 = e^{x+1} \cdot \left(-\frac{1}{2} - \frac{1}{2}x\right)$$

Ein Produkt ist null, wenn mindestens einer der Faktoren null ist. Der e-Term kann nicht null werden.

$$0 = -\frac{1}{2} - \frac{1}{2}x$$

$$x = -1$$

1. Möglichkeit:

Eingesetzt in die 2. Ableitung:

$$f''(-1) < 0$$

Somit liegt für $x = -1$ ein relatives Maximum vor.

2. Möglichkeit:

Die 1. Ableitung hat an der Stelle ihrer Nullstelle einen Vorzeichenwechsel von $+ \to -$, da der e-Term immer positiv ist und der Graph des Klammerterms eine fallende Gerade ist.

Durch Einsetzen in die Ausgangsgleichung ergibt sich der zugehörige y-Wert.

$$f(-1) = \frac{1}{2}$$

Das relative Maximum (Hochpunkt) hat die Koordinaten $\underline{\underline{H\left(-1 \,\middle|\, \frac{1}{2}\right)}}$.

Nachweis, dass Tangente in W parallel zur Geraden h verläuft
Die Bedingung für einen Wendepunkt lautet: $f''(x)=0$

$$0=e^{x+1}\cdot\left(-1-\frac{1}{2}x\right)$$

Ein Produkt ist null, wenn mindestens einer der Faktoren null ist. Der e-Term kann nicht null werden.

$$0=-1-\frac{1}{2}x$$
$$x=-2$$

Da die Wendetangente parallel zur Geraden h sein soll, interessiert nur das Steigungsverhalten im Wendepunkt.

$$f'(-2)=e^{-1}\cdot\left(-\frac{1}{2}+1\right)=\underline{\underline{\frac{1}{2e}}}$$

Die Wendetangente hat die gleiche Steigung wie die Gerade h, somit sind beide parallel.

c) **Nachweis, dass der Ursprung gemeinsamer Punkt ist**
Durch Gleichsetzen der Funktionsterme berechnet man die x-Koordinate gemeinsamer Punkte der Graphen.

$$-\frac{1}{2}x\cdot e^{x+1}=-\frac{1}{2}x\cdot(e^{x+1}-x)$$
$$-\frac{1}{2}x\cdot e^{x+1}=-\frac{1}{2}x\cdot e^{x+1}+\frac{1}{2}x^2$$
$$0=\frac{1}{2}x^2$$

Die einzige Lösung ist $\underline{\underline{x=0}}$. Durch Einsetzen in eine der beiden Funktionsgleichungen erhält man den zugehörigen y-Wert $\underline{\underline{y=0}}$.

Der Koordinatenursprung ist der einzige gemeinsame Punkt der beiden Funktionsgraphen.

Nachweis der gemeinsamen Tangente
Wenn sie in diesem Punkt eine gemeinsame Tangente besitzen, müssen f und g in diesem Punkt die gleiche Steigung haben.

$$f'(0)=\underline{\underline{-\frac{1}{2}e}}$$

In der 1. Ableitung von g müssen die Produkt- und Kettenregel beachtet werden.

$$g'(x)=-\frac{1}{2}\cdot(e^{x+1}-x)-\frac{1}{2}x\cdot(e^{x+1}-1)$$
$$=-\frac{1}{2}\cdot e^{x+1}+\frac{1}{2}x-\frac{1}{2}x\cdot e^{x+1}+\frac{1}{2}x$$
$$=e^{x+1}\cdot\left(-\frac{1}{2}-\frac{1}{2}x\right)+x$$

$$g'(0) = e \cdot \left(-\frac{1}{2}\right) = \underline{\underline{-\frac{1}{2}e}}$$

Die Steigung beider Graphen ist im Ursprung (0 | 0) übereinstimmend, somit besitzen die Graphen dort eine gemeinsame Tangente.

d) Da der Lenkdrachen symmetrisch ist, ist das bestimmte Integral von g(x) − f(x) in den Grenzen von −3 bis 0 zu berechnen.

$$A_{Drachen} = 2 \cdot \int_{-3}^{0} (g(x) - f(x))dx$$

$$= 2 \cdot \int_{-3}^{0} \left(-\frac{1}{2}x e^{x+1} + \frac{1}{2}x^2 - \left(-\frac{1}{2}x e^{x+1}\right)\right)dx$$

$$= 2 \cdot \int_{-3}^{0} \frac{1}{2}x^2 dx$$

$$= 2 \cdot \left[\frac{1}{6}x^3\right]_{-3}^{0}$$

$$= 2 \cdot \left(0 + \frac{1}{6} \cdot 27\right) = 9\,[FE]$$

Bei der Umrechnung der Angaben aus der Zeichnung in die Realität ist zu beachten, dass 1 m in der Natur in der Zeichnung dargestellt wird durch 3 LE.
1 m^2 in der Natur wird daher in der Zeichnung dargestellt durch ein Quadrat mit der Seitenlänge 3 LE. Also beträgt die Fläche des Quadrates 9 FE.

Die Drachenfläche beträgt nach obiger Berechnung in der Natur $\underline{\underline{1\,m^2}}$.

e) **Zeichnung**
Bekannt sind die Punkte (0 | 0), (−3 | g(−3)) und (−6 | 0)

$$g(-3) = \frac{3}{2} \cdot (e^{-2} + 3) \approx 4{,}7 \quad \Rightarrow \quad R(-3 \,|\, 4{,}7)$$

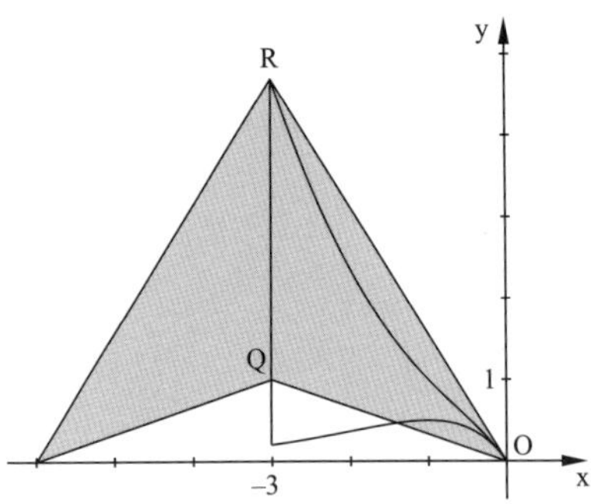

Koordinaten des Punktes Q

Für das Dreieck ORQ ist $\overline{RQ}$ die Grundseite, die Höhe hat die Länge 3.

$$\overline{RQ} = \frac{3}{2} \cdot (e^{-2} + 3) - y_Q$$

Für den Flächeninhalt eines Dreiecks mit Grundseite g und Höhe h gilt:

$$A = \frac{1}{2} \cdot g \cdot h$$

Die Forderung der gleichen Flächenmaßzahl der vereinfachten Drachenform zur ursprünglichen führt zu folgender Gleichung:

$$2 \cdot A_{Dreieck} = 9$$

$$2 \cdot \left(\frac{1}{2} \cdot \left(\frac{3}{2} \cdot (e^{-2} + 3) - y_Q \right) \cdot 3 \right) = 9$$

$$\left(\frac{3}{2} \cdot (e^{-2} + 3) - y_Q \right) \cdot 3 = 9$$

$$\frac{9}{2} \cdot e^{-2} + \frac{27}{2} - 3y_Q = 9$$

$$\frac{9}{2} \cdot e^{-2} + \frac{27}{2} - 9 = 3y_Q$$

$$\frac{3}{2} \cdot e^{-2} + \frac{3}{2} = y_Q$$

$$y_Q \approx 1{,}7$$

Der gesuchte Punkt Q hat die Koordinaten $\underline{\underline{(-3 \mid 1{,}7)}}$. Die Bedingung $0 < y_Q < 2$ ist erfüllt.

Berlin/Brandenburg – Mathematik Grundkurs
2011 – Aufgabe 2.1: Analytische Geometrie

Pavillon BE

Gegeben sind die Punkte $A(13{,}5\,|\,9\,|\,6)$, $B(4{,}5\,|\,9\,|\,6)$ und $S(9\,|\,6\,|\,12)$ und die Ebene E_1 durch E_1: $4x + 3z = 72$.

a) Ermitteln Sie für die Ebene E_2, die durch die Punkte A, B und S festgelegt ist, eine Gleichung in Parameter- und eine in Koordinatenform und geben Sie einen Normalenvektor für E_2 an.
[*Zur Kontrolle:* E_2: $2y + z = 24$] 6

b) Weisen Sie durch Rechnung nach, dass die Gerade

$$g\colon \vec{x} = \begin{pmatrix} 13{,}5 \\ 9 \\ 6 \end{pmatrix} + s \cdot \begin{pmatrix} -4{,}5 \\ -3 \\ 6 \end{pmatrix};\ s \in \mathbb{R}$$

die Schnittgerade von E_1 und E_2 ist. Berechnen Sie die Koordinaten des Punktes G, in dem die Gerade g die x-y-Ebene durchstößt. 8

Auf dem Ausstellungsgelände einer Gartenschau soll ein Informationspavillon in Form eines Pyramidenstumpfes gebaut werden (siehe Abbildung). Die rechteckige Grundfläche des Pavillons ist durch die Punkte $E(0\,|\,0\,|\,0)$, $F(18\,|\,0\,|\,0)$, $G(18\,|\,12\,|\,0)$ und $H(0\,|\,12\,|\,0)$ gegeben.
In den Ebenen E_1 bzw. E_2 liegt je eine Seitenfläche des Pavillons (1 LE = 1 m).

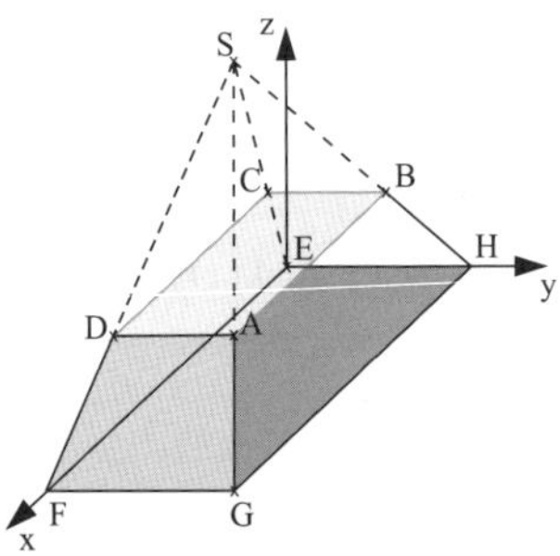

c) Die Dachfläche mit den Eckpunkten $A(13{,}5\,|\,9\,|\,6)$, $B(4{,}5\,|\,9\,|\,6)$, $C(4{,}5\,|\,3\,|\,6)$ und $D(13{,}5\,|\,3\,|\,6)$ soll als Aussichtsplattform genutzt werden. Der Architekt plant eine Außentreppe auf der in E_1 liegenden Seitenfläche FGAD. Aus Sicherheitsgründen darf der Neigungswinkel der Treppe, der durch die Neigung der Ebene E_1 gegenüber der Grundfläche gegeben ist, nicht größer als 30° sein.
Untersuchen Sie, ob diese Treppe gebaut werden darf. 5

d) Abends soll der Pavillon von außen mit Scheinwerfern beleuchtet werden.
Für die Beleuchtung der Seitenfläche GHBA wird im Punkt $P(9\,|\,25\,|\,0)$ ein senkrechter Mast errichtet, an dem der Scheinwerfer angebracht wird. Das Licht der als punktförmig angenommenen Lichtquelle soll senkrecht im Punkt $M(9\,|\,10\,|\,4)$ auf die Seitenfläche GHBA auftreffen, damit die Seitenfläche möglichst gut ausgeleuchtet wird.
Berechnen Sie, in welcher Höhe der Scheinwerfer am Mast befestigt werden muss. 7

e) Zwischen Pavillon und Lichtmast soll im Punkt $Q(9\,|\,y\,|\,0)$ eine 9 m hohe Fahnenstange so aufgestellt werden, dass der vom Scheinwerfer ausgehende und zu GHBA senkrechte Lichtstrahl noch ungehindert auf den Punkt M trifft.
Bestimmen Sie das Intervall für die Werte der y-Koordinate von Q. 4

30

Tipps und Hinweise zur Lösung von Aufgabe 2.1

Tipps zu Teilaufgabe a

Gleichung der Ebene E_2 in Parameterform

- Unter Verwendung der Vektoren $\overrightarrow{OA}$, $\overrightarrow{AB}$ und $\overrightarrow{AS}$ erhalten Sie eine Gleichung der Ebene E_2 in Parameterform.

Gleichung der Ebene E_2 in Koordinatenform

- Nutzen Sie die Gleichung in Parameterform zum Aufstellen eines linearen Gleichungssystems und eliminieren Sie die Parameter.

Normalenvektor der Ebene E_2

- Die Koordinatenform einer Ebenengleichung ist nur eine andere Schreibweise der Normalenform.
- Die Koeffizienten von x, y und z sind die Koordinaten eines Normalenvektors.

Tipps zu Teilaufgabe b

Rechnerischer Nachweis, dass $g = E_1 \cap E_2$

- Im Vergleich der Parameterformen von g und E_2 erkennen Sie, dass die Gerade ein Element dieser Ebene ist.
- Setzen Sie nun die Koordinaten von g in die gegebene Gleichung von E_1 ein und zeigen Sie, dass eine wahre Aussage entsteht.

Koordinaten des Schnittpunktes $G = g \cap E_{xy}$

- Jeder in der x-y-Ebene gelegene Punkt hat die Form $(x\,|\,y\,|\,0)$.
- Setzen Sie die z-Koordinate von g gleich null und bestimmen Sie daraus den Parameter.

Tipps zu Teilaufgabe c

- Bestimmen Sie den Winkel zwischen der x-y-Ebene und der Ebene, in der die Seitenfläche FGAD liegt, mithilfe der Normalenvektoren nach dem Skalarprodukt.

Tipps zu Teilaufgabe d

- Geben Sie eine Gleichung für die Gerade an, zu der der senkrechte Mast gehört.
- Mithilfe des Punktes M und des Normalenvektors der Ebene E_2 können Sie die Gleichung einer weiteren Geraden, die den Lichtstrahl repräsentiert, aufschreiben.
- Der Schnittpunkt dieser Geraden liefert Ihnen die Höhe des Scheinwerfers.

Tipps zu Teilaufgabe e

- Geben Sie die Koordinaten eines von y abhängigen Punktes an, der die Spitze der Fahnenstange darstellt.
- Setzen Sie den Ortsvektor dieses Punktes für $\vec{x}$ in die Gleichung der Lichtstrahl-Geraden ein und bestimmen Sie den Wert für y.
- Überlegen Sie sich, in welchem Intervall sich y befinden muss.

Lösungen zu Aufgabe 2.1

a) **Gleichung der Ebene E_2 in Parameterform**
Mithilfe der aus den Punkten A, B und S zu bildenden Vektoren erhält man eine Gleichung der Ebene E_2 in Parameterform:

$$E_2: \vec{x} = \overrightarrow{OA} + r \cdot \overrightarrow{AB} + s \cdot \overrightarrow{AS} \quad \Rightarrow \quad \underline{\underline{E_2: \vec{x} = \begin{pmatrix} 13{,}5 \\ 9 \\ 6 \end{pmatrix} + r \cdot \begin{pmatrix} -9 \\ 0 \\ 0 \end{pmatrix} + s \cdot \begin{pmatrix} -4{,}5 \\ -3 \\ 6 \end{pmatrix}}}; \ r, s \in \mathbb{R}$$

Gleichung der Ebene E_2 in Koordinatenform
Die Gleichung in Parameterform kann als lineares Gleichungssystem geschrieben werden:

$$\begin{array}{lll} \text{I} & x = 13{,}5 - 9 \cdot r & - 4{,}5 \cdot s \\ \text{II} & y = 9 & - 3 \cdot s \\ \text{III} & z = 6 & + 6 \cdot s \end{array}$$

Aus $2 \cdot \text{II} + \text{III}$ erhält man die Koordinatenform der Ebene E_2: $\underline{\underline{2y + z = 24}}$

Normalenvektor der Ebene E_2
Die Koordinaten des Normalenvektors $\vec{n}_2$ sind die Koeffizienten der Koordinatenform der Ebene E_2.

Deshalb ist ein Normalenvektor durch $\underline{\underline{\vec{n}_2 = \begin{pmatrix} 0 \\ 2 \\ 1 \end{pmatrix}}}$ gegeben.

b) **Rechnerischer Nachweis, dass $g = E_1 \cap E_2$**
Die Gerade

$$g: \vec{x} = \begin{pmatrix} 13{,}5 \\ 9 \\ 6 \end{pmatrix} + s \cdot \begin{pmatrix} -4{,}5 \\ -3 \\ 6 \end{pmatrix}; \ s \in \mathbb{R},$$

liegt in der Ebene E_2, da sie mit dieser im Stützvektor und in einem Richtungsvektor übereinstimmt.

Man setzt nun die Koordinaten von g in die Gleichung E_1: $4x + 3z = 72$ ein:

$$\begin{aligned} 4 \cdot (13{,}5 - 4{,}5s) + 3 \cdot (6 + 6s) &= 72 \\ 54 - 18s + 18 + 18s &= 72 \\ 72 &= 72 \end{aligned}$$

Die wahre Aussage zeigt, dass g auch zur Ebene E_1 gehört. Da beide Ebenen aufgrund verschiedener Normalenvektoren nicht identisch sind, ist die Gerade g die Schnittgerade dieser Ebenen.

Koordinaten des Schnittpunktes $G = g \cap E_{xy}$
Für alle Punkte der x-y-Ebene gilt $z = 0$. Damit gilt auch für die z-Koordinate von g:

$$z = 6 + 6s = 0 \quad \Rightarrow \quad s = -1$$

Setzt man diesen Parameter in die Gleichung von g ein, so erhält man:

$$\overrightarrow{OG} = \begin{pmatrix} 13{,}5 \\ 9 \\ 6 \end{pmatrix} - 1 \cdot \begin{pmatrix} -4{,}5 \\ -3 \\ 6 \end{pmatrix} = \begin{pmatrix} 18 \\ 12 \\ 0 \end{pmatrix} \quad \Rightarrow \quad \underline{\underline{G(18 \mid 12 \mid 0)}}$$

c) Die Seitenfläche FGAD des Pavillons liegt in der Ebene E_1. Die Grundfläche des Pavillons liegt in der x-y-Ebene. Der Neigungswinkel α der geplanten Treppe ist also der Schnittwinkel, den diese beiden Ebenen miteinander einschließen. Diesen Schnittwinkel berechnet man unter Verwendung des Skalarproduktes mithilfe der Normalenvektoren beider Ebenen:

$$\vec{n}_1 = \begin{pmatrix} 4 \\ 0 \\ 3 \end{pmatrix}; \ \vec{n}_{xy} = \begin{pmatrix} 0 \\ 0 \\ 1 \end{pmatrix}$$

$$\cos\alpha = \frac{|\vec{n}_1 \circ \vec{n}_{xy}|}{|\vec{n}_1| \cdot |\vec{n}_{xy}|} = \frac{\left|\begin{pmatrix} 4 \\ 0 \\ 3 \end{pmatrix} \circ \begin{pmatrix} 0 \\ 0 \\ 1 \end{pmatrix}\right|}{\left|\begin{pmatrix} 4 \\ 0 \\ 3 \end{pmatrix}\right| \cdot \left|\begin{pmatrix} 0 \\ 0 \\ 1 \end{pmatrix}\right|}$$

$$= \frac{4 \cdot 0 + 0 \cdot 0 + 3 \cdot 1}{\sqrt{4^2 + 3^2} \cdot \sqrt{1}} = \frac{3}{5}$$

$$\Rightarrow \quad \alpha \approx \underline{\underline{53°}}$$

Da der Neigungswinkel größer als 30° ist, darf die Treppe so nicht gebaut werden.

d) Der im Punkt P zu errichtende senkrechte Mast wird durch eine Gerade h mit dem Stützvektor $\overrightarrow{OP}$ und dem Normalenvektor der x-y-Ebene beschrieben:

$$h\colon \vec{x} = \begin{pmatrix} 9 \\ 25 \\ 0 \end{pmatrix} + \beta \cdot \begin{pmatrix} 0 \\ 0 \\ 1 \end{pmatrix}; \ \beta \in \mathbb{R}$$

Da die Punkte G, A und B in der Ebene E_2 liegen, liegt auch die Seitenfläche GHBA in dieser Ebene. Der vom Mast ausgehende Lichtstrahl trifft senkrecht auf diese Seitenfläche im Punkt M auf. Er wird durch eine Gerade ℓ mit dem Stützvektor $\overrightarrow{OM}$ und dem Normalenvektor der Ebene E_2 beschrieben:

$$\ell\colon \vec{x} = \begin{pmatrix} 9 \\ 10 \\ 4 \end{pmatrix} + \gamma \cdot \begin{pmatrix} 0 \\ 2 \\ 1 \end{pmatrix}; \ \gamma \in \mathbb{R}$$

Das Gleichsetzen der rechten Seiten beider Geradengleichungen führt auf folgendes System:

$$\begin{pmatrix} 9 \\ 25 \\ 0 \end{pmatrix} + \beta \cdot \begin{pmatrix} 0 \\ 0 \\ 1 \end{pmatrix} = \begin{pmatrix} 9 \\ 10 \\ 4 \end{pmatrix} + \gamma \cdot \begin{pmatrix} 0 \\ 2 \\ 1 \end{pmatrix} \Rightarrow \begin{array}{c} 9 = 9 \\ 25 = 10 + 2\gamma \\ \beta = 4 + \gamma \end{array} \Rightarrow \begin{array}{c} 9 = 9 \\ 2\gamma = 15 \\ \gamma - \beta = -4 \end{array} \Rightarrow \begin{array}{c} \gamma = 7{,}5 \\ \beta = 11{,}5 \end{array}$$

Setzt man nun $\beta = 11{,}5$ in die Gleichung von h ein, so ergibt sich für die z-Koordinate $z = 11{,}5$. Das heißt, der Scheinwerfer muss in einer Höhe von $\underline{\underline{11{,}5 \text{ m}}}$ am Mast befestigt werden, um die Bedingung zu erfüllen.

e) Da die 9 m hohe Fahnenstange im Punkt Q(9 | y | 0) aufgestellt wird, ist ihre Spitze durch den Punkt Q*(9 | y | 9) bestimmt. Um das Intervall für die y-Koordinate von Q zu bestimmen, setzt man in die Gleichung von ℓ für $\vec{x}$ den Ortsvektor von Q* ein:

$$\begin{pmatrix} 9 \\ y \\ 9 \end{pmatrix} = \begin{pmatrix} 9 \\ 10 \\ 4 \end{pmatrix} + \gamma \cdot \begin{pmatrix} 0 \\ 2 \\ 1 \end{pmatrix} \Rightarrow \begin{matrix} 9 = 9 \\ y = 10 + 2\gamma \\ 9 = 4 + \gamma \end{matrix} \Rightarrow \begin{matrix} 9 = 9 \\ y = 2\gamma + 10 \\ \gamma = 5 \end{matrix} \Rightarrow y = 2 \cdot 5 + 10 = 20$$

Für y = 20 liegt die Spitze der Fahnenstange auf der Lichtstrahl-Geraden. Für kleinere y würde der Fahnenmast also im Weg stehen. Da der Fahnenmast zwischen dem Pavillon und dem Lichtmast liegen soll, muss y kleiner als 25 sein.

Um die Bedingung zu erfüllen, ist also das Intervall für die y-Koordinate von Q mit <u>$20\text{ m} < y < 25\text{ m}$</u> gegeben.

Eine Skizze im Aufriss, die nicht zur Lösung gehört, veranschaulicht den Sachverhalt.

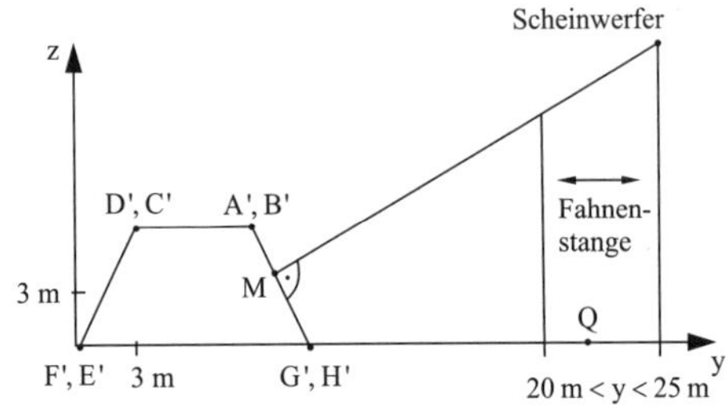

Flugbahnen BE

In einem kartesischen Koordinatensystem sind die Geraden

$$g\colon \vec{x} = \begin{pmatrix} 0 \\ 3 \\ 1 \end{pmatrix} + r\begin{pmatrix} 4 \\ 0 \\ -1 \end{pmatrix};\ r \in \mathbb{R} \text{ und } h\colon \vec{x} = \begin{pmatrix} -3{,}5 \\ 0 \\ 3 \end{pmatrix} + s\begin{pmatrix} 0 \\ 2 \\ 1 \end{pmatrix};\ s \in \mathbb{R}$$

sowie die Ebene

$$E\colon \vec{x} = \begin{pmatrix} 0{,}5 \\ 18 \\ 9 \end{pmatrix} + k\begin{pmatrix} 2 \\ 5 \\ 0 \end{pmatrix} + \ell\begin{pmatrix} 0 \\ 0 \\ 1 \end{pmatrix};\ k, \ell \in \mathbb{R}$$

gegeben.

a) Bestimmen Sie die Koordinaten des Schnittpunktes der Geraden g mit der x-y-Ebene und geben Sie dessen Abstand zum Koordinatenursprung an. Berechnen Sie die Größe des Schnittwinkels der Geraden g mit der x-y-Ebene. 9

b) Beschreiben Sie die Lage der Ebene E im Koordinatensystem und ermitteln Sie eine Gleichung der Schnittgeraden von E und der x-y-Ebene. Bestimmen Sie eine Gleichung der Ebene E in Koordinatenform. Untersuchen Sie die Lagebeziehung der Geraden h zur Ebene E. Bestimmen Sie gegebenenfalls den Durchstoßpunkt der Geraden h durch die Ebene E. 12

c) Die Flugbahn eines Airbus lässt sich mit der Gleichung der Geraden h und die einer Boeing mit der Gleichung der Geraden g beschreiben. Entscheiden Sie, ob die beiden Flugzeuge kollidieren könnten. 5

d) Bei der Flugsicherung auf Flughäfen wird ständig dafür gesorgt, dass die Flugzeuge jederzeit einen Mindestabstand zueinander einhalten. Die Boeing befindet sich im Punkt P(−4 | 3 | 2). Bestimmen Sie den Abstand zur Flugbahn h des Airbus. (1 LE = 1 km) 4

30

Tipps und Hinweise zur Lösung von Aufgabe 2.2

Tipps zu Teilaufgabe a

Koordinaten des Schnittpunktes

- Für alle Punkte der x-y-Ebene gilt: $z = 0$.

Abstand zum Koordinatenursprung

- Die Entfernung zum Koordinatenursprung berechnet man mit dem Satz des Pythagoras.

Schnittwinkel

- Der Schnittwinkel wird bestimmt mittels Richtungsvektor der Geraden und einem Normalenvektor der x-y-Ebene.

Tipps zu Teilaufgabe b

Lage der Ebene E

- Die Lage im Koordinatensystem wird durch die beiden Richtungsvektoren der Ebene E bestimmt.

Schnittgerade

- Für alle Punkte der x-y-Ebene gilt $z = 0$.
- Aus dieser Bedingung ergibt sich die Gleichung der Spurgeraden in der x-y-Ebene.

Gleichung der Ebene E in Koordinatenform

- Schreiben Sie die Ebenengleichung von E in eine Normalenform um und berechnen Sie daraus die Koordinatenform der Ebene.

Lagebeziehung der Geraden h zur Ebene E

- Setzen Sie für x, y und z die Bedingungen der Geraden h in die Koordinatenform von E ein, um die Existenz eines Schnittpunktes zu bestimmen oder Parallelität festzustellen.

Tipps zu Teilaufgabe c

- Untersuchen Sie die Geraden g und h auf einen Schnittpunkt.

Tipps zu Teilaufgabe d

- Den Abstand eines Punktes P zur Geraden h im $\mathbb{R}^3$ bestimmt man z. B. mit einer Hilfsebene H, die senkrecht zu h steht und durch P geht.
- Mithilfe des Schnittpunktes von h mit H wird der Abstand von Punkt P und der Geraden h bestimmt.

Lösungen zu Aufgabe 2.2

a) **Koordinaten des Schnittpunktes**

Für alle Punkte der x-y-Ebene gilt $z=0$. Aus der 3. Zeile der Geradengleichung von g ergibt sich folgende Gleichung:

$$0 = 1 - r \quad \Rightarrow \quad r = 1$$

$r = 1$ in die Geradengleichung eingesetzt ergibt die Koordinaten des Spurpunktes der Geraden g mit der x-y-Ebene:

$$\underline{\underline{S_{xy}(4\,|\,3\,|\,0)}}$$

Abstand zum Koordinatenursprung

Der Betrag des Ortsvektors von S_{xy} gibt den Abstand vom Koordinatenursprung an.

$$d(O; S_{xy}) = \sqrt{16+9} = 5$$

Der Abstand vom Koordinatenursprung beträgt $\underline{\underline{5\text{ LE}}}$.

Schnittwinkel

Der Schnittwinkel α wird bestimmt mittels Richtungsvektor $\vec{u}$ der Geraden und einem Normalenvektor $\vec{n}$ der x-y-Ebene durch folgende Gleichung:

$$\sin\alpha = \frac{|\vec{u} \circ \vec{n}|}{|\vec{u}| \cdot |\vec{n}|}$$

$\vec{n} = \begin{pmatrix} 0 \\ 0 \\ 1 \end{pmatrix}$ ist ein Normalenvektor der x-y-Ebene. Damit gilt:

$$\sin\alpha = \frac{\left|\begin{pmatrix} 4 \\ 0 \\ -1 \end{pmatrix} \circ \begin{pmatrix} 0 \\ 0 \\ 1 \end{pmatrix}\right|}{\left|\begin{pmatrix} 4 \\ 0 \\ -1 \end{pmatrix}\right| \cdot \left|\begin{pmatrix} 0 \\ 0 \\ 1 \end{pmatrix}\right|} = \frac{1}{\sqrt{17} \cdot 1} \quad \Rightarrow \quad \alpha \approx 14°$$

Der Schnittwinkel zwischen der Geraden g und der x-y-Ebene beträgt etwa $\underline{\underline{14°}}$.

b) **Lage der Ebene**

Bedingt durch den Richtungsvektor $\begin{pmatrix} 0 \\ 0 \\ 1 \end{pmatrix}$ steht die Ebene <u>senkrecht zur x-y-Ebene.</u>

Schnittgerade

Für alle Punkte der x-y-Ebene gilt $z=0$. Aus der 3. Zeile der Ebenengleichung von E ergibt sich die Gleichung:

$$0 = 9 + \ell \quad \Rightarrow \quad \ell = -9$$

$\ell = -9$ in die Ebenengleichung von E eingesetzt ergibt die Gleichung der Schnittgeraden s:

$$s\colon \vec{x} = \begin{pmatrix} 0{,}5 \\ 18 \\ 9 \end{pmatrix} + k\begin{pmatrix} 2 \\ 5 \\ 0 \end{pmatrix} - 9\begin{pmatrix} 0 \\ 0 \\ 1 \end{pmatrix} \quad \Rightarrow \quad \underline{\underline{s\colon \vec{x} = \begin{pmatrix} 0{,}5 \\ 18 \\ 0 \end{pmatrix} + k\begin{pmatrix} 2 \\ 5 \\ 0 \end{pmatrix}}};\ k \in \mathbb{R}$$

Gleichung der Ebene E in Koordinatenform

Die Ebenengleichung von E wird in eine Normalenform umgeschrieben.

Ein Normalenvektor $\vec{n} = \begin{pmatrix} x \\ y \\ z \end{pmatrix}$ zur Ebene E muss zu beiden Richtungsvektoren orthogonal sein, das jeweilige Skalarprodukt muss also 0 sein.

$$\begin{pmatrix} x \\ y \\ z \end{pmatrix} \circ \begin{pmatrix} 2 \\ 5 \\ 0 \end{pmatrix} = 0 \quad \text{und} \quad \begin{pmatrix} x \\ y \\ z \end{pmatrix} \circ \begin{pmatrix} 0 \\ 0 \\ 1 \end{pmatrix} = 0$$

Skalar multipliziert lauten die Gleichungen:

$$2x + 5y = 0 \qquad z = 0$$

Daraus ergibt sich als möglicher Normalenvektor $\vec{n} = \begin{pmatrix} 5 \\ -2 \\ 0 \end{pmatrix}$.

Stützvektor und Normalenvektor der Ebene E werden in die Normalenform eingesetzt:

$$E\!: \left(\vec{x} - \begin{pmatrix} 0{,}5 \\ 18 \\ 9 \end{pmatrix} \right) \circ \begin{pmatrix} 5 \\ -2 \\ 0 \end{pmatrix} = 0$$

Ausmultipliziert ergibt sich die Koordinatenform der Ebene E:

$$E\!: 5x - 2y - (2{,}5 - 36) = 0 \;\Rightarrow\; \underline{\underline{E\!: 5x - 2y + 33{,}5 = 0}}$$

Lagebeziehung der Geraden h zur Ebene E

Die Bedingungen für x, y und z der Geraden h werden in die Koordinatenform von E eingesetzt, um die Existenz eines Schnittpunktes zu bestimmen oder Parallelität festzustellen.

$$\begin{aligned} 5 \cdot (-3{,}5) - 2 \cdot 2s + 33{,}5 &= 0 \\ -17{,}5 - 4s + 33{,}5 &= 0 \\ 16 &= 4s \\ s &= 4 \end{aligned}$$

Demnach schneiden sich die Gerade h und die Ebene E in einem Punkt.

$s = 4$ in die Geradengleichung von h eingesetzt, liefert die Koordinaten des Durchstoßpunktes $\underline{\underline{D(-3{,}5 \,|\, 8 \,|\, 7)}}$.

c) Die beiden Flugzeuge können nur kollidieren, wenn die Flugbahngeraden einen Schnittpunkt haben. Durch Gleichsetzen der beiden Geradenterme ergeben sich drei Gleichungen.

$$\begin{aligned} &\text{I} \quad 4r = -3{,}5 \;\Rightarrow\; r = -\frac{7}{8} \\ &\text{II} \quad 3 = 2s \;\Rightarrow\; s = \frac{3}{2} \\ &\text{III} \quad 1 - r = 3 + s \end{aligned}$$

Die Überprüfung der Gleichung III ergibt einen Widerspruch:

$$1 + \frac{7}{8} \neq 4{,}5$$

Die beiden Flugbahngeraden schneiden sich nicht, sie sind windschief. Es besteht $\underline{\underline{\text{keine Kollisionsgefahr.}}}$

d) *1. Möglichkeit:*

Den Abstand eines Punkes P zur Geraden h im $\mathbb{R}^3$ bestimmt man z. B. mit einer Hilfsebene H, die senkrecht zu h steht und durch P geht. Der Schnittpunkt F von h mit der Hilfsebene H bestimmt den Abstand vom Punkt P und der Geraden h.

Zum Aufstellen einer Normalengleichung der Hilfsebene H benutzt man den Stützpunkt P und den Richtungsvektor von h als Normalenvektor:

$$H: \left(\vec{x} - \begin{pmatrix} -4 \\ 3 \\ 2 \end{pmatrix} \right) \circ \begin{pmatrix} 0 \\ 2 \\ 1 \end{pmatrix} = 0$$

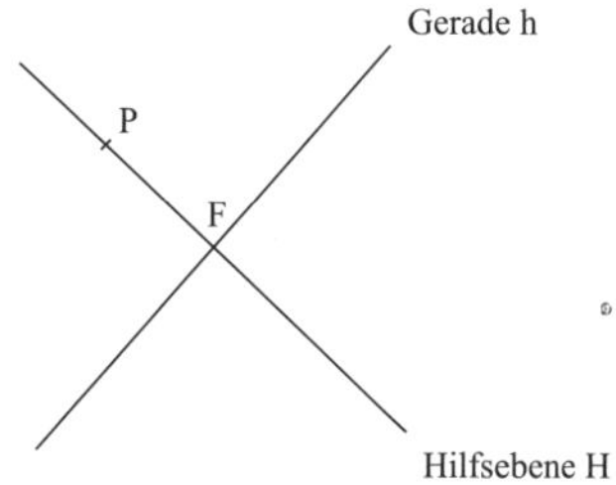

Ausmultipliziert ergibt sich die Koordinatenform der Ebene H:

$$H: \ 2y + z - 8 = 0$$

Die Bedingungen für x, y und z der Geraden h werden in die Koordinatenform von H eingesetzt, um die Koordinaten des Schnittpunktes F zu bestimmen.

$$\begin{aligned} 2 \cdot 2s + 3 + s - 8 &= 0 \\ 5s &= 5 \\ s &= 1 \end{aligned}$$

$s = 1$ in die Geradengleichung von h eingesetzt, liefert die Koordinaten des Schnittpunktes $F(-3{,}5 \,|\, 2 \,|\, 4)$.

Da $\overrightarrow{PF}$ senkrecht auf der Geraden h steht, gibt die Länge der Strecke $\overline{PF}$ den Abstand des Punktes P zur Geraden h an.

$$d(P; F) = \sqrt{(-3{,}5+4)^2 + (2-3)^2 + (4-2)^2} = \sqrt{5{,}25} \approx 2{,}29 \, [\text{LE}]$$

Der Abstand des Punktes P von der Flugbahn h des Airbusses beträgt etwa $\underline{\underline{2{,}29 \text{ km}}}$.

2. Möglichkeit:

Der Vektor $\overrightarrow{PF}$ steht senkrecht auf der Geraden h. $\overrightarrow{PF}$ ist orthogonal zum Richtungsvektor von h. Somit gilt:

$$\begin{pmatrix} x_F + 4 \\ y_F - 3 \\ z_F - 2 \end{pmatrix} \circ \begin{pmatrix} 0 \\ 2 \\ 1 \end{pmatrix} = 0$$

F liegt auf h, seine Koordinaten müssen die Bedingungen der Geradengleichung von h erfüllen.

$$x_F = -3{,}5; \quad y_F = 2s; \quad z_F = 3 + s$$

Eingesetzt in obige Gleichung:

$$\begin{pmatrix} -3{,}5+4 \\ 2s-3 \\ 3+s-2 \end{pmatrix} \circ \begin{pmatrix} 0 \\ 2 \\ 1 \end{pmatrix} = 0 \quad \Leftrightarrow \quad \begin{pmatrix} 0{,}5 \\ 2s-3 \\ s+1 \end{pmatrix} \circ \begin{pmatrix} 0 \\ 2 \\ 1 \end{pmatrix} = 0$$

Das Skalarprodukt ausgerechnet:

$$\begin{aligned} 4s - 6 + s + 1 &= 0 \\ 5s &= 5 \\ s &= 1 \end{aligned}$$

$s = 1$ in die Geradengleichung von h eingesetzt liefert wieder die Koordinaten des Schnittpunktes $F(-3{,}5 \,|\, 2 \,|\, 4)$. Die Abstandsberechnung erfolgt wie oben oder über den Betrag des Vektors $\overrightarrow{PF}$.

Umfrage über Discobesuche

BE

Bei einer repräsentativen Umfrage unter 1 200 Discobesuchern wird nach den beiden Merkmalen

- männlich (M)/weiblich (W) und
- intensiver Discobesucher (I)/gelegentlicher Discobesucher (G)

unterschieden.

Das Ergebnis der Umfrage ist (unvollständig) in der nebenstehenden Vierfeldertafel angegeben.

	I	G	Σ
M	60		
W		520	
Summe	200		

a) Übertragen Sie die Vierfeldertafel auf Ihr Arbeitspapier und ergänzen Sie alle fehlenden Werte.
Bestimmen Sie den Anteil der intensiven Discobesucher unter den weiblichen Discobesuchern.
Ermitteln Sie den Anteil der männlichen gelegentlichen Discobesucher unter allen Discobesuchern. 9

b) Berechnen Sie die Wahrscheinlichkeit, dass man unter 100 befragten Discobesuchern mehr als 10 intensive Discobesucher findet.
Ermitteln Sie, wie viele Discobesucher mindestens befragt werden müssen, um mit mindestens 99 % Wahrscheinlichkeit mindestens einen intensiven Discobesucher zu finden. 10

c) 12 Schüler eines Mathematik-Grundkurses nehmen am schriftlichen Mathematikabitur teil. Drei dieser 12 Schüler sind intensive Discobesucher, die anderen sind gelegentliche Discobesucher.
Drei der Schüler des Kurses im Mathematikabitur werden nacheinander beliebig ausgewählt. Ermitteln Sie die Wahrscheinlichkeiten der folgenden Ereignisse.
Unter den drei ausgewählten Schülern sind
A: „nur der erste und der dritte Schüler gelegentliche Discobesucher"
B: „genau zwei intensive Discobesucher". 7

d) In der Region, in der die Umfrage stattfand, soll durch die Verpflichtung eines bekannten Discjockeys erreicht werden, dass der Anteil p der intensiven Discobesucher steigt. Die Wahrscheinlichkeit, dass unter 6 Discobesuchern mindestens 2 intensive Discobesucher zu finden sind, soll mindestens 60 % betragen.
Prüfen Sie, ob durch einen Anstieg der intensiven Discobesucher auf $p = 30\,\%$ diese Vorgabe erfüllt wird. 4

30

n	k \ p	0,05	0,10	$\frac{1}{6}$	0,20	0,25	0,30	$\frac{1}{3}$	0,40	0,45	0,50	k
100	0	0059										99
	1	0371	0003									98
	2	1183	0019									97
	3	2578	0078									96
	4	4360	0237	0001								95
	5	6160	0576	0004								94
	6	7660	1172	0013	0001							93
	7	8720	2061	0038	0003							92
	8	9369	3209	0095	0009							91
	9	9718	4513	0231	0023							90
	10	9885	5832	0427	0057	0001						89
	11	9957	7030	0777	0126	0004						88
	12	9985	8018	1297	0253	0010						87
	13	9995	8761	2000	0469	0025	0001					86
	14	9999	9274	2874	0804	0054	0002					85
	15		9601	3877	1285	0111	0004					84
	16		9794	4942	1923	0211	0010	0001				83
	17		9900	5994	2712	0376	0022	0002				82
	18		9954	6965	3621	0630	0045	0005				81
	19		9980	7803	4602	0995	0089	0011				80
	20		9992	8481	5595	1488	0165	0024				79
	21		9997	8998	6540	2114	0288	0048				78
	22		9999	9370	7389	2864	0479	0091	0001			77
	23			9621	8109	3711	0755	0164	0003			76
	24			9783	8686	4617	1136	0281	0006			75
	25			9881	9125	5535	1631	0458	0012			74
	26			9938	9442	6417	2244	0715	0024	0001		73
	27			9969	9658	7224	2964	1066	0046	0002		72
	28			9985	9800	7925	3768	1524	0084	0004		71
	29			9993	9888	8505	4623	2093	0148	0008		70
	30			9997	9939	8962	5491	2766	0248	0015		69
	31			9999	9969	9307	6331	3525	0398	0030	0001	68
	32				9985	9554	7107	4344	0615	0055	0002	67
	33				9993	9723	7793	5188	0913	0098	0004	66
	34				9997	9836	8371	6019	1303	0166	0009	65
	35				9999	9906	8839	6803	1795	0272	0018	64
	36				9999	9948	9201	7511	2386	0429	0033	63
	37					9973	9470	8123	3068	0651	0060	62
	38					9986	9660	8630	3822	0951	0105	61
	39					9993	9790	9034	4621	1343	0176	60
	40					9997	9875	9341	5433	1831	0284	59
	41					9999	9928	9566	6225	2415	0443	58
	42					9999	9960	9724	6967	3087	0666	57
	43						9979	9831	7635	3828	0967	56
	44						9989	9900	8211	4613	1356	55
	45						9995	9943	8689	5413	1841	54
	46						9997	9969	9070	6196	2421	53
	47						9999	9983	9362	6931	3087	52
	48						9999	9991	9577	7596	3822	51
	49							9996	9729	8173	4602	50
	50							9998	9832	8654	5398	49
	51							9999	9900	9040	6178	48
	52								9942	9338	6914	47
	53								9968	9559	7579	46
	54								9983	9716	8159	45
	55								9991	9824	8644	44
	56								9996	9894	9033	43
	57								9998	9939	9334	42
	58								9999	9966	9557	41
	59									9982	9716	40
	60									9991	9824	39
	61									9995	9895	38
	62									9998	9940	37
	63									9999	9967	36
	64										9982	35
	65										9991	34
	66										9996	33
	67										9998	32
	68										9999	31
n	k	0,95	0,90	$\frac{5}{6}$	0,80	0,75	0,70	$\frac{2}{3}$	0,60	0,55	0,50	p \ k

Anlage zu Aufgabe 3.1
Umfrage über Discobesuche

Summierte Binomialverteilungen

Gerundet auf vier Nachkommastellen, weggelassen ist „0", alle freien Plätze bzw. weggelassenen k-Werte links unten enthalten 1,0000, rechts oben 0,0000. Wenn die Tabelle „von unten" gelesen wird (p > 0,5), dann ist der richtige Wert 1 – (abgelesener Wert).

Tipps und Hinweise zur Lösung von Aufgabe 3.1

Tipps zu Teilaufgabe a

Ergänzung der Vierfeldertafel

- Gehen Sie bei der Ermittlung der Werte der Vierfeldertafel so vor, dass in einer Spalte bzw. Zeile stets zwei Positionen besetzt sind.

Berechnung der Anteile

- Beachten Sie bei der Ermittlung der Anteile, dass „alle weiblichen Discobesucher" bzw. „alle Discobesucher" die Bezugsmengen sind.

Tipps zu Teilaufgabe b

Wahrscheinlichkeit für mehr als 10 intensive Discobesucher

- Das interessierende Ereignis ist „Ein zufällig ausgewählter Discobesucher ist ein intensiver Discobesucher". Die Feststellung, ob das Ereignis zutrifft oder nicht, ist ein Bernoulli-Experiment mit der Trefferwahrscheinlichkeit $p = \frac{|I|}{|\Omega|}$.
- Die n-fache Wiederholung des Bernoulli-Experimentes ist eine Bernoulli-Kette der Länge n.
- Wenden Sie daher das Modell „Binomialverteilung" mit den Parametern n und p an.
- Definieren Sie eine geeignete Zufallsgröße X, die $B_{100;\frac{1}{6}}$-verteilt ist.
- Berechnen Sie die gesuchte Wahrscheinlichkeit unter Beachtung der Gegenwahrscheinlichkeit und verwenden Sie die Anlage zur Aufgabe.

Ermittlung von n

- Ermitteln Sie aus der Ungleichung den Parameter n unter Anwendung der Formel für die Binomialverteilung und der Gegenwahrscheinlichkeit.

Tipps zu Teilaufgabe c

- Es handelt sich um ein kombinatorisches Problem. Zu betrachten sind 12 Elemente (Schüler), von denen drei eine bestimmte Eigenschaft (intensiver Discobesuch) haben. Der Rest hat diese Eigenschaft nicht.
- Es wird eine Stichprobe von drei Elementen ohne Zurücklegen entnommen.
- Die Situation lässt sich als Urnenexperiment oder als Baumdiagramm darstellen.
- Das Ereignis A kann man durch einen dreistufigen Pfad darstellen und P(A) nach der Pfadregel berechnen.
- Analog lässt sich das Ereignis B durch einen dreistufigen Teilbaum, bestehend aus drei Pfaden, darstellen. Die Wahrscheinlichkeit P(B) wird unter Beachtung der Produkt- und Summenregel berechnet.
- Alternativ kann man P(B) kombinatorisch bestimmen.
- Ermitteln Sie die Anzahl der Möglichkeiten, von den 12 Schülern drei herauszugreifen.
- Um das Ereignis B zu realisieren, besetzt man genau zwei Plätze der Stichprobe mit intensiven Discobesuchern. Der verbleibende Platz bleibt den gelegentlichen Discobesuchern.
- Wenden Sie die Wahrscheinlichkeitsdefinition nach LAPLACE an und ermitteln Sie P(B).

Tipps zu Teilaufgabe d

- Analog zur Teilaufgabe b liegt eine Binomialverteilung $B_{6;0,3}$ vor.
- Berechnen Sie die angegebene Wahrscheinlichkeit für den Wert $p = 0,3$.
- Vergleichen Sie das Resultat der Berechnung mit der Vorgabe.

Lösungen zu Aufgabe 3.1

a) **Ergänzung der Vierfeldertafel**
Man muss dabei so vorgehen, dass in einer Spalte bzw. Zeile stets zwei Positionen besetzt sind. Als Ergebnis erhält man:

	I	G	Σ
M	60	480	540
W	140	520	660
Summe	200	1 000	1 200

Berechnung der Anteile
Die weiteren Anteile ergeben sich nach Regeln der Prozentrechnung aus den entsprechenden Zahlenverhältnissen.
Anteil von I aus W:

$$\frac{|I \cap W|}{|W|} = \frac{140}{660} \approx 0{,}21$$

Anteil von $M \cap G$ aus Ω:

$$\frac{|M \cap G|}{|\Omega|} = \frac{480}{1\,200} = 0{,}4$$

Rund <u>21 %</u> der weiblichen Discobesucher betreiben dies intensiv und <u>40 %</u> aller Discobesucher sind männliche gelegentliche Besucher.

b) **Wahrscheinlichkeit für mehr als 10 intensive Discobesucher**
Es wird eine Stichprobe der Länge $n = 100$ befragt. Bei diesem Zufallsexperiment handelt es sich um eine Bernoulli-Kette der Länge 100. Als sogenannter Treffer ist das Ereignis „zufällig ausgewählter Discobesucher ist intensiver Discobesucher" anzusehen. Die Trefferwahrscheinlichkeit p ergibt sich zu:

$$p = \frac{|I|}{|\Omega|} = \frac{200}{1\,200} = \frac{1}{6}$$

Die Zufallsgröße X: = „Anzahl der intensiven Discobesucher" genügt folglich der Binomialverteilung $B_{100;\frac{1}{6}}$ und es gilt:

$$P(X = k) = \binom{n}{k} \cdot p^k \cdot (1-p)^{n-k}$$

Gesucht ist zunächst die Wahrscheinlichkeit $P(X > 10)$.

Wegen $P(X > 10) = \sum_{k=11}^{100} \binom{100}{k} \cdot \left(\frac{1}{6}\right)^k \cdot \left(\frac{5}{6}\right)^{100-k}$ ist aus rechnerischen Gründen der Übergang zur Gegenwahrscheinlichkeit vorteilhaft.

$$P(X > 10) = 1 - P(X \leq 10) = 1 - 0{,}0427 = 0{,}9573$$

Der Wert für $P(X \leq 10)$ kann aus der Anlage entnommen werden.

Die Wahrscheinlichkeit, unter 100 Discobesuchern mehr als 10 „Intensivtäter" zu finden, beträgt rund <u>96 %</u>.

Ermittlung von n

Im weiteren Aufgabenteil ist die Länge n der Stichprobe unbekannt.
Das Ereignis „mindestens einen intensiven Discobesucher zu finden“ bedeutet: $X \geq 1$
Die Wahrscheinlichkeit hierfür soll mindestens 0,99 sein: $P(X \geq 1) \geq 0{,}99$

Der Übergang zur Gegenwahrscheinlichkeit ist zwingend, da wegen des unbekannten n die Anzahl X nach oben nicht begrenzt ist.

$$P(X \geq 1) = 1 - P(X < 1) = 1 - P(X = 0) \geq 0{,}99$$
$$\Leftrightarrow \quad P(X = 0) \leq 0{,}01$$
$$\Leftrightarrow \quad (1-p)^n \leq 0{,}01$$
$$\Leftrightarrow \quad \left(\frac{5}{6}\right)^n \leq 0{,}01$$
$$\Leftrightarrow \quad n \cdot \ln\frac{5}{6} \leq \ln 0{,}01$$
$$\Leftrightarrow \quad n \geq \frac{\ln 0{,}01}{\ln\frac{5}{6}} \approx 25{,}2585$$

Man müsste also mindestens 26 Discobesucher befragen.

c) Die Grundgesamtheit besteht aus $N = 12$ Schülern des Kurses Mathematikabitur. Das Zufallsexperiment kann als Urnenexperiment mit $M = 3$ roten (intensive Discobesucher) und $N - M = 9$ weißen Kugeln (gelegentliche Discobesucher) simuliert werden.

Ereignis A

Es werden drei Kugeln nacheinander ohne Zurücklegen entnommen und die Farbe wird festgestellt. Das Ereignis A besteht dann aus der Folge wrw. Nach der Pfadregel gilt dann:

$$P(A) = \frac{9}{12} \cdot \frac{3}{11} \cdot \frac{8}{10} = \frac{9}{55} \approx 0{,}164$$

Ereignis B

1. Möglichkeit:

Es werden aus der Grundgesamtheit von $N = 12$ Kugeln, von denen $M = 3$ rot (intensive Discobesucher) sind, $n = 3$ Kugeln als Stichprobe ohne Berücksichtigung der Reihenfolge und ohne Zurücklegen entnommen. Das ist ein Laplace-Experiment und es handelt sich um Kombinationen ohne Wiederholung. Eine solche Situation lässt sich immer als Baumdiagramm darstellen, wobei nur der zum Ereignis B führende Teilbaum von Interesse ist.

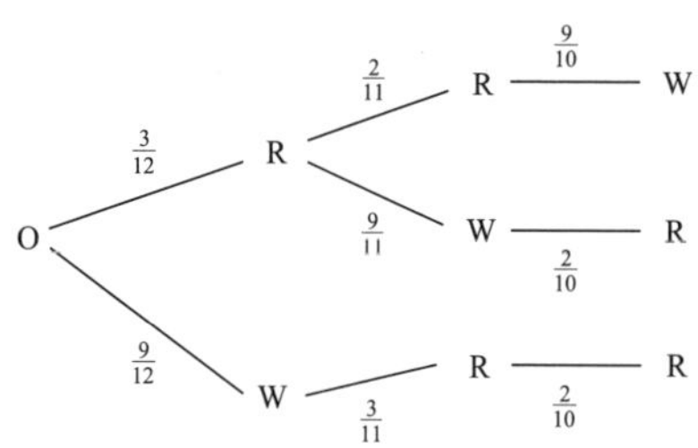

Nach der Produktregel wird jeder der drei zu B führenden Pfade mit der Wahrscheinlichkeit $\frac{2 \cdot 3 \cdot 9}{10 \cdot 11 \cdot 12}$ angenommen, woraus sich nach der Summenregel Folgendes ergibt:

$$P(B) = 3 \cdot \frac{2 \cdot 3 \cdot 9}{10 \cdot 11 \cdot 12} = \frac{27}{220}$$

2. Möglichkeit:

Die Anzahl aller Möglichkeiten ist $\binom{N}{n} = \binom{12}{3} = 220$. Um das Ereignis B zu realisieren, belegt man $k = 2$ Plätze der Stichprobe mit roten Kugeln (intensive Discobesucher). Dazu gibt es $\binom{M}{k} = \binom{3}{2} = 3$ Möglichkeiten. Der dritte Platz ist einer weißen Kugel (gelegentlicher Discobesucher) vorbehalten und kann auf $\binom{N-M}{n-k} = \binom{9}{1} = 9$ Möglichkeiten belegt werden.

Also gibt es für das Ereignis B insgesamt $\binom{M}{k}\binom{N-M}{n-k} = \binom{3}{2}\binom{9}{1} = 27$ günstige Fälle von $\binom{N}{n} = \binom{12}{3} = 220$ Möglichkeiten.

Nach der Wahrscheinlichkeitsdefinition von LAPLACE folgt:

$$P(B) = \frac{\binom{M}{k}\binom{N-M}{n-k}}{\binom{N}{n}} = \frac{\binom{3}{2}\binom{9}{1}}{\binom{12}{3}} = \underline{\underline{\frac{27}{220} \approx 0{,}123}}$$

Eine Verteilung der Form

$$P(Z = k) = \frac{\binom{M}{k}\binom{N-M}{n-k}}{\binom{N}{n}}$$

heißt hypergeometrische Verteilung.

Man könnte in Analogie zur Teilaufgabe b annehmen, dass die Zufallsgröße Z: = „Anzahl der intensiven Discobesucher unter den Mathematikabiturienten" der Binomialverteilung mit $p = \frac{3}{12} = \frac{1}{4}$ und $n = 3$ genügt. In diesem Fall erhält man:

$$P(B) = P(Z = 2) = \binom{3}{2}\left(\frac{1}{4}\right)^2\left(\frac{3}{4}\right)^1 \approx 0{,}141$$

Bei der Binomialverteilung wird angenommen, dass sich das Anteilsverhältnis $p = \frac{M}{N}$ durch die Entnahme einer Stichprobe nicht verändert (Ziehen mit Zurücklegen), während bei der hypergeometrischen Verteilung dies nicht der Fall ist (Ziehen ohne Zurücklegen). Die Binomialverteilung ist eine brauchbare Näherung der hypergeometrischen Verteilung, wenn das Verhältnis $\frac{M}{N}$ sehr klein ist. In diesem Fall liefert die Binomialverteilung keine akzeptable Lösung.

d) Analog zur zweiten Fragestellung von Teilaufgabe b wird eine Stichprobe der Länge 6 betrachtet. Die Zufallsgröße X: = „Anzahl der intensiven Discobesucher" genügt folglich der Binomialverteilung $B_{6;\,0,3}$.
Das Ereignis „mindestens 2 intensive Discobesucher zu finden" bedeutet: $X \geq 2$
Die Wahrscheinlichkeit hierfür soll mindestens 0,6 sein: $P(X \geq 2) \geq 0{,}6$

Aus rechentechnischen Gründen ist auch hier der Übergang zur Gegenwahrscheinlichkeit effektiver.

$$P(X \geq 2) = 1 - P(X < 2) = 1 - P(X \leq 1) \geq 0{,}6 \quad \Leftrightarrow \quad P(X \leq 1) \leq 0{,}4$$

$$P(X \leq 1) = P(X = 0) + P(X = 1) = \binom{6}{0} \cdot 0{,}3^0 \cdot 0{,}7^6 + \binom{6}{1} \cdot 0{,}3^1 \cdot 0{,}7^5 \approx 0{,}42$$

Das heißt, die Vorgabe $P(X \geq 2) \geq 0{,}6 \Leftrightarrow P(X \leq 1) \leq 0{,}4$ kann mit $p = 0{,}3$ <u>nicht</u> realisiert werden.

Geschwindigkeitskontrollen BE

Auf dem Berliner Ring werden Geschwindigkeitskontrollen durchgeführt. Dabei wurde durch statistische Erhebungen festgestellt, dass 4 % der Pkw-Fahrer und 3 % der Lkw-Fahrer die zulässige Höchstgeschwindigkeit überschreiten. Diese werden im Weiteren Raser genannt. Beide Verkehrsmittel werden mit einer Wahrscheinlichkeit von 0,05 kontrolliert.

a) Berechnen Sie die Wahrscheinlichkeit der Ereignisse
A: Unter 65 kontrollierten Lkw-Fahrern befindet sich kein Raser.
B: Unter 50 kontrollierten Pkw-Fahrern befindet sich mindestens ein Raser. 5

b) Berechnen Sie die Wahrscheinlichkeiten folgender Ereignisse gegebenenfalls mithilfe geeigneter Baumdiagramme:
C: Von vier aufeinander folgenden Fahrzeugen wird nur das vierte kontrolliert.
D: Von fünf aufeinander folgenden Fahrzeugen werden genau zwei kontrolliert, die direkt hintereinander fahren. 9

c) Berechnen Sie, wie viele Pkw mindestens kontrolliert werden müssen, um mit einer Wahrscheinlichkeit von mindestens 90 % mindestens einen Raser zu „erwischen“. 7

d) Bei der Auswertung von Raserfotos wird festgestellt, dass 32,2 % der Fahrer allein unterwegs waren.
Berechnen Sie die Wahrscheinlichkeit für das folgende Ereignis.
E: Unter drei zufällig ausgewählten Fotos befindet sich höchstens eines, auf dem ein Fahrzeug abgelichtet wurde, welches mit genau einer Person besetzt ist. 5

e) Der Anteil der Pkw-Fahrer, die angeschnallt fahren, sei p mit $0 < p < 1$.
Berechnen Sie p für den Fall, dass die Wahrscheinlichkeit dafür, unter 10 zufällig ausgewählten Pkw-Fahrern genau 8 angeschnallte Fahrer zu finden, maximal ist.
Auf den Nachweis des Maximums wird verzichtet. 4

30

Tipps und Hinweise zur Lösung von Aufgabe 3.2

Tipps zu Teilaufgabe a

- Interessierende Ereignisse sind „Ein zufällig ausgewählter Fahrer ist ein Raser" bzw. „Ein zufällig ausgewähltes Fahrzeug wird kontrolliert". Die Feststellung, ob das Ereignis zutrifft oder nicht, ist ein Bernoulli-Experiment mit der „Trefferwahrscheinlichkeit" $p=0{,}04$, $p=0{,}03$ bzw. $p=0{,}05$.
- Die n-fache Wiederholung des Bernoulli-Experimentes ist eine Bernoulli-Kette der Länge n.
- Wenden Sie daher das Modell „Binomialverteilung" mit den Parametern n und p an.
- Definieren Sie jeweils eine geeignete Zufallsgröße und beschreiben Sie damit die Ereignisse A und B.
- Zur Berechnung der Wahrscheinlichkeiten benutzen Sie die Formel der Binomialverteilung.

Tipps zu Teilaufgabe b

- Das Ereignis C tritt genau dann ein, wenn in der Bernoulli-Kette der Länge 4 an der vierten Stelle eine 1 (für Treffer = Kontrolle) steht und alle anderen Positionen mit 0 besetzt sind.
- Für das Ereignis D sind alle Bernoulli-Ketten der Länge 5 zutreffend, bei denen an genau zwei aufeinander folgenden Stellen eine 1 steht und alle anderen Positionen mit 0 besetzt sind.
- Ermitteln Sie mit der Pfadregel die Wahrscheinlichkeit dieser Pfade.
- Untersuchen Sie, wie viele der beschriebenen Pfade zum Ereignis C bzw. D führen, und berechnen Sie daraus die Wahrscheinlichkeit von C und D.

Tipps zu Teilaufgabe c

- Benutzen Sie die Zufallsgröße zum Ereignis B aus Teilaufgabe a. Sie genügt der Verteilung $B_{n;\,0{,}04}$, wobei der Stichprobenumfang unter Beachtung der Zielstellung zu bestimmen ist.
- Formulieren Sie mit dieser Zufallsgröße die Aussagen der Aufgabe als Ungleichung.
- Ermitteln Sie aus dieser Ungleichung den Parameter n unter Anwendung der Formel für die Binomialverteilung und der Gegenwahrscheinlichkeit.

Tipps zu Teilaufgabe d

- Interpretieren Sie die Auswahl der Fotos und die Feststellung, ob der Fahrer allein war (Treffer), als Bernoulli-Kette der Länge $n=3$ und der Trefferwahrscheinlichkeit $p=0{,}332$.
- Überlegen Sie, welche Pfade zum Ereignis E führen.
- Beachten Sie die Rechenregeln und ermitteln Sie P(E).

Tipps zu Teilaufgabe e

- Definieren Sie eine geeignete Zufallsgröße zur Beschreibung des Sachverhaltes. Diese ist mit $B_{10;\,p}$ binomialverteilt, wobei p ermittelt werden soll.
- Drücken Sie das Ereignis „genau 8 angeschnallte Fahrer …" durch die Zufallsgröße aus und ermitteln Sie dessen Wahrscheinlichkeit mithilfe der Formel von Bernoulli als Funktion f(p).
- Ermitteln Sie die notwendige Bedingung für das Maximum von f.

Lösungen zu Aufgabe 3.2

a) **Ereignis A**

Es liegt eine Bernoulli-Kette der Länge $n = 65$ vor.
Die Zufallsgröße X: = „Anzahl der Lkw-Fahrer, die Raser sind“ genügt folglich der Binomialverteilung $B_{65;\,0,03}$ und es gilt $P(X = k) = \binom{n}{k} \cdot p^k \cdot (1-p)^{n-k}$.

$$P(A) = P(X = 0) = \binom{65}{0} \cdot 0{,}03^0 \cdot 0{,}97^{65} \approx \underline{\underline{0{,}138}}$$

Ereignis B

Es liegt eine Bernoulli-Kette der Länge $n = 50$ vor.
Die Zufallsgröße Y: = „Anzahl der Pkw-Fahrer, die Raser sind“ genügt folglich der Binomialverteilung $B_{50;\,0,04}$. Gesucht wird $P(B) = P(Y \geq 1)$.

Aus rechentechnischen Gründen ist der Übergang zur Gegenwahrscheinlichkeit angebracht.

$$P(B) = P(Y \geq 1) = 1 - P(Y < 1) = 1 - P(Y = 0) = 1 - \binom{50}{0} \cdot 0{,}04^0 \cdot 0{,}96^{50} \approx \underline{\underline{0{,}87}}$$

b) **Ereignis C**

Es wird eine Stichprobe der Länge 4 betrachtet. Das Ereignis C tritt genau dann ein, wenn an der vierten Stelle eine 1 (für Treffer, d. h. wird kontrolliert) steht und alle anderen Positionen mit 0 (nicht kontrolliert) besetzt sind, also genau einmal die Trefferwahrscheinlichkeit $p = 0{,}05$ und dreimal die Gegenwahrscheinlichkeit $1 - p = 0{,}95$ auftritt.
Nach der Pfadregel erhält man:

$$P(C) = p^1 \cdot (1-p)^{4-1} = 0{,}05^1 \cdot 0{,}95^3 \approx \underline{\underline{0{,}043}}$$

Ereignis D

Es wird eine Stichprobe der Länge 5 betrachtet. Das Ereignis D tritt genau dann ein, wenn an zwei aufeinander folgenden Stellen 1 steht und alle anderen Positionen mit 0 besetzt sind, also genau zweimal die Trefferwahrscheinlichkeit $p = 0{,}05$ und dreimal die Gegenwahrscheinlichkeit $1 - p = 0{,}95$ auftritt.

Nach der Pfadregel tritt ein solcher Pfad mit folgender Wahrscheinlichkeit auf:

$$p^2 \cdot (1-p)^3 = 0{,}05^2 \cdot 0{,}95^3 \approx 0{,}00214$$

Ein solcher Pfad ist 11000. Alle weiteren zu D gehörenden Pfade erhält man durch Verschiebung der Folge 11, also 01100, 00110, 00011. Es gibt genau vier Pfade dieser Art.
Folglich gilt nach der Summenregel:

$$P(D) = 4 \cdot 0{,}05^2 \cdot 0{,}95^3 \approx \underline{\underline{0{,}0086}}$$

1 bedeutet Kontrolle, 0 bedeutet keine Kontrolle

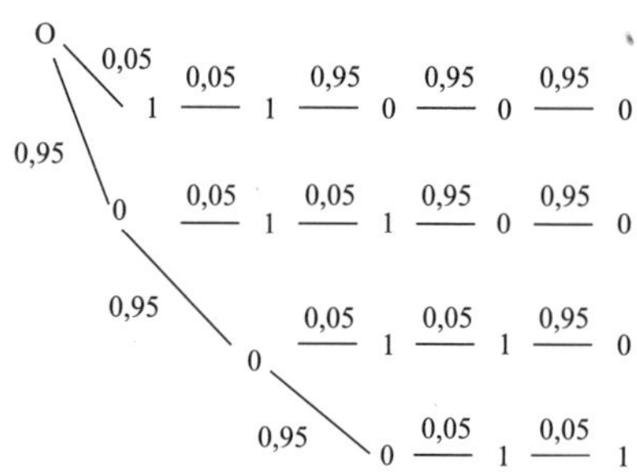

c) Es ist die Länge n der Stichprobe zu ermitteln, um „fündig zu werden“.
Die Zufallsgröße Y: = „Anzahl der Pkw-Fahrer, die Raser sind“ genügt der Binomialverteilung $B_{n;\,0,04}$.
Das Ereignis „mindestens einen zu finden“ bedeutet: $Y \geq 1$
Die Wahrscheinlichkeit hierfür soll mindestens 0,9 sein: $P(Y \geq 1) \geq 0{,}9$

Der Übergang zur Gegenwahrscheinlichkeit ist zwingend, da wegen des unbekannten n die Anzahl Y nach oben nicht begrenzt ist.

$$P(Y \geq 1) = 1 - P(Y < 1) = 1 - P(Y = 0) \geq 0{,}9$$
$$\Leftrightarrow \quad P(Y = 0) \leq 0{,}1$$
$$\Leftrightarrow \quad (1-p)^n \leq 0{,}1$$
$$\Leftrightarrow \quad 0{,}96^n \leq 0{,}1$$
$$\Leftrightarrow \quad n \cdot \ln 0{,}96 \leq \ln 0{,}1 \quad \Leftrightarrow \quad n \geq \frac{\ln 0{,}1}{\ln 0{,}96} \approx 56{,}4$$

Man müsste also mindestens 57 Pkw-Fahrer kontrollieren, um die Vorgabe zu realisieren.

d) *1. Möglichkeit:*
Da nur festgestellt wird, ob der Raser allein unterwegs war oder nicht, darf man von einem Bernoulli-Experiment ausgehen, dessen mehrfache Wiederholung auf eine Bernoulli-Kette führt. In diesem Fall hat sie die Länge $n = 3$.
Das Ereignis E tritt genau dann ein, wenn entweder alle Positionen der Kette mit 0 (mehrere Personen im Fahrzeug) besetzt sind oder genau eine Position mit 1 (Treffer, d. h. genau eine Person im Fahrzeug) besetzt ist. Die Trefferwahrscheinlichkeit ist $p = 0{,}322$.
Folglich erhält man:

$$P(000) = (1-p)^3 = 0{,}678^3 \approx 0{,}3117$$
$$P(100) + P(010) + P(001) = 3 \cdot p \cdot (1-p)^2 = 3 \cdot 0{,}322 \cdot 0{,}678^2 \approx 0{,}4441$$

Damit gilt:

$$P(E) \approx 0{,}3117 + 0{,}4441 \approx \underline{\underline{0{,}7558}}$$

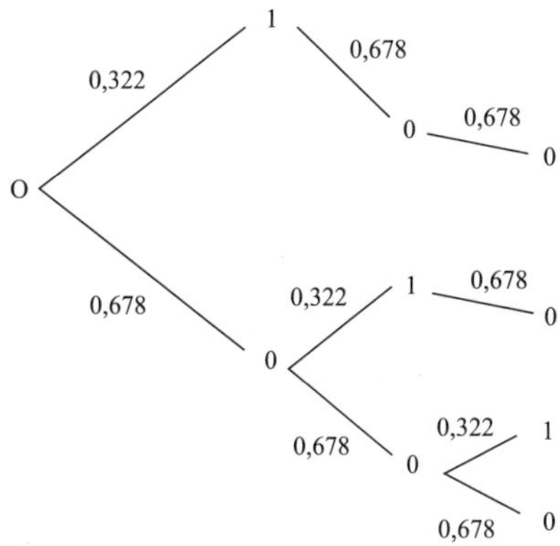

2. Möglichkeit:
Die Zufallsgröße S: = „Anzahl der Fotos mit genau einem Fahrer“ ist mit $B_{3;\,0,332}$ binomialverteilt.
Dann ist:

$$P(E) = P(S \leq 1) = P(S = 0) + P(S = 1)$$
$$= (1-p)^3 + \binom{3}{1} \cdot p \cdot (1-p)^2$$
$$= 0{,}678^3 + 3 \cdot 0{,}322 \cdot 0{,}678^2$$
$$\approx \underline{\underline{0{,}7557}}$$

e) Da nur festgestellt wird, ob der Pkw-Fahrer angeschnallt ist oder nicht, darf man wieder von einem Bernoulli-Experiment ausgehen, dessen mehrfache Wiederholung auf eine Bernoulli-Kette führt. In diesem Fall hat sie die Länge $n = 10$.
Sei Z: = „Anzahl der angeschnallten Pkw-Fahrer unter den zufällig ausgewählten Fahrern".
Z ist mit $B_{10;\,p}$ binomialverteilt, wobei p so zu bestimmen ist, dass die Wahrscheinlichkeit $P(Z=8)$ maximal wird.

$$P(Z=8) = \binom{10}{8} \cdot p^8 \cdot (1-p)^2 \rightarrow \max. \iff f(p) = p^8 \cdot (1-p)^2 \rightarrow \max.$$

$$f'(p) = 8p^7 \cdot (1-p)^2 - 2p^8 \cdot (1-p) = 2p^7(1-p)[4(1-p)-p] = 2p^7(1-p)(4-5p)$$

$$f'(p) = 0 \iff p = 0 \lor p = \frac{4}{5} \lor p = 1$$

Wegen $0 < p < 1$ kann nur bei $\underline{\underline{p = \frac{4}{5}}}$ die Wahrscheinlichkeit $P(Z=8)$ maximal werden.

Die Funktion $f(p) = p^8 \cdot (1-p)^2;\ 0 \le p \le 1$ ist eine nicht negative, stetige Funktion und nimmt daher zwischen den beiden Nullstellen mindestens ein relatives Maximum an. Da ihre Ableitung in $0 < p < 1$ genau eine Nullstelle $p = \frac{4}{5}$ besitzt, ist diese die Stelle des einzigen relativen Maximums, welches zugleich das absolute Maximum im Bereich $0 < p < 1$ ist.

Sonnenblumen BE

Gegeben ist die Funktion h mit $h(t) = -\frac{1}{3}t^3 + 2t^2 + 21t + 10;\ t \in \mathbb{R}$. Sie beschreibt ab dem Zeitpunkt $t = 0$ für einen gewissen Zeitraum die Höhe einer Sonnenblume, wobei t in Wochen nach Beobachtungsbeginn und h(t) in cm angegeben werden.

a) Berechnen Sie die Koordinaten aller Extrempunkte des Graphen von h und bestimmen Sie deren Art. Skizzieren Sie den Graphen von h mindestens für $-6 \leq t \leq 9$ in ein geeignetes Koordinatensystem. Erläutern Sie, in welchem Intervall von t der Graph von h sinnvolle Werte für das Wachstum der Sonnenblume liefert. 18

b) Geben Sie die Höhe der Sonnenblume zu Beginn des Beobachtungszeitpunktes in Zentimetern an. Ermitteln Sie die durchschnittliche Wachstumsrate im Zeitraum von $t = 1$ bis $t = 6$ sowie die momentane Wachstumsrate zum Zeitpunkt $t = 6$. 7

c) Ermitteln Sie rechnerisch, zu welchem Zeitpunkt eine momentane Wachstumsrate von $15\,\frac{\text{cm}}{\text{Woche}}$ erreicht ist. 4

d) Ein Verkäufer wirbt mit dem Versprechen: „Meine Pflanzen erreichen eine Wachstumsrate von 27 cm pro Woche. Da können Sie beim Wachsen zusehen!" Überprüfen Sie rechnerisch, ob die versprochene Wachstumsrate erreicht werden kann, indem Sie die größte erreichte momentane Wachstumsrate der Pflanze ermitteln. 4

e) Von einer zweiten Sonnenblumenart ist nur die Funktion v der momentanen Wachstumsrate bekannt. Ihre Gleichung lautet $v(t) = -2t^2 + 3t + 52$, wobei t in Wochen und v(t) in $\frac{\text{cm}}{\text{Woche}}$ angegeben werden. Zum Zeitpunkt $t = 2$ ist eine Sonnenblume dieser Art 120 cm hoch.
Ermitteln Sie rechnerisch die Gleichung der Funktion g, die die Höhe dieser Sonnenblume in Abhängigkeit von der Zeit t beschreibt (mit t in Wochen und g(t) in cm). 7

40

Tipps und Hinweise zur Lösung von Aufgabe 1.1

Tipps zu Teilaufgabe a

Koordinaten und Art der Extrempunkte des Graphen von h

- Berechnen Sie die Gleichungen der ersten beiden Ableitungsfunktionen von h.
- Bestimmen Sie mithilfe der notwendigen und hinreichenden Bedingung die lokalen Extremstellen.
- Berechnen Sie die zugehörigen Funktionswerte.

Skizze des Graphen von h

- Mithilfe der Extrempunkte, des Schnittpunktes mit der y-Achse und gegebenenfalls weiterer mit dem Taschenrechner zu ermittelnder Punkte können Sie eine Skizze des Graphen von h in einem Koordinatensystem mit geeignetem Maßstab anfertigen.

Beschreibung des Wachstumsintervalls

- Beachten Sie, dass die Pflanze bis zum Ende (streng) monoton wächst und die Beobachtung in der Zeit $t = 0$ beginnt.

Tipps zu Teilaufgabe b

Sonnenblumenhöhe am Beobachtungsbeginn

- Geben Sie den Funktionswert h(0) an.

Durchschnittliche Wachstumsrate im Intervall $1 \leq t \leq 6$

- Berechnen Sie den Differenzenquotienten im angegebenen Intervall.

Momentane Wachstumsrate an der Stelle $t = 6$

- Berechnen Sie den Differenzialquotienten an der angegebenen Stelle.

Tipp zu Teilaufgabe c

- Lösen Sie die Gleichung $h'(t) = 15$ für $t > 0$.

Tipps zu Teilaufgabe d

- Untersuchen Sie die Funktion h' auf mögliche Extremstellen und deren Funktionswerte.
- Mithilfe der Extremwerte können Sie die Aussage des Verkäufers beurteilen.

Tipps zu Teilaufgabe e

- Die Funktion g ist eine Stammfunktion der Funktion v.
- Mithilfe des Funktionswertes $g(2) = 120$ können Sie berechnen, um welche Stammfunktion es sich handelt.

Lösungen zu Aufgabe 1.1

a) **Koordinaten und Art der Extrempunkte des Graphen von h**

Von der Funktion h mit $h(t) = -\frac{1}{3}t^3 + 2t^2 + 21t + 10;\ t \in \mathbb{R}$ berechnet man die Gleichungen der ersten beiden Ableitungsfunktionen:

$$h'(t) = -t^2 + 4t + 21$$
$$h''(t) = -2t + 4$$

Notwendige Bedingung für die Existenz lokaler Extremstellen: $h'(t) = 0$

$$-t^2 + 4t + 21 = 0$$
$$t^2 - 4t - 21 = 0$$
$$t_{1,2} = 2 \pm \sqrt{4 + 21}$$
$$t_1 = -3;\ t_2 = 7$$

Hinreichende Bedingung für die Existenz lokaler Extremstellen: $h''(t) \neq 0$

$$h''(-3) = -2 \cdot (-3) + 4 = 10 > 0 \qquad \text{(lokales Minimum)}$$
$$h''(7) = -2 \cdot 7 + 4 = -10 < 0 \qquad \text{(lokales Maximum)}$$

Berechnung der Funktionswerte an den lokalen Extremstellen:

$$h(-3) = -\frac{1}{3} \cdot (-3)^3 + 2 \cdot (-3)^2 + 21 \cdot (-3) + 10 = -26$$
$$h(7) = -\frac{1}{3} \cdot 7^3 + 2 \cdot 7^2 + 21 \cdot 7 + 10 = 140\frac{2}{3}$$

Der Graph von h besitzt genau einen lokalen Tiefpunkt T und genau einen lokalen Hochpunkt H. Die Koordinaten dieser Punkte sind:

$$\underline{\underline{T(-3\,|\,-26)}};\ \underline{\underline{H\left(7\,\middle|\,140\frac{2}{3}\right)}}$$

Skizze des Graphen von h

Gegebenenfalls können für die Skizze zusätzliche Punkte des Graphen G_h mithilfe der Funktionsgleichung bestimmt werden.

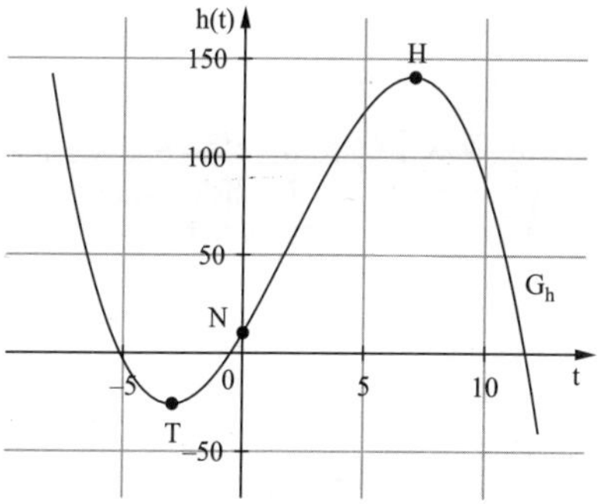

Beschreibung des Wachstumsintervalls
Laut Aufgabenstellung beginnt die Beobachtung des Wachstums zum Zeitpunkt $t=0$. Da der Wachstumsvorgang einer Pflanze üblicherweise monoton steigt, endet er an der Stelle des Hochpunktes mit $t=7$. Die Beobachtungszeit für das Wachstum der Sonnenblume wird also durch den Graphen von h im Intervall $\underline{\underline{0 \le t \le 7}}$ mit t in Wochen und h(t) in cm beschrieben.

b) **Sonnenblumenhöhe am Beobachtungsbeginn**
Zum Zeitpunkt $t=0$ gilt:

$$h(0) = -\frac{1}{3} \cdot 0^3 + 2 \cdot 0^2 + 21 \cdot 0 + 10 = 10$$

Damit hat die Sonnenblume zu Beginn der Beobachtung eine Höhe von $\underline{\underline{10\text{ cm}}}$.

Durchschnittliche Wachstumsrate im Intervall $1 \le t \le 6$
Man berechnet zunächst die Funktionswerte h(1) und h(6):

$$h(1) = -\frac{1}{3} \cdot 1^3 + 2 \cdot 1^2 + 21 \cdot 1 + 10 = 32,\overline{6}$$

$$h(6) = -\frac{1}{3} \cdot 6^3 + 2 \cdot 6^2 + 21 \cdot 6 + 10 = 136$$

Die durchschnittliche Wachstumsrate ist der Differenzenquotient im Intervall $1 \le t \le 6$:

$$\frac{h(6) - h(1)}{6-1} = \frac{136 - 32,\overline{6}}{6-1} = 20,\overline{6} \left[\frac{\text{cm}}{\text{Woche}} \right]$$

Im angegebenen Intervall wächst die Sonnenblume durchschnittlich $\underline{\underline{20,\overline{6}\text{ Zentimeter pro Woche.}}}$

Momentane Wachstumsrate an der Stelle $t=6$
Die momentane Wachstumsrate ist der Differenzialquotient an der Stelle $t=6$ und es gilt:

$$h'(6) = -6^2 + 4 \cdot 6 + 21 = 9$$

Die Sonnenblume hat zum Zeitpunkt $t=6$ eine momentane Wachstumsrate von $\underline{\underline{9\text{ Zentimetern pro Woche.}}}$

c) Die momentane Wachstumsrate von 15 Zentimetern pro Woche ist der Funktionswert der ersten Ableitungsfunktion von h zur gesuchten Zeit t, wobei t zum Wachstumsintervall $0 \le t \le 7$ der Sonnenblume gehört. Zunächst ist die quadratische Gleichung $h'(t) = 15$ nach t aufzulösen.

$$h'(t) = -t^2 + 4t + 21 = 15$$
$$t^2 - 4t - 6 = 0$$
$$t_{1,2} = 2 \pm \sqrt{4+6}$$
$$t_1 = 2 + \sqrt{10} \approx 5,2; \quad t_2 = 2 - \sqrt{10} \approx -1,2$$

Die Lösung $t_2 = 2 - \sqrt{10} \approx -1,2$ liegt nicht im Wachstumsintervall.
Die momentane Wachstumsrate von 15 Zentimetern pro Woche liegt zum Zeitpunkt $\underline{\underline{t \approx 5,2\text{ Wochen}}}$ vor.

d) Der Verkäufer macht eine Aussage über die Wachstumsrate seiner Sonnenblumen und damit über die erste Ableitungsfunktion von h. Es muss ermittelt werden, welche größtmögliche Wachstumsrate erreicht wird, um die Aussage des Verkäufers beurteilen zu können. Das heißt, es muss die Funktion h' im Intervall $0 \le t \le 7$ auf Maximalwerte untersucht werden.

Mit $h''(t) = -2t + 4 = 0 \Rightarrow t = 2$ erhält man eine mögliche Extremstelle der Funktion h'.

Aus $h'''(2) = -2 < 0$ ergibt sich, dass an der Stelle $t = 2$ ein lokales Maximum der Funktion h' existiert. Schließlich erhält man aus $h'(2) = -2^2 + 4 \cdot 2 + 21 = 25$ die maximale Wachstumsrate von 25 cm pro Woche. Die Aussage des Verkäufers, seine Sonnenblumen würden die Wachstumsrate von 27 cm pro Woche erreichen, ist falsch.

e) Da die Funktion v die momentane Wachstumsrate v(t) in Abhängigkeit von der Zeit t beschreibt, ist sie die erste Ableitungsfunktion einer Funktion g, die die Höhe g(t) der Sonnenblume in Abhängigkeit von der Zeit t beschreibt. Um eine Gleichung der Funktion g zu bestimmen, berechnet man diejenige Stammfunktion von v, für die laut Aufgabenstellung $g(2) = 120$ gilt.

Zunächst berechnet man das unbestimmte Integral $\int v(t)\,dt$:

$$\int v(t)\,dt = \int (-2t^2 + 3t + 52)\,dt = -\frac{2}{3}t^3 + \frac{3}{2}t^2 + 52t + c;\quad c \in \mathbb{R}$$

Unter Verwendung der Bedingung $g(2) = 120$ kann nun die reelle Zahl c berechnet werden:

$$g(2) = -\frac{2}{3} \cdot 2^3 + \frac{3}{2} \cdot 2^2 + 52 \cdot 2 + c = 120$$

$$-\frac{16}{3} + \frac{12}{2} + 104 + c = 120$$

$$c = \frac{46}{3}$$

Die Funktion g hat damit folgende Gleichung:

$$g(t) = -\frac{2}{3}t^3 + \frac{3}{2}t^2 + 52t + \frac{46}{3}$$

Berlin / Brandenburg – Mathematik Grundkurs
2012 – Aufgabe 1.1: Analysis (CAS)

Sonnenblumen

BE

Gegeben ist die Funktion h mit $h(t) = -\frac{1}{3}t^3 + 2t^2 + 21t + 10;\ t \in \mathbb{R}$. Sie beschreibt ab dem Zeitpunkt $t = 0$ für einen gewissen Zeitraum die Höhe einer Sonnenblume der Art „Gelber Riese", wobei t in Wochen nach Beobachtungsbeginn und h(t) in cm angegeben werden.

a) Berechnen Sie die Koordinaten aller Extrempunkte des Graphen von h und bestimmen Sie deren Art. Zeichnen Sie für $-6 \leq t \leq 12$ den Graphen von h in ein geeignetes Koordinatensystem. Erläutern Sie, bis zu welchem Wert von t der Graph von h sinnvolle Werte für das Wachstum der Sonnenblume liefert. 15

b) Geben Sie die Höhe der oben beschriebenen Sonnenblume zu Beginn des Beobachtungszeitpunktes in Zentimetern an.
Berechnen Sie die mittlere Wachstumsrate im Zeitraum von $t = 1$ bis $t = 6$ sowie die momentanen Wachstumsraten zu den Zeitpunkten $t = 1$ und $t = 6$.
Ermitteln Sie rechnerisch, zu welchem Zeitpunkt eine Wachstumsrate von $15\,\frac{\text{cm}}{\text{Woche}}$ erreicht ist. 10

c) Ein Verkäufer wirbt mit einem Schild: „Meine Pflanzen erreichen eine Wachstumsrate von 27 cm pro Woche. Da können Sie beim Wachsen zusehen!"
Überprüfen Sie rechnerisch, ob die versprochene Wachstumsrate erreicht werden kann, indem Sie die größte erreichte momentane Wachstumsrate der Pflanze ermitteln. 5

d) Von einer zweiten Sonnenblumenart „Goldene Gloria" ist nur die Funktion v der momentanen Wachstumsrate bekannt. Die Gleichung lautet $v(t) = -\frac{3}{4}t^2 + 8t + 9$, wobei t in Wochen und v(t) in $\frac{\text{cm}}{\text{Woche}}$ angegeben werden. Zum Zeitpunkt $t = 2$ ist eine Sonnenblume der Art „Goldene Gloria" 50 cm hoch.
Ermitteln Sie rechnerisch die Gleichung der Funktion g, die die Höhe dieser Sonnenblume in Abhängigkeit von der Zeit t beschreibt (mit t in Wochen und g(t) in cm). 4

e) Das Wachstum einer dritten Sonnenblumenart „Sonnenstern" wird durch die Funktion k mit $k(t) = -\frac{2}{3}t^3 + \frac{3}{2}t^2 + 51t + 30$ beschrieben, wobei t in Wochen nach Beobachtungsbeginn und k(t) in cm angegeben werden.
Ermitteln Sie rechnerisch den Zeitpunkt t, an dem der Höhenunterschied zweier Sonnenblumen der Arten „Gelber Riese" und „Sonnenstern" am größten ist, und geben Sie diesen größten Höhenunterschied an.
[*Zielfunktion d zur Kontrolle:* $d(t) = -\frac{1}{3}t^3 - \frac{1}{2}t^2 + 30t + 20$] 6

40

Tipps und Hinweise zur Lösung von Aufgabe 1.1 (CAS)

Tipps zu Teilaufgabe a

Koordinaten und Art der Extrempunkte des Graphen von h

- Berechnen Sie die Gleichungen der ersten beiden Ableitungsfunktionen von h.
- Bestimmen Sie mithilfe der notwendigen und hinreichenden Bedingung die lokalen Extremstellen.
- Berechnen Sie die zugehörigen Funktionswerte.

Zeichnung des Graphen von h im Intervall $-6 \leq t \leq 12$

- Mithilfe der Extrempunkte, des Schnittpunktes mit der y-Achse und gegebenenfalls weiterer mit der Spur-Funktion zu ermittelnder Punkte können Sie eine Zeichnung des Graphen von h in einem Koordinatensystem mit geeignetem Maßstab anfertigen.

Beschreibung des Wachstumsintervalls

- Beachten Sie, dass die Pflanze bis zum Ende (streng) monoton wächst und die Beobachtung in der Zeit $t = 0$ beginnt.

Tipps zu Teilaufgabe b

Sonnenblumenhöhe am Beobachtungsbeginn

- Geben Sie den Funktionswert h(0) an.

Mittlere Wachstumsrate im Intervall $1 \leq t \leq 6$

- Berechnen Sie den Differenzenquotienten im angegebenen Intervall.

Momentane Wachstumsraten an den Stellen $t = 1$ und $t = 6$

- Berechnen Sie die Differenzialquotienten an den angegebenen Stellen.

Berechnung von t

- Lösen Sie die Gleichung $h'(t) = 15$ für $t > 0$.

Tipps zu Teilaufgabe c

- Untersuchen Sie die Funktion h' auf mögliche Extremstellen und deren Funktionswerte.
- Mithilfe der Extremwerte können Sie die Aussage des Verkäufers beurteilen.

Tipps zu Teilaufgabe d

- Die Funktion g ist eine Stammfunktion der Funktion v.
- Mithilfe des Funktionswertes $g(2) = 50$ können Sie berechnen, um welche Stammfunktion es sich handelt.

Tipps zu Teilaufgabe e

- Bestimmen Sie zunächst die Differenzfunktion d mit $d(t) = k(t) - h(t)$.
- Untersuchen Sie die Funktion d für $t > 0$ auf mögliche Extremstellen.
- Berechnen Sie den Extremwert und bewerten Sie das Ergebnis.

Lösungen zu Aufgabe 1.1 (CAS)

a) **Koordinaten und Art der Extrempunkte des Graphen von h**

Von der Funktion h mit $h(t) = -\frac{1}{3}t^3 + 2t^2 + 21t + 10$; $t \in \mathbb{R}$ berechnet man die Gleichungen der ersten beiden Ableitungsfunktionen:

$$h'(t) = -t^2 + 4t + 21$$
$$h''(t) = -2t + 4$$

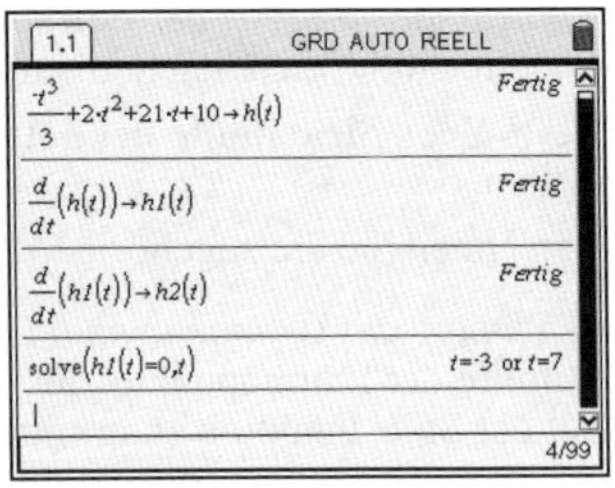

Notwendige Bedingung für die Existenz lokaler Extremstellen: $h'(t) = 0$

$$-t^2 + 4t + 21 = 0 \quad \Rightarrow \quad t_1 = -3;\ t_2 = 7$$

Hinreichende Bedingung für die Existenz lokaler Extremstellen:

$$h''(-3) = 10 > 0 \quad \text{(lokales Minimum)}$$
$$h''(7) = -10 < 0 \quad \text{(lokales Maximum)}$$

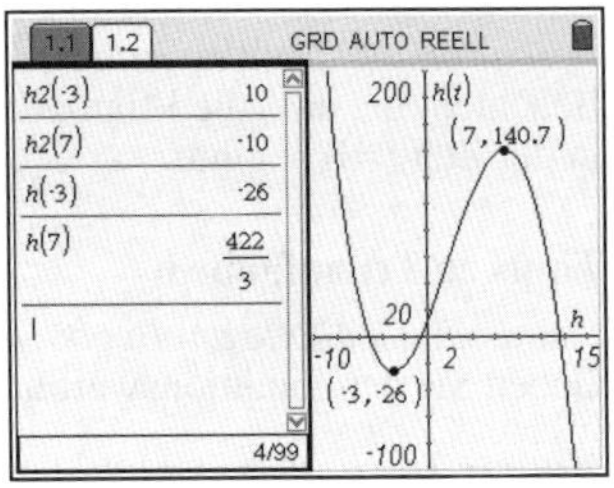

Berechnung der Funktionswerte an den lokalen Extremstellen:

$$h(-3) = -26$$
$$h(7) = 140\frac{2}{3}$$

Der Graph von h besitzt genau einen lokalen Tiefpunkt T und genau einen lokalen Hochpunkt H. Die Koordinaten dieser Punkte sind:

$$\underline{\underline{T(-3 \mid -26)}};\ \underline{\underline{H\left(7 \;\middle|\; 140\frac{2}{3}\right)}}$$

Zeichnung des Graphen von h

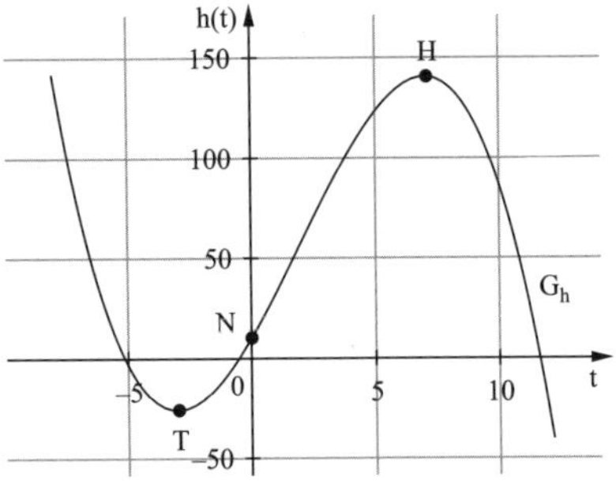

Beschreibung des Wachstumsintervalls

Laut Aufgabenstellung beginnt die Beobachtung des Wachstums zum Zeitpunkt $t = 0$. Da der Wachstumsvorgang einer Pflanze üblicherweise monoton steigt, endet er an der Stelle des Hochpunktes mit $t = 7$. Die Beobachtungszeit für das Wachstum der Sonnenblume wird also durch den Graphen von h im Intervall $\underline{\underline{0 \le t \le 7}}$ mit t in Wochen und h(t) in Zentimetern beschrieben.

b) **Sonnenblumenhöhe am Beobachtungsbeginn**
Zum Zeitpunkt $t = 0$ gilt $h(0) = 10$.
Damit hat die Sonnenblume zu Beginn der Beobachtung eine Höhe von 10 cm.

Mittlere Wachstumsrate im Intervall $1 \leq t \leq 6$
Die mittlere Wachstumsrate ist der Differenzenquotient im Intervall $1 \leq t \leq 6$:

$$\frac{h(6) - h(1)}{6 - 1} = \frac{136 - 32,\overline{6}}{6 - 1} = \frac{62}{3} = 20,\overline{6} \left[\frac{\text{cm}}{\text{Woche}}\right]$$

Im angegebenen Intervall wächst die Sonnenblume durchschnittlich $20,\overline{6}$ Zentimeter pro Woche.

Momentane Wachstumsrate an der Stelle $t = 1$ und $t = 6$
Die momentane Wachstumsrate ist der Differenzialquotient an der Stelle $t = 1$ bzw. $t = 6$ und es gilt:

$$h'(1) = 24$$
$$h'(6) = 9$$

Die Sonnenblume hat zum Zeitpunkt $t = 1$ eine momentane Wachstumsrate von 24 Zentimetern pro Woche und zum Zeitpunkt $t = 6$ nur noch eine momentane Wachstumsrate von 9 Zentimetern pro Woche.

Berechnung von t für $h'(t) = 15$
Die momentane Wachstumsrate von 15 Zentimetern pro Woche ist der Funktionswert der ersten Ableitungsfunktion von h zur gesuchten Zeit t, wobei t zum Wachstumsintervall $0 \leq t \leq 7$ der Sonnenblume gehört. Zunächst ist die quadratische Gleichung $h'(t) = 15$ nach t aufzulösen.

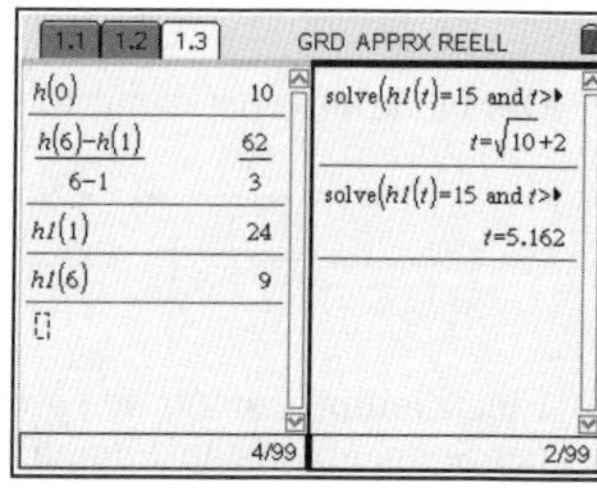

$$h'(t) = -t^2 + 4t + 21 = 15$$
$$\Rightarrow \quad t_1 = 2 + \sqrt{10} \approx 5,2; \quad t_2 = 2 - \sqrt{10} \approx -1,2$$

Die Lösung $t_2 = 2 - \sqrt{10} \approx -1,2$ liegt nicht im Wachstumsintervall.
Die momentane Wachstumsrate von 15 Zentimetern pro Woche liegt zum Zeitpunkt $t \approx 5,2$ Wochen vor.

c) Der Verkäufer macht eine Aussage über die Wachstumsrate seiner Sonnenblumen und damit über die erste Ableitungsfunktion von h. Es muss ermittelt werden, welche größtmögliche Wachstumsrate erreicht wird, um die Aussage des Verkäufers beurteilen zu können. Das heißt, es muss die Funktion h' im Intervall $0 \leq t \leq 7$ auf Maximalwerte untersucht werden.

Mit h''(t) = 0 $\Rightarrow$ t = 2 erhält man eine mögliche Extremstelle der Funktion h'. Aus h'''(2) = –2 < 0 folgt, dass an der Stelle t = 2 ein lokales Maximum der Funktion h' existiert. Schließlich erhält man aus h'(2) = 25 die maximale Wachstumsrate von 25 cm pro Woche. Die Aussage des Verkäufers, seine Sonnenblumen würden die Wachstumsrate von 27 cm pro Woche erreichen, ist <u>falsch</u>.

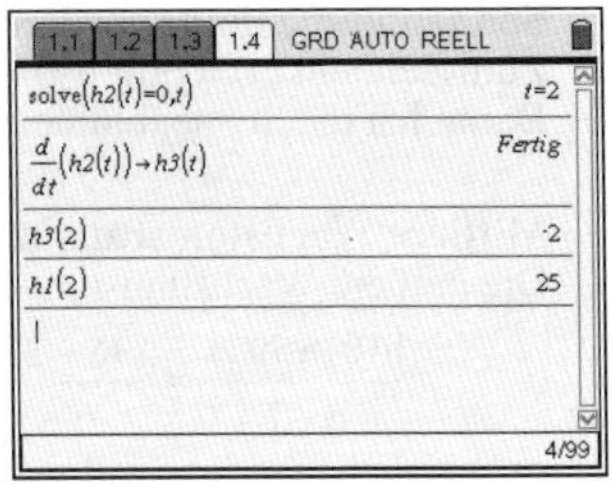

d) Da die Funktion v die momentane Wachstumsrate v(t) in Abhängigkeit von der Zeit t beschreibt, ist sie die erste Ableitungsfunktion einer Funktion g, die die Höhe g(t) der Sonnenblume in Abhängigkeit von der Zeit t angibt. Um eine Gleichung der Funktion g zu bestimmen, berechnet man diejenige Stammfunktion von v, für die laut Aufgabenstellung g(2) = 50 gilt.

Zunächst berechnet man das unbestimmte Integral $\int v(t)\,dt$:

$$\int v(t)\,dt = -\frac{t^3}{4} + 4t^2 + 9t + c;\quad c \in \mathbb{R}$$

Unter Verwendung der Bedingung g(2) = 50 kann nun die reelle Zahl c berechnet werden.

$$g(2) = -\frac{2^3}{4} + 4 \cdot 2^2 + 9 \cdot 2 + c = 50 \quad \Rightarrow \quad c = 18$$

Die Funktion g hat damit folgende Gleichung:

$$\underline{\underline{g(t) = -\frac{t^3}{4} + 4t^2 + 9t + 18}}$$

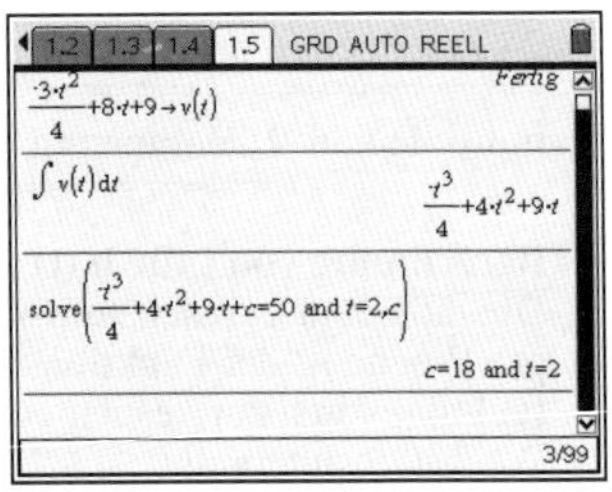

e) Eine Zielfunktion für den größten Höhenunterschied der Sonnenblumen ist durch folgende Gleichung gegeben:

$$d(t) = k(t) - h(t)$$

$$d(t) = -\frac{2}{3}t^3 + \frac{3}{2}t^2 + 51t + 30$$

$$-\left(-\frac{1}{3}t^3 + 2t^2 + 21t + 10\right)$$

$$= -\frac{1}{3}t^3 - \frac{1}{2}t^2 + 30t + 20$$

$$d'(t) = -t^2 - t + 30$$

$$d''(t) = -2t - 1$$

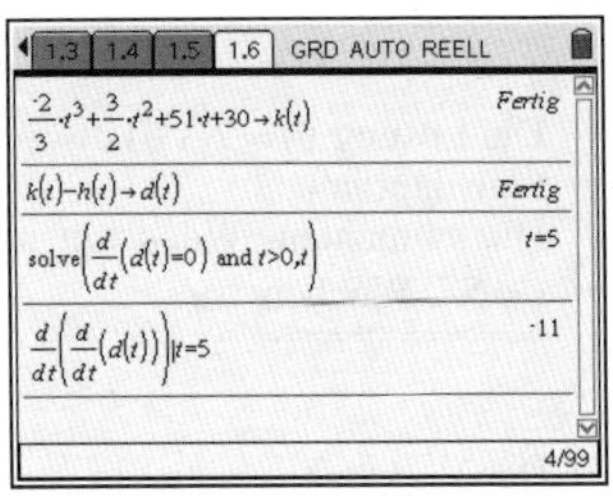

Notwendige Bedingung für die Existenz lokaler Extremstellen: $d'(t) = 0 \ \wedge \ t > 0$

$$-t^2 - t + 30 = 0 \ \wedge \ t > 0 \quad \Rightarrow \quad t = 5$$

Hinreichende Bedingung für die Existenz lokaler Extremstellen:

$$d''(5) = -2 \cdot 5 - 1 = -11 < 0 \ \text{(lokales Maximum)}$$

Berechnung der Funktionswerte an den lokalen Extremstellen:

$$d(5) = \frac{695}{6} \approx 115{,}8$$

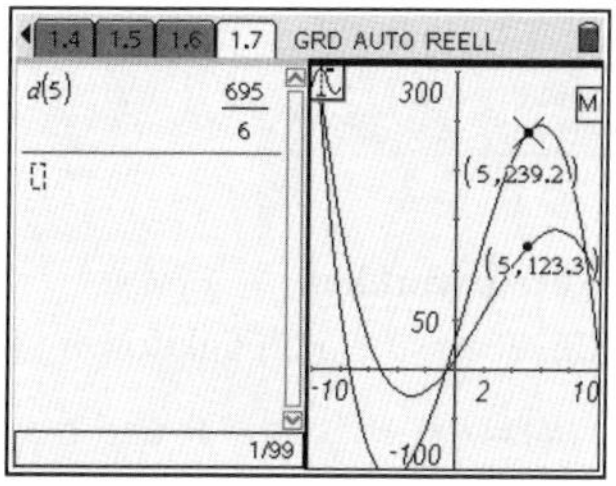

Nach 5 Wochen besteht bei den Sonnenblumenarten „Sonnenstern“ und „Gelber Riese“ der größte Höhenunterschied von rund 115,8 cm.

Berlin / Brandenburg – Mathematik Grundkurs
2012 – Aufgabe 1.2: Analysis

Vereinsemblem BE

Gegeben sind die Funktionen f und g mit den Gleichungen

$f(x) = -x \cdot e^{-x}$; $x \in \mathbb{R}$ und $g(x) = \frac{1}{3}x^3 + 2x^2 - 5x$; $x \in \mathbb{R}$.

a) Ermitteln Sie die Koordinaten der Achsenschnittpunkte des Graphen von g und zeigen Sie, dass einer dieser Punkte auch zum Graphen von f gehört.
Berechnen Sie die Größe des Winkels, den die Tangenten an die beiden Graphen im Punkt O(0 | 0) einschließen.
[*Kontrollergebnis:* $f'(x) = e^{-x}(x-1)$] 13

b) Zeigen Sie, dass die beiden lokalen Tiefpunkte der Graphen von f und g auf einer gemeinsamen Parallelen zur y-Achse liegen und geben Sie die Koordinaten dieser Tiefpunkte an.
Hinweis: Auf den Nachweis des Minimums mithilfe eines hinreichenden Kriteriums kann verzichtet werden. 8

c) Jeder der Graphen von f und g besitzt genau einen Wendepunkt. Diese Wendepunkte sind diagonal gegenüberliegende Eckpunkte eines Rechtecks, das symmetrisch bezüglich der y-Achse liegt. Skizzieren Sie diesen Sachverhalt und ermitteln Sie die Koordinaten aller Eckpunkte des Rechtecks. 10

d) Die Fläche, die von den beiden Graphen und der Geraden x = 1,5 im IV. Quadranten eingeschlossen wird, soll als Vorlage für das Vereinsemblem eines Angelvereines dienen.
Weisen Sie nach, dass die Funktion
F: $F(x) = (x+1) \cdot e^{-x}$ eine Stammfunktion von f ist.
Berechnen Sie die Größe der Fläche, die für das Emblem vorgesehen ist. 5

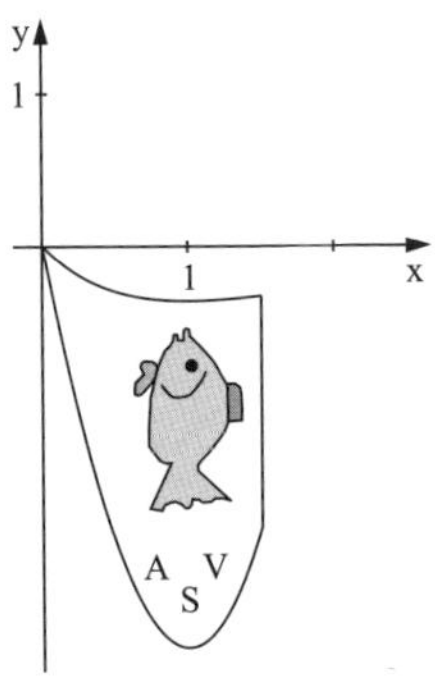

e) Ein Angelsportfreund schlägt vor, die obere Begrenzung des Emblems in Form einer quadratischen Parabel zu gestalten.
Diese Parabel soll den gleichen Tiefpunkt und den gleichen Schnittpunkt mit der y-Achse haben wie der Graph von f. Bestimmen Sie die Gleichung der Parabel. 4

40

Tipps und Hinweise zur Lösung von Aufgabe 1.2

Tipps zu Teilaufgabe a

Koordinaten der Achsenschnittpunkte

- Die Bedingung für einen Punkt auf der y-Achse lautet: $x = 0$
- Die Bedingung für einen Punkt auf der x-Achse lautet: $y = 0$

Größe des Winkels

- Den Schnittwinkel der Tangenten berechnet man über die Steigung der Funktionen f und g an der Stelle $x = 0$.
- Für die Ableitung von f benötigen Sie die Produkt- und Kettenregel.
- Für die Steigung m und den Winkel α gilt folgender Zusammenhang: $m = \tan\alpha$
- Beachten Sie, dass der Winkel zwischen den beiden Tangenten gesucht ist.

Tipps zu Teilaufgabe b

- Die notwendige Bedingung für die Existenz von relativen Extrema lautet: $f'(x) = 0$
- Die zugehörigen Funktionswerte erhält man durch Einsetzen in die Ausgangsgleichungen.
- Um die gemeinsame Lage auf einer Parallelen zur y-Achse zu bestimmen, beachten Sie die Koordinaten der Tiefpunkte.

Tipps zu Teilaufgabe c

- Die notwendige Bedingung für die Existenz von Wendepunkten lautet: $f''(x) = 0$ bzw. $g''(x) = 0$
- Skizzieren Sie die Wendepunkte in einem Koordinatensystem und ergänzen Sie die fehlenden Eckpunkte.

Tipps zu Teilaufgabe d

Nachweis der Stammfunktion

- F ist Stammfunktion von f, wenn $F'(x) = f(x)$ gilt.
- F wird mithilfe der Produkt- und Kettenregel abgeleitet.

Größe der Fläche

- Falls der Graph der Funktion f oberhalb des Graphen der Funktion g liegt, gilt für die Fläche zwischen den Graphen im Intervall [a; b]:

$$A = \int_a^b (f(x) - g(x))\, dx$$

Tipps zu Teilaufgabe e

- Die allgemeine Gleichung einer quadratischen Parabel lautet: $p(x) = ax^2 + bx + c$
- Durch die angegebenen Eigenschaften der Parabel sind a, b und c zu bestimmen.

Lösungen zu Aufgabe 1.2

a) **Koordinaten der Achsenschnittpunkte**

Die Bedingung für einen Punkt auf der y-Achse lautet: $x = 0$

$$g(0) = 0 \;\Rightarrow\; \underline{\underline{S_y(0\,|\,0)}}$$

Die Bedingung für einen Punkt auf der x-Achse lautet: $y = 0$

$$\frac{1}{3}x^3 + 2x^2 - 5x = 0$$

$$x\left(\frac{1}{3}x^2 + 2x - 5\right) = 0$$

Ein Produkt ist null, wenn mindestens einer der Faktoren null ist.

Daher gilt: $x_1 = 0$

Weitere Möglichkeiten ergeben sich durch den zweiten Faktor:

$$\frac{1}{3}x^2 + 2x - 5 = 0 \quad |\cdot 3$$

$$x^2 + 6x - 15 = 0$$

Mithilfe der pq-Formel ergeben sich zwei weitere Nullstellen:

$$x_2 = -3 + \sqrt{24}; \; x_3 = -3 - \sqrt{24}$$

$$\Rightarrow \underline{\underline{S_{x_1}(-3 + \sqrt{24}\,|\,0)}}; \; \underline{\underline{S_{x_2}(-3 - \sqrt{24}\,|\,0)}}$$

Die Überprüfung von $f(0) = 0$ zeigt, dass der Punkt $\underline{\underline{S_y(0\,|\,0)}}$ auch auf dem Graphen von f liegt.

Größe des Winkels

Für den Schnittwinkel α zwischen einer Geraden mit der Steigung m und der x-Achse gilt:

$$m = \tan\alpha$$

Um m zu ermitteln, müssen die Ableitungen f'(0) und g'(0) berechnet werden. Für die Ableitung von f wird die Produkt- und Kettenregel verwendet.

$$f'(x) = -x \cdot (-1) \cdot e^{-x} - 1 \cdot e^{-x} = e^{-x} \cdot (x - 1)$$

$$g'(x) = x^2 + 4x - 5$$

Um den Schnittwinkel auszurechnen, bestimmt man zunächst mithilfe der Ableitungen die Steigungen der Tangenten für $x = 0$:

$$f'(0) = -1 \;\Rightarrow\; \tan\alpha = -1 \;\Rightarrow\; \alpha = -45°$$

Da dieser Winkel im Uhrzeigersinn gemessen ist, ist der Ergänzungswinkel zu 180° der gesuchte Steigungswinkel der Tangente an f im Punkt $(0\,|\,0)$, also $\alpha_f = 135°$.

Entsprechend ergibt sich für g:

$$g'(0) = -5 \;\Rightarrow\; \tan\beta = -5 \;\Rightarrow\; \beta = -78{,}7°$$

Da dieser Winkel im Uhrzeigersinn gemessen ist, ist der Ergänzungswinkel zu 180° der gesuchte Steigungswinkel der Tangente an g im Punkt $(0\,|\,0)$, also $\beta_g = 101{,}3°$.

Für den Schnittwinkel gilt:

$$\alpha_f - \beta_g = 135° - 101{,}3° = \underline{\underline{33{,}7°}}$$

b) Die notwendige Bedingung für die Existenz von relativen Extrema lautet: $f'(x)=0$

$$f'(x)=e^{-x}\cdot(x-1)=0$$

Ein Produkt ist null, wenn mindestens einer der Faktoren null ist. Der e-Term kann nicht null sein.

Somit folgt aus dem zweiten Faktor: $x=1$

Durch Einsetzen in die Ausgangsgleichung erhält man den zugehörigen y-Wert.

$$f(1)=-e^{-1}=-\frac{1}{e}$$

Laut Aufgabentext liegt für f im Punkt $\underline{\underline{T_f\left(1\,\middle|\,-\frac{1}{e}\right)}}$ ein Tiefpunkt vor.

Für g gilt entsprechend:

$$g'(x)=x^2+4x-5=0$$

Mithilfe der pq-Formel ergeben sich zwei mögliche Nullstellen der 1. Ableitung:

$$x_{1;2}=-2\pm\sqrt{4+5}=-2\pm 3$$

$$x_1=1;\;\; x_2=-5$$

Durch Einsetzen in die Ausgangsgleichung erhält man den zugehörigen y-Wert:

$$g(1)=\frac{1}{3}+2-5=-\frac{8}{3}$$

$$g(-5)=-\frac{125}{3}+2\cdot 25+25=33\frac{1}{3}$$

Damit liegt der Tiefpunkt bei $\underline{\underline{T_g\left(1\,\middle|\,-\frac{8}{3}\right)}}$.

Da beide Tiefpunkte dieselbe x-Koordinate besitzen, liegen sie auf einer Parallelen zur y-Achse, nämlich $\underline{\underline{x=1}}$.

c) Die notwendige Bedingung für die Existenz von Wendepunkten lautet: $f''(x)=0$ bzw. $g''(x)=0$

$$g''(x)=2x+4 \;\Rightarrow\; 2x+4=0 \;\Rightarrow\; x_W=-2$$

$$g(-2)=-\frac{8}{3}+8+10=\frac{46}{3} \;\Rightarrow\; \underline{\underline{W_g\left(-2\,\middle|\,\frac{46}{3}\right)}}$$

f' wird mithilfe der Produkt- und Kettenregel abgeleitet.

$$f''(x)=-e^{-x}\cdot(x-1)+e^{-x}\cdot 1=e^{-x}\cdot(2-x)$$

$$e^{-x}(2-x)=0 \;\Rightarrow\; x_W=2$$

$$f(2)=-2\cdot e^{-2}=-\frac{2}{e^2}$$

Da im Text von jeweils genau einem Wendepunkt von f und g gesprochen wird, liegen an diesen Stellen die Wendepunkte.

$$\underline{\underline{W_f\left(2\,\middle|\,-\frac{2}{e^2}\right)}}$$

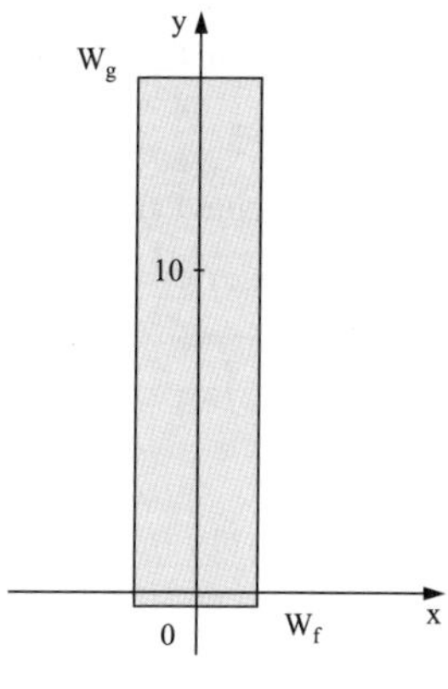

Die fehlenden Punkte haben folgende Koordinaten:

$$\underline{\underline{P\left(-2 \,\middle|\, -\frac{2}{e^2}\right)}};\ \underline{\underline{Q\left(2 \,\middle|\, \frac{46}{3}\right)}}$$

Dies ergibt sich aus der Lage der Wendepunkte von f und g.

d) **Nachweis der Stammfunktion**
F ist Stammfunktion von f, wenn $F'(x) = f(x)$ gilt.
F wird mithilfe der Produkt- und Kettenregel abgeleitet.

$$F'(x) = e^{-x} - e^{-x} \cdot (x+1)$$
$$= e^{-x} \cdot (1 - x - 1) = -x \cdot e^{-x} = f(x)$$

Somit ist F Stammfunktion und kann zur Integralrechnung genutzt werden.

Größe der Fläche
Aufgrund der Ergebnisse liegt der Graph von f über dem Graphen von g.

$$A = \int_0^{1,5} (f(x) - g(x))\,dx = \int_0^{1,5} \left(-x \cdot e^{-x} - \frac{1}{3}x^3 - 2x^2 + 5x\right) dx$$

$$= \left[(x+1) \cdot e^{-x} - \frac{1}{12}x^4 - \frac{2}{3}x^3 + \frac{5}{2}x^2\right]_0^{1,5} = \underline{\underline{2,51}}\,[FE]$$

e) Die allgemeine Gleichung einer quadratischen Parabel lautet: $p(x) = ax^2 + bx + c$
Da p durch den Ursprung geht, gilt $c = 0$.
Da die Parabel den gleichen Tiefpunkt haben soll wie f, muss $p'(1) = 0$ und $p(1) = -\frac{1}{e}$ gelten.
Es ergeben sich zwei Gleichungen:

$$p(1) = -\frac{1}{e} \quad \Rightarrow \quad \text{I} \quad a + b = -\frac{1}{e}$$
$$p'(1) = 0 \quad \Rightarrow \quad \text{II} \quad 2a + b = 0$$

Durch $\text{II} - \text{I}$ folgt:

$$a = \frac{1}{e}$$

Eingesetzt in Gleichung I folgt:

$$b = -\frac{2}{e}$$

Die gesuchte Parabel hat folgende Gleichung:

$$\underline{\underline{p(x) = \frac{1}{e}x^2 - \frac{2}{e}x}}$$

Flug in die Wolken BE

Ein Flugzeug befindet sich um 04.13 Uhr in der Position $P(2\,|\,1\,|\,1{,}5)$ in einer Höhe von 1,5 km und eine Minute später im Punkt $Q(14\,|\,7\,|\,1{,}8)$ in einer Höhe von 1,8 km (1 LE = 1 km).
Das Flugzeug bewegt sich geradlinig von P nach Q und ändert seine Geschwindigkeit nicht.

a) Geben Sie den Betrag des Vektors $\overrightarrow{PQ}$ an. Berechnen Sie die Geschwindigkeit des Flugzeugs in $\frac{\text{km}}{\text{h}}$. Geben Sie eine Geradengleichung für die Flugbahn g an, auf der das Flugzeug fliegt. 8

b) Im Punkt $W(38\,|\,19\,|\,2{,}4)$ befindet sich um 04.15 Uhr ein senkrecht aufsteigender Wetterballon. Prüfen Sie, ob der Punkt W auf der Flugbahn des Flugzeugs liegt. Entscheiden Sie begründend, ob das Flugzeug mit dem Wetterballon zusammenstößt. Bestimmen Sie die Koordinaten des Punktes R, in dem das Flugzeug seine Reiseflughöhe von 10,5 km erreicht. 8

c) In der Ebene durch die Punkte $A(10\,|\,20\,|\,3{,}465)$, $B(0\,|\,0\,|\,3{,}465)$ und $C(0\,|\,20\,|\,3{,}565)$ verläuft die untere Grenzschicht einer Wolkendecke.

Bestätigen Sie, dass durch $\vec{n} = \begin{pmatrix} 2 \\ -1 \\ 200 \end{pmatrix}$ ein Normalenvektor für E_{ABC} gegeben ist.

Ermitteln Sie die Koordinaten des Punktes, in dem das Flugzeug in die Wolkendecke eintritt. 10

d) Die Sichtweite in der Wolkendecke beträgt 1,342 km. Ermitteln Sie die Koordinaten des Punktes T auf der vorausliegenden Flugbahn des Flugzeugs, der bei Eintritt in die Wolkendecke gerade noch gesehen werden kann. Berechnen Sie, wie viele Meter über der unteren Grenzschicht der Wolkendecke sich das Flugzeug im Punkt T befindet. 4

30

Tipps und Hinweise zur Lösung von Aufgabe 2.1

Tipps zu Teilaufgabe a

Betrag des Vektors $\overrightarrow{PQ}$

- Geben Sie den Vektor $\overrightarrow{PQ}$ mithilfe der Ortsvektoren von P und Q an.
- Berechnen Sie den Betrag des Vektors mit dem Satz des Pythagoras.

Berechnung der Geschwindigkeit des Flugzeuges

- Benutzen Sie die Formel $v = \frac{s}{t}$ für die geradlinig gleichförmige Bewegung und beachten Sie die geforderte Einheit.

Geradengleichung der Flugbahn

- Die Geradengleichung von g geben Sie mit dem Ortsvektor von P und dem Richtungsvektor von P nach Q an.

Tipps zu Teilaufgabe b

Überprüfung, ob der Punkt W zur Flugbahn g gehört

- Setzen Sie den Ortsvektor von W in die Gleichung von g ein.
- Überprüfen Sie, ob für jede Koordinate der gleiche Parameter existiert.

Untersuchung der Möglichkeit eines Zusammenstoßes

- Stellen Sie fest, zu welcher Zeit das Flugzeug den Punkt W erreicht.
- Vergleichen Sie diese Zeit mit der des Wetterballons im Punkt W.

Koordinaten des Punktes R

- Beachten Sie, dass die Höhe des Flugzeuges durch die z-Koordinate der Flugbahn g ausgedrückt wird.
- Berechnen Sie daraus den Parameter.
- Ermitteln Sie mit dem Parameter die beiden anderen Koordinaten von R.

Tipps zu Teilaufgabe c

Bestätigung des Normalenvektors

- Geben Sie durch A und B bzw. A und C zwei Richtungsvektoren der Ebene an.
- Stellen Sie mit dem Skalarprodukt fest, ob jeder der beiden Richtungsvektoren zu dem gegebenen Vektor senkrecht ist.

Schnittpunkt der Flugbahn mit der Wolkendecke

- Geben Sie eine Ebenengleichung in Punkt-Normalenform bzw. Koordinatenform an.
- Setzen Sie die Geradengleichung in die Ebenengleichung ein und bestimmen Sie den Parameter.
- Ermitteln Sie mit diesem Parameter die Koordinaten des Schnittpunktes.

Tipps zu Teilaufgabe d

Koordinaten des Punktes T

- Beachten Sie, dass die Sichtweite der zehnte Teil der Strecke ist, die das Flugzeug in einer Minute zurücklegt.
- Benutzen Sie die Flugbahngleichung mit dem Ortsvektor von S (Schnittpunkt der Geradengleichung der Flugbahn mit der unteren Grenzschicht der Wolkendecke).

Höhe des Punktes T über der Grenzschicht

- Machen Sie sich eine Skizze.
- Der Punkt T', der direkt unter T auf der unteren Grenzschicht der Wolkendecke liegt, hat dieselbe x- und y-Koordinate wie T.
- Die z-Koordinate erhalten Sie mithilfe der Ebenengleichung E_{ABC}.
- Die Differenz der z-Koordinaten von T und T' gibt den Abstand der beiden Punkte an.

Lösungen zu Aufgabe 2.1

a) **Betrag des Vektors $\overrightarrow{PQ}$**

Der Vektor $\overrightarrow{PQ}$ ist die Differenz aus den Ortsvektoren von Q und P.

$$\overrightarrow{PQ} = \overrightarrow{OQ} - \overrightarrow{OP} = \begin{pmatrix} 14 \\ 7 \\ 1,8 \end{pmatrix} - \begin{pmatrix} 2 \\ 1 \\ 1,5 \end{pmatrix} = \begin{pmatrix} 12 \\ 6 \\ 0,3 \end{pmatrix}$$

Der Betrag des Vektors $\overrightarrow{PQ}$ wird nach dem Satz des Pythagoras berechnet.

$$|\overrightarrow{PQ}| = \left|\begin{pmatrix} 12 \\ 6 \\ 0,3 \end{pmatrix}\right| = \sqrt{12^2 + 6^2 + 0,3^2} = \sqrt{144 + 36 + 0,09} \approx 13,42$$

Der Vektor $\overrightarrow{PQ}$ hat unter Berücksichtigung des Maßstabes eine Länge von rund $\underline{\underline{13,42 \text{ km}}}$.

Berechnung der Geschwindigkeit des Flugzeuges

Das Flugzeug bewegt sich geradlinig gleichförmig. Seine Geschwindigkeit v (in $\frac{\text{km}}{\text{h}}$) ist der Quotient aus dem zurückgelegten Weg s (in km) und der dafür benötigten Zeit t (in h).

$$v = \frac{s}{t} = \frac{13,42 \text{ km}}{1 \text{ min}} = \frac{13,42 \text{ km}}{\frac{1}{60} \text{ h}} = 13,42 \cdot 60 \frac{\text{km}}{\text{h}} \approx 805 \frac{\text{km}}{\text{h}}$$

Die Geschwindigkeit des Flugzeuges beträgt rund $\underline{\underline{805 \frac{\text{km}}{\text{h}}}}$.

Geradengleichung der Flugbahn

Eine Parametergleichung von g ist $\vec{x} = \overrightarrow{OP} + t \cdot \overrightarrow{PQ};\ t \in \mathbb{R}$:

$$\underline{\underline{g\colon \vec{x} = \begin{pmatrix} 2 \\ 1 \\ 1,5 \end{pmatrix} + t \cdot \begin{pmatrix} 12 \\ 6 \\ 0,3 \end{pmatrix};\ t \in \mathbb{R}}}$$

b) **Überprüfung, ob der Punkt W zur Flugbahn g gehört**

Der Ortsvektor von W wird für $\vec{x}$ in die Parametergleichung von g eingesetzt und es wird untersucht, ob ein für jede Koordinate konstantes t existiert. Ist das der Fall, so gehört W zur Geraden g.

$$\begin{pmatrix} 38 \\ 19 \\ 2,4 \end{pmatrix} = \begin{pmatrix} 2 \\ 1 \\ 1,5 \end{pmatrix} + t \cdot \begin{pmatrix} 12 \\ 6 \\ 0,3 \end{pmatrix} \Rightarrow \begin{matrix} 38 = 2 + 12t \\ 19 = 1 + 6t \\ 2,4 = 1,5 + 0,3t \end{matrix} \Rightarrow \begin{matrix} t = 3 \\ t = 3 \\ t = 3 \end{matrix}$$

Der Wetterballon befindet sich auf der Bahn des Flugzeuges.

Untersuchung der Möglichkeit eines Zusammenstoßes

Der Punkt W, der auf der Flugbahn g liegt, wird von dem Flugzeug nach 3 Minuten Flugzeit erreicht. Das geht aus der vorangegangenen Berechnung des Parameters $t = 3$ hervor. Da das Flugzeug um 4.13 Uhr startet, erreicht es den Punkt W um 4.16 Uhr.
Der Wetterballon befand sich schon um 4.15 Uhr im Punkt W und hat im Verlauf einer Minute eine größere Höhe erreicht. Deshalb gibt es keinen Zusammenstoß von Flugzeug und Wetterballon.

Koordinaten des Punktes R

Die Höhe des Flugzeuges wird durch die z-Koordinate der Flugbahn g ausgedrückt. Um die Koordinaten von R zu bestimmen, ermittelt man zunächst denjenigen Parameter t, für den z = 10,5 gilt:

$$10{,}5 = 1{,}5 + t \cdot 0{,}3 \quad \Rightarrow \quad t = 30$$

Dieser Parameter wird nun in die Gleichung von g eingesetzt:

$$\overrightarrow{OR} = \begin{pmatrix} 2 \\ 1 \\ 1{,}5 \end{pmatrix} + 30 \cdot \begin{pmatrix} 12 \\ 6 \\ 0{,}3 \end{pmatrix} = \begin{pmatrix} 362 \\ 181 \\ 10{,}5 \end{pmatrix}$$

Das Flugzeug erreicht die Reiseflughöhe im Punkt $\underline{\underline{R(362\,|\,181\,|\,10{,}5)}}$.

c) **Bestätigung des Normalenvektors**

Aus den gegebenen Punkten A(10 | 20 | 3,465), B(0 | 0 | 3,465) und C(0 | 20 | 3,565) berechnet man die Richtungsvektoren:

$$\overrightarrow{AB} = \begin{pmatrix} -10 \\ -20 \\ 0 \end{pmatrix} \text{ und } \overrightarrow{AC} = \begin{pmatrix} -10 \\ 0 \\ 0{,}1 \end{pmatrix}$$

Sind diese nicht kollinearen Richtungsvektoren beide zum gegebenen Vektor $\vec{n}$ senkrecht, so ist $\vec{n}$ ein Normalenvektor der Ebene E_{ABC}. Der Nachweis erfolgt mithilfe des Skalarproduktes:

$$\begin{pmatrix} -10 \\ -20 \\ 0 \end{pmatrix} \circ \begin{pmatrix} 2 \\ -1 \\ 200 \end{pmatrix} = -20 + 20 + 0 = 0 \quad \Rightarrow \quad \overrightarrow{AB} \perp \vec{n}$$

$$\begin{pmatrix} -10 \\ 0 \\ 0{,}1 \end{pmatrix} \circ \begin{pmatrix} 2 \\ -1 \\ 200 \end{pmatrix} = -20 + 0 + 20 = 0 \quad \Rightarrow \quad \overrightarrow{AC} \perp \vec{n}$$

Da $\overrightarrow{AB} \perp \vec{n}$ und $\overrightarrow{AC} \perp \vec{n}$ gilt, ist der Vektor $\vec{n}$ ein Normalenvektor der Ebene E_{ABC}.

Schnittpunkt der Flugbahn mit der Wolkendecke

Mithilfe des Normalenvektors und des Punktes A kann eine Punkt-Normalenform und nach Berechnung des Skalarproduktes eine Koordinatenform der Ebene E_{ABC} angegeben werden:

$$E_{ABC}: \begin{pmatrix} 2 \\ -1 \\ 200 \end{pmatrix} \circ \vec{x} - \begin{pmatrix} 2 \\ -1 \\ 200 \end{pmatrix} \circ \begin{pmatrix} 10 \\ 20 \\ 3{,}465 \end{pmatrix} = 0$$

$$\Rightarrow \quad E_{ABC}: \begin{pmatrix} 2 \\ -1 \\ 200 \end{pmatrix} \circ \vec{x} - (20 - 20 + 693) = 0$$

$$\Rightarrow \quad E_{ABC}: 2x - y + 200z = 693$$

In diese Koordinatenform setzt man die Gleichung der Flugbahn ein und bestimmt den Parameter t für den gesuchten Schnittpunkt:

$$\begin{aligned} 2 \cdot (2 + 12t) - (1 + 6t) + 200 \cdot (1{,}5 + 0{,}3t) &= 693 \\ 4 + 24t - 1 - 6t + 300 + 60t &= 693 \\ 78t &= 390 \\ t &= 5 \end{aligned}$$

Nach dem Einsetzen von t = 5 in die Gleichung der Flugbahn ergibt sich der Ortsvektor des Schnittpunktes S:

$$\overrightarrow{OS} = \begin{pmatrix} 2 \\ 1 \\ 1{,}5 \end{pmatrix} + 5 \cdot \begin{pmatrix} 12 \\ 6 \\ 0{,}3 \end{pmatrix} = \begin{pmatrix} 62 \\ 31 \\ 3 \end{pmatrix}$$

Das Flugzeug schneidet die Wolkendecke im Punkt $\underline{\underline{S(62\,|\,31\,|\,3)}}$.

d) **Koordinaten des Punktes T**

Da der Punkt S(62 | 31 | 3) zur Geraden g gehört und außerdem jener Punkt ist, an dem das Flugzeug in die Wolkendecke eintritt, kann die Flugbahngleichung auch so geschrieben werden:

$$g_{\text{Sichtweite}}\colon\ \vec{x} = \begin{pmatrix} 62 \\ 31 \\ 3 \end{pmatrix} + t \cdot \begin{pmatrix} 12 \\ 6 \\ 0{,}3 \end{pmatrix};\ t \in \mathbb{R}$$

Das Flugzeug legt in einer Minute 13,42 km zurück. Wenn die Sichtweite in der Wolkendecke 1,342 km beträgt, ist für diese Strecke eine Zeit von $\frac{1}{10}$ Minuten notwendig.

Mit $t = \frac{1}{10}$ ergibt sich aus $g_{\text{Sichtweite}}$ der Ortsvektor des vorausliegenden gerade noch sichtbaren Punktes T auf der Flugbahn:

$$\begin{pmatrix} 62 \\ 31 \\ 3 \end{pmatrix} + \frac{1}{10} \cdot \begin{pmatrix} 12 \\ 6 \\ 0{,}3 \end{pmatrix} = \begin{pmatrix} 63{,}2 \\ 31{,}6 \\ 3{,}03 \end{pmatrix}$$

Sobald das Flugzeug in die Wolkendecke eintritt, kann der Punkt $\underline{\underline{T(63{,}2\,|\,31{,}6\,|\,3{,}03)}}$ auf der vorausliegenden Flugbahn gerade noch gesehen werden.

Höhe des Punktes T über der Grenzschicht

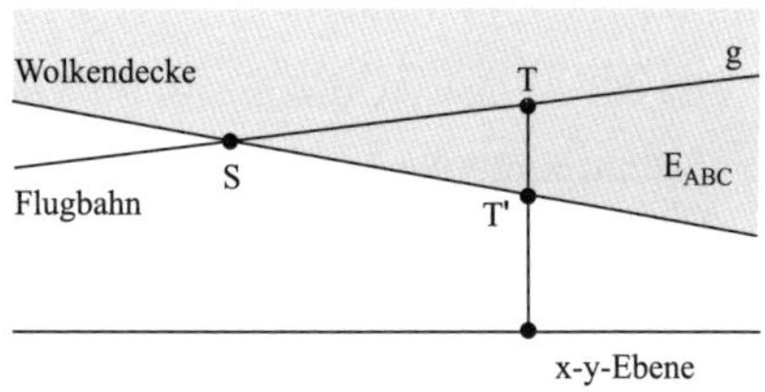

Für den Punkt T' ist nur die z-Koordinate unbestimmt. Die x-Koordinate und die y-Koordinate stimmen mit denen des Punktes T überein, da beide Punkte auf genau einer Senkrechten zur x-y-Ebene liegen.

Man setzt nun die Koordinaten von T'(63,2 | 31,6 | z) in die Koordinatengleichung der Ebene E_{ABC} ein:

$$2 \cdot 63{,}2 - 31{,}6 + 200 \cdot z = 693$$
$$z = 2{,}991$$

Die Differenz der z-Koordinaten ist dann:

$$z_T - z_{T'} = 3{,}03 - 2{,}991 = 0{,}039$$

Da der Maßstab 1 LE = 1 km beträgt, befindet sich der Punkt T in einer Höhe von $\underline{\underline{39\text{ m}}}$ über der unteren Grenzschicht der Wolkendecke.

Rhombus BE

In einem kartesischen Koordinatensystem ist die Ebene

$$E:\ \vec{x} = \begin{pmatrix} 3 \\ -3 \\ 8 \end{pmatrix} + r\begin{pmatrix} 1 \\ -2 \\ 2 \end{pmatrix} + s\begin{pmatrix} 1 \\ -5 \\ 8 \end{pmatrix};\ r, s \in \mathbb{R}$$

gegeben.

a) Geben Sie eine Koordinatengleichung der Ebene E an und bestimmen Sie die Koordinaten ihrer Achsenschnittpunkte. 6

b) Ermitteln Sie die Lagebeziehung der Geraden $g:\ \vec{x} = \begin{pmatrix} -1 \\ 5 \\ 0 \end{pmatrix} + t\begin{pmatrix} -1 \\ 1 \\ 0 \end{pmatrix};\ t \in \mathbb{R}$ zu der Ebene E.
Ermitteln Sie die Lagebeziehung der Ebene F: $x + y - 0{,}5z = 4$ zur Ebene E.
Bestimmen Sie gegebenenfalls die Gleichung der Schnittgeraden der beiden Ebenen E und F. 9

c) Die Punkte $A(4\,|\,0\,|\,0)$, $B(0\,|\,4\,|\,0)$ und $C(0\,|\,0\,|\,8)$ sind die Eckpunkte eines Dreiecks. Zeigen Sie, dass es sich um ein gleichschenkliges Dreieck handelt und berechnen Sie die Größe des Winkels ACB. Ermitteln Sie die Koordinaten eines Punktes Q, der das Dreieck zu einem Rhombus (Raute) ergänzt. 9

d) In den Rhombus soll ein möglichst großer Kreis einbeschrieben werden.
Geben Sie die Koordinaten des Mittelpunktes an.
Ermitteln Sie den Radius des Kreises. 6

30

Tipps und Hinweise zur Lösung von Aufgabe 2.2

Tipps zu Teilaufgabe a

Koordinatengleichung der Ebene E

- Stellen Sie einen Normalenvektor auf, der senkrecht auf den beiden Richtungsvektoren der Ebene steht.
- Aus der Normalenform lässt sich die Koordinatenform ableiten.

Koordinaten der Achsenschnittpunkte

- Bei den Achsenschnittpunkten sind jeweils zwei der Koordinaten null.

Tipps zu Teilaufgabe b

Lagebeziehung von g und E

- Prüfen Sie, ob g und E einen Schnittpunkt haben.
- Setzen Sie dafür die Bedingungen für x, y und z aus der Geradengleichung in die Koordinatenform der Ebenengleichung ein.

Lagebeziehung von F und E

- Prüfen Sie, ob E und F eine Schnittgerade besitzen.
- Setzen Sie die Bedingungen aus der Parameterform der Ebene E in die Koordinatenform der Ebene F ein.

Schnittgerade

- Setzen Sie den berechneten Wert des Parameters in die Ebenengleichung von E ein.

Tipps zu Teilaufgabe c

Gleichschenkliges Dreieck

- Berechnen Sie die Längen der Kantenvektoren.

Winkel

- Für den Winkel zwischen den Vektoren $\vec{u}$ und $\vec{v}$ gilt: $\cos\gamma = \frac{\vec{u} \circ \vec{v}}{|\vec{u}| \cdot |\vec{v}|}$

Koordinaten von Q

- Bilden Sie mithilfe der Eigenschaften eines Rhombus eine Vektorkette.

Tipps zu Teilaufgabe d

Koordinaten des Mittelpunktes

- Der Mittelpunkt des Kreises ist der Schnittpunkt der Diagonalen im Rhombus.
- Dieser Schnittpunkt ist der Mittelpunkt beider Diagonalen.

Radius des Kreises

- Der Radius des Kreises entspricht dem Abstand des Punktes M zu einer Seite des Rhombus.
- Stellen Sie eine Hilfsebene H auf, die M beinhaltet und z. B. senkrecht zur Kante $\overline{AC}$ verläuft.
- Berechnen Sie den Schnittpunkt dieser Ebene mit der Geraden g_{AC}.
- Der Abstand von M zu diesem Punkt gibt den Radius an.

Lösungen zu Aufgabe 2.2

a) **Koordinatengleichung der Ebene E**

$$E: \vec{x} = \begin{pmatrix} 3 \\ -3 \\ 8 \end{pmatrix} + r \cdot \begin{pmatrix} 1 \\ -2 \\ 2 \end{pmatrix} + s \cdot \begin{pmatrix} 1 \\ -5 \\ 8 \end{pmatrix}$$

Der Normalenvektor steht senkrecht auf der Ebene und somit auch auf den beiden Richtungsvektoren. Die entsprechenden Skalarprodukte müssen null ergeben.

$$\begin{pmatrix} x \\ y \\ z \end{pmatrix} \circ \begin{pmatrix} 1 \\ -2 \\ 2 \end{pmatrix} = 0 \text{ und } \begin{pmatrix} x \\ y \\ z \end{pmatrix} \circ \begin{pmatrix} 1 \\ -5 \\ 8 \end{pmatrix} = 0$$

Es ergeben sich zwei Gleichungen:

$$\begin{array}{ll} \text{I} & x - 2y + 2z = 0 \\ \text{II} & x - 5y + 8z = 0 \end{array}$$

Da dies ein unterbestimmtes Gleichungssystem ist, kann man eine der Variablen frei wählen.

Es wird z. B. $y = 1$ gewählt.

$$\begin{array}{ll} \text{I} & x + 2z = 2 \\ \text{II} & x + 8z = 5 \end{array}$$

Durch $\text{II} - \text{I}$ folgt:

$$6z = 3 \quad \Rightarrow \quad z = \frac{1}{2}$$

Eingesetzt in Gleichung I folgt:

$$x + 1 = 2 \quad \Rightarrow \quad x = 1$$

Ein Normalenvektor lautet:

$$\vec{n}_1 = \begin{pmatrix} 1 \\ 1 \\ 0{,}5 \end{pmatrix}$$

Gewählt wird der zu $\vec{n}_1$ kollineare Vektor $\vec{n} = \begin{pmatrix} 2 \\ 2 \\ 1 \end{pmatrix}$.

Für die Normalenform der Ebene E gilt:

$$E: \begin{pmatrix} 2 \\ 2 \\ 1 \end{pmatrix} \circ \left(\vec{x} - \begin{pmatrix} 3 \\ -3 \\ 8 \end{pmatrix} \right) = 0$$

Ausmultipliziert ergibt sich die Koordinatenform:

$$E: \begin{pmatrix} 2 \\ 2 \\ 1 \end{pmatrix} \circ \vec{x} - \begin{pmatrix} 2 \\ 2 \\ 1 \end{pmatrix} \circ \begin{pmatrix} 3 \\ -3 \\ 8 \end{pmatrix} = 0 \quad \Rightarrow \quad E: 2x + 2y + z = 8$$

Koordinaten der Achsenschnittpunkte

1. Möglichkeit:

Die Koordinaten der Schnittpunkte mit den Achsen kann man in der Achsenabschnittsform ablesen, die sich ergibt, wenn man die Koordinatenform durch das konstante Glied 8 dividiert.

$$\frac{x}{4} + \frac{y}{4} + \frac{z}{8} = 1$$

2. Möglichkeit:
Im Schnittpunkt mit der x-Achse sind die y- und die z-Koordinate gleich null:

$$2x = 8 \quad \Rightarrow \quad x = 4$$

Im Schnittpunkt mit der y-Achse sind die x- und die z-Koordinate gleich null:

$$2y = 8 \quad \Rightarrow \quad y = 4$$

Im Schnittpunkt mit der z-Achse sind die x- und die y-Koordinate gleich null:

$$z = 8$$

Damit erhält man die Schnittpunkte mit den Koordinatenachsen:

$$\underline{\underline{S_x(4|0|0)}} \quad \underline{\underline{S_y(0|4|0)}} \quad \underline{\underline{S_z(0|0|8)}}$$

b) **Lagebeziehung von g und E**
Die Bedingungen für x, y und z aus der Geradengleichung werden in die Koordinatenform der Ebenengleichung eingesetzt, um die Koordinaten eines möglichen Schnittpunktes auszurechnen.

$$\begin{aligned} 2(-1-t) + 2(5+t) &= 8 \\ -2 - 2t + 10 + 2t &= 8 \\ 8 &= 8 \end{aligned}$$

Dies ist unabhängig von t eine wahre Aussage.
Somit erfüllen alle Punkte der Geraden g die Ebenenbedingungen. Die Gerade g liegt in der Ebene E.

Lagebeziehung von F und E
Zur Klärung der Lagebeziehung der Ebenen E und F werden die Bedingungen aus der Parameterform der Ebene E in die Koordinatenform der Ebene F eingesetzt.

$$\begin{aligned} (3+r+s) + (-3-2r-5s) - 0{,}5(8+2r+8s) &= 4 \\ 3+r+s-3-2r-5s-4-r-4s &= 4 \\ -2r - 8s &= 8 \\ -2r &= 8 + 8s \\ r &= -4 - 4s \end{aligned}$$

Die Ebenen F und E schneiden sich.

Schnittgerade
Diese Beziehung zwischen den Parametern r und s wird in die Parameterform von E eingesetzt.

$$\vec{x} = \begin{pmatrix} 3 \\ -3 \\ 8 \end{pmatrix} + (-4-4s) \cdot \begin{pmatrix} 1 \\ -2 \\ 2 \end{pmatrix} + s \cdot \begin{pmatrix} 1 \\ -5 \\ 8 \end{pmatrix}$$

$$\underline{\underline{\vec{x} = \begin{pmatrix} -1 \\ 5 \\ 0 \end{pmatrix} + s \cdot \begin{pmatrix} -3 \\ 3 \\ 0 \end{pmatrix}}}$$

c) **Gleichschenkliges Dreieck**
Zunächst werden die Kantenvektoren berechnet:

$$\overrightarrow{AC} = \begin{pmatrix} -4 \\ 0 \\ 8 \end{pmatrix} \quad \overrightarrow{BC} = \begin{pmatrix} 0 \\ -4 \\ 8 \end{pmatrix} \quad \overrightarrow{AB} = \begin{pmatrix} -4 \\ 4 \\ 0 \end{pmatrix}$$

Die Kanten $\overline{AC}$ und $\overline{BC}$ sind gleich lang:

$$|\overrightarrow{AC}| = |\overrightarrow{BC}| = \sqrt{16+64} = \sqrt{80} = 4\sqrt{5}$$

Das Dreieck ABC ist gleichschenklig.

Winkel
Für den Winkel ACB, der im Folgenden mit γ bezeichnet wird, gilt:

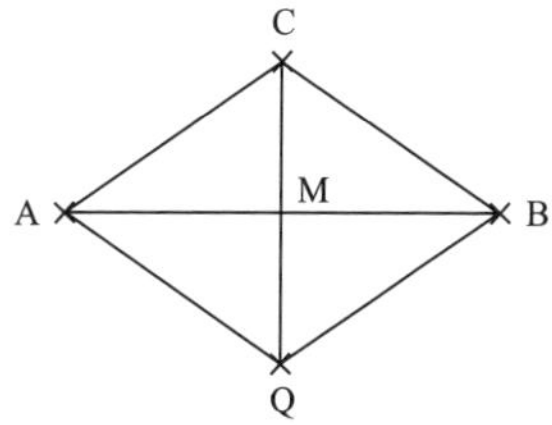

$$\cos\gamma = \frac{\overrightarrow{CA} \circ \overrightarrow{CB}}{|\overrightarrow{CA}| \cdot |\overrightarrow{CB}|} = \frac{\begin{pmatrix} 4 \\ 0 \\ -8 \end{pmatrix} \circ \begin{pmatrix} 0 \\ 4 \\ -8 \end{pmatrix}}{\sqrt{80} \cdot \sqrt{80}}$$

$$= \frac{64}{80} = \frac{4}{5} \quad \Rightarrow \quad \gamma = \underline{\underline{36{,}9°}}$$

Koordinaten von Q
Für den Ortsvektor $\vec{q}$ des gesuchten Punktes Q, der das Dreieck ABC zu einem Rhombus ergänzt, gilt:

$$\vec{q} = \overrightarrow{OQ} = \overrightarrow{OA} + \overrightarrow{AQ} = \overrightarrow{OA} + \overrightarrow{CB} = \begin{pmatrix} 4 \\ 0 \\ 0 \end{pmatrix} + \begin{pmatrix} 0 \\ 4 \\ -8 \end{pmatrix} = \begin{pmatrix} 4 \\ 4 \\ -8 \end{pmatrix}$$

Der Punkt Q hat die Koordinaten $\underline{\underline{(4 \mid 4 \mid -8)}}$.

d) **Koordinaten des Mittelpunktes**
Der Mittelpunkt des Kreises ist der Schnittpunkt der Diagonalen im Rhombus. Dieser Schnittpunkt ist gleichzeitig der Mittelpunkt beider Diagonalen.

Die Koordinaten des Mittelpunktes einer Strecke $\overline{AB}$ berechnet man folgendermaßen:

$$M\left(\frac{x_A + x_B}{2} \,\middle|\, \frac{y_A + y_B}{2} \,\middle|\, \frac{z_A + z_B}{2} \right)$$

Damit gilt:

$$\underline{\underline{M(2 \mid 2 \mid 0)}}$$

Radius des Kreises
Der Radius des Kreises entspricht dem Abstand des Punktes M zu einer Seite des Rhombus. Um diesen zu berechnen, nimmt man eine Hilfsebene H, die M beinhaltet und z. B. senkrecht zur Kante $\overline{AC}$ verläuft.

Somit ist der Vektor

$$\overrightarrow{AC} = \begin{pmatrix} -4 \\ 0 \\ 8 \end{pmatrix}$$

als Normalenvektor geeignet.

$$H: \begin{pmatrix} -4 \\ 0 \\ 8 \end{pmatrix} \circ \left(\vec{x} - \begin{pmatrix} 2 \\ 2 \\ 0 \end{pmatrix} \right) = 0$$

Die Koordinatenform ergibt sich durch Ausmultiplizieren:

$$H: -4x + 8z + 8 = 0$$

Berechnet werden die Koordinaten des Schnittpunktes L der Geraden g_{AC} mit der Hilfsebene H.

$$g_{AC}: \vec{x} = \begin{pmatrix} 4 \\ 0 \\ 0 \end{pmatrix} + r \cdot \begin{pmatrix} -4 \\ 0 \\ 8 \end{pmatrix}$$

Die Bedingungen der Geradengleichung werden in die Koordinatenform der Ebene H eingesetzt:

$$\begin{aligned} -4(4-4r) + 8 \cdot 8r &= -8 \\ -16 + 16r + 64r &= -8 \\ 80r &= 8 \\ r &= \frac{1}{10} \end{aligned}$$

Einsetzen dieses Wertes in die Geradengleichung von g_{AC} ergibt die Koordinaten von L:

$$\vec{\ell} = \begin{pmatrix} 4 \\ 0 \\ 0 \end{pmatrix} + \frac{1}{10} \cdot \begin{pmatrix} -4 \\ 0 \\ 8 \end{pmatrix} = \begin{pmatrix} 3{,}6 \\ 0 \\ 0{,}8 \end{pmatrix}$$

Der Betrag des Vektors $\overrightarrow{ML}$ gibt die Länge des Radius des gesuchten Kreises an.

$$\overrightarrow{ML} = \begin{pmatrix} 1{,}6 \\ -2 \\ 0{,}8 \end{pmatrix}$$

$$r_{Kreis} = \left| \begin{pmatrix} 1{,}6 \\ -2 \\ 0{,}8 \end{pmatrix} \right| = \sqrt{2{,}56 + 4 + 0{,}64} = \sqrt{7{,}2} \approx \underline{\underline{2{,}68}}\,[LE]$$

Berlin/Brandenburg – Mathematik Grundkurs
2012 – Aufgabe 3.1: Stochastik

Zwei Zufallsgeräte BE

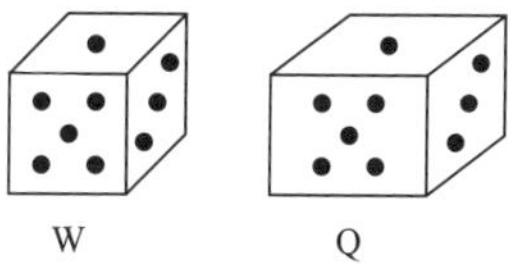

Die beiden Zufallsgeräte Würfel (W) und Quader (Q) tragen nur die Augenzahlen 1, 3 und 5; dabei zeigen gegenüberliegende Seiten die gleichen Augenzahlen. W ist ein Laplace-Würfel. Q ist ein Quader mit zwei quadratischen Seitenflächen (diese zeigen die Augenzahl 3), die anderen vier Seitenflächen sind nicht quadratisch. Die durch sehr häufiges Werfen dieses Quaders ermittelten relativen Häufigkeiten können als Wahrscheinlichkeiten verwendet werden:

Augenzahl	1	3	5
relative Häufigkeit bei Q	41 %	18 %	41 %

a) Die beiden Zufallsgeräte werden je einmal geworfen. Bestimmen Sie die Wahrscheinlichkeit für folgende Ereignisse:
A_1: Die Augenzahl bei W ist nicht 5.
A_2: Die Augenzahl bei Q ist nicht 5.
A_3: Die Summe der Augenzahlen von W und Q hat genau den Wert 6. 7

b) Das Zufallsgerät Q wird 10-mal geworfen. Bestimmen Sie die Wahrscheinlichkeiten für folgende Ereignisse:
B_1: Die Augenzahl 3 tritt genau dreimal auf.
B_2: Die Augenzahl 3 tritt mindestens dreimal auf. 8

c) Olga und Max vereinbaren folgendes Spiel:
Olga wirft den Würfel W zehnmal. Sie gewinnt, wenn sie genau dreimal die Augenzahl 3 erzielt. Falls dies nicht der Fall ist, wirft Max den Quader Q zehnmal. Er gewinnt nur dann, wenn er dabei genau einmal die Augenzahl 3 erzielt hat. Sonst endet das Spiel unentschieden.
Ermitteln Sie, wer die besseren Gewinnchancen hat.
[*Kontrollergebnis:* P(„Olga gewinnt") ≈ 26 %] 7

d) Die Wahrscheinlichkeit P für das k-malige Auftreten der Augenzahl 3 bei 10 Würfen ist für eines der beiden Zufallsgeräte teilweise grafisch dargestellt (s. Anlage).
Entscheiden Sie begründet, zu welchem Zufallsgerät die Darstellung passt.
Bestimmen Sie den in der Zeichnung verwendeten Maßstab.
Ergänzen Sie die Achseneinteilung der P-Achse und vervollständigen Sie das Diagramm für $k = 1$ und $k = 4$. 8

30

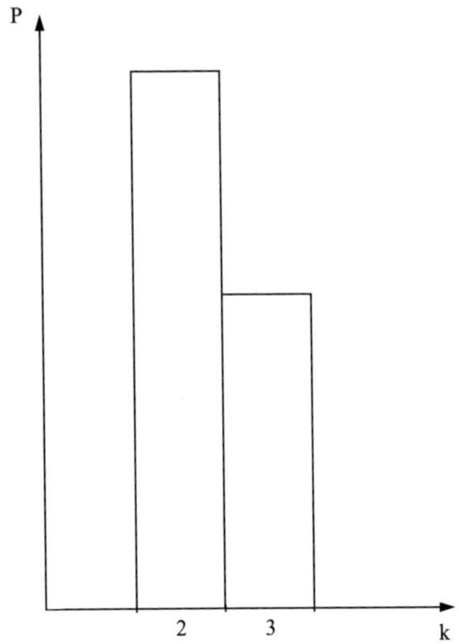
P
2
3
k

Tipps und Hinweise zur Lösung von Aufgabe 3.1

Tipps zu Teilaufgabe a

- Bei den Ereignissen A_1 und A_2 ergibt sich die Wahrscheinlichkeit eines Ereignisses aus der Summe der Wahrscheinlichkeiten der zum Ereignis gehörenden Elementarereignisse.
- Das Ereignis A_3 lässt sich durch ein zweistufiges Baumdiagramm darstellen. Seine Wahrscheinlichkeit ergibt sich nach den Pfadregeln.

Tipps zu Teilaufgabe b

- Das interessierende Ereignis ist X: „Die Zahl 3 erscheint" (Treffer). Die Feststellung, ob das Ereignis zutrifft oder nicht, ist ein Bernoulli-Experiment mit der „Trefferwahrscheinlichkeit" $p = P(X) = 0{,}18$.
- Die n-fache Wiederholung des Bernoulli-Experimentes ist eine Bernoulli-Kette der Länge n.
- Wenden Sie daher das Modell „Binomialverteilung" mit den Parametern n, p und $q = 1 - p$ an. Definieren Sie eine geeignete Zufallsgröße X, die $B_{10;\,0{,}18}$-binomialverteilt ist.
- Zur Berechnung der Wahrscheinlichkeiten benutzen Sie die Formel für die Binomialverteilung.
- Bei B_2 bietet sich der Übergang zur Gegenwahrscheinlichkeit an.

Tipps zu Teilaufgabe c

- Das zehnmalige Werfen der beiden Würfel ist ebenfalls jeweils eine Bernoulli-Kette mit der Trefferwahrscheinlichkeit $p = \frac{1}{3}$ bzw. $p = 0{,}18$.
- Beachten Sie, dass Max nur zum Zug kommt und gewinnen kann, wenn Olga in der ersten Stufe verliert.
- Verdeutlichen Sie sich diesen Sachverhalt an einem zweistufigen Teilbaum und wenden Sie die Pfadregel an.
- Vergleichen Sie die Gewinnchancen von Olga und Max.

Tipps zu Teilaufgabe d

Zuordnung

- Zum Vergleich stehen zwei Bernoulli-Ketten der Länge $n = 10$ mit den Trefferwahrscheinlichkeiten $p = \frac{1}{3}$ und $p = 0{,}18$.
- Berechnen Sie mithilfe der Formel für die Binomialverteilung für beide Fälle die Wahrscheinlichkeiten dafür, dass genau zwei bzw. genau drei Treffer (Augenzahl 3) eintreten.
- Aus dem Vergleich der Ergebnisse mit der grafischen Darstellung treffen Sie Ihre Entscheidung.

Maßstab

- Runden Sie den ermittelten Maßstab auf zwei Nachkommastellen.

Ergänzung

- Berechnen Sie die Wahrscheinlichkeiten $P(X = 1)$ und $P(X = 4)$.

Lösungen zu Aufgabe 3.1

a) Aufgrund der Versuchsbeschreibung liegen folgende Wahrscheinlichkeitsverteilungen vor:

Elementarereignisse	1	3	5
Würfel	$\frac{1}{3}$	$\frac{1}{3}$	$\frac{1}{3}$
Quader	0,41	0,18	0,41

Bei den Ereignissen A_1 und A_2 ergibt sich die Wahrscheinlichkeit als die Summe der Wahrscheinlichkeiten der zum Ereignis gehörenden Elementarereignisse.

$$A_1=\{1;3\} \quad\Rightarrow\quad P(A_1)=\frac{1}{3}+\frac{1}{3}=\underline{\underline{\frac{2}{3}}}$$

$$A_2=\{1;3\} \quad\Rightarrow\quad P(A_2)=0,41+0,18=\underline{\underline{0,59}}$$

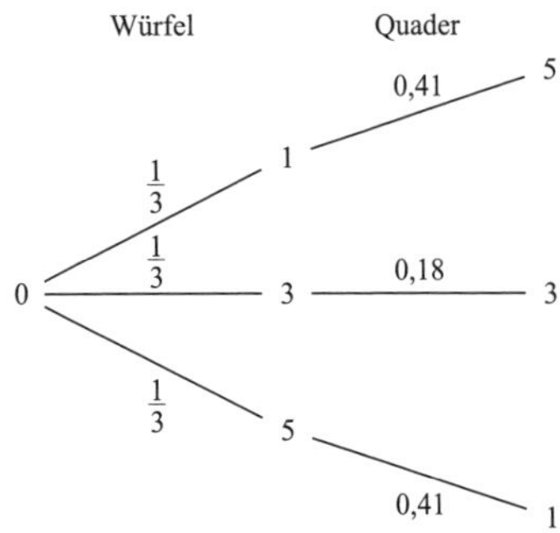

Das Ereignis A_3 gehört zu einem zweistufigen Zufallsversuch, bei dem zunächst der Würfel und dann der Quader geworfen wird. A_3 kann durch den abgebildeten Teilbaum dargestellt werden. Seine Wahrscheinlichkeit ergibt sich nach der Produkt- und Summenregel.

$$A_3=\frac{1}{3}(0,41+0,18+0,41)=\underline{\underline{\frac{1}{3}}}$$

b) Es liegt eine Bernoulli-Kette der Länge $n=10$ mit der Trefferwahrscheinlichkeit $p=0,18$ vor.
Die Zufallsgröße X: „Anzahl des Auftretens der Augenzahl 3 (Treffer)" genügt folglich der Binomialverteilung $B_{10;\,0,18}$ und es gilt:

$$P(X=k)=\binom{n}{k}\cdot p^k\cdot(1-p)^{n-k}$$

Gesucht sind die Wahrscheinlichkeiten $P(B_1)=P(X=3)$ und $P(B_2)=P(X\geq 3)$.

$$P(B_1)=P(X=3)=\binom{10}{3}\cdot 0,18^3\cdot 0,82^7\approx\underline{\underline{0,174}}$$

Im zweiten Fall ist aus rechnerischen Gründen der Übergang zur Gegenwahrscheinlichkeit sinnvoll.

$$P(B_2)=P(X\geq 3)=1-P(X<3)=1-[P(X=0)+P(X=1)+P(X=2)]$$
$$=1-\left[0,82^{10}+\binom{10}{1}\cdot 0,18\cdot 0,82^9+\binom{10}{2}\cdot 0,18^2\cdot 0,82^8\right]\approx\underline{\underline{0,263}}$$

c) Das Werfen der beiden Würfel von Olga und Max führt auf Bernoulli-Ketten der Länge $n = 10$ mit den Trefferwahrscheinlichkeiten $p = \frac{1}{3}$ für Olga und $p = 0{,}18$ für Max. Dabei ist ein Treffer das Ereignis T: „Augenzahl 3 fällt". Die Zufallsgröße X: = „Anzahl des Auftretens der Augenzahl 3" genügt folglich bei Olga der Binomialverteilung $B_{10;\frac{1}{3}}$ und bei Max der Binomialverteilung $B_{10;\,0,18}$. Die Ereignisse

C: „Olga erzielt genau dreimal die Augenzahl 3"

D: „Max erzielt genau einmal die Augenzahl 3"

haben somit folgende Wahrscheinlichkeiten:

$$P(C) = P(X = 3) = \binom{10}{3} \cdot \left(\frac{1}{3}\right)^3 \cdot \left(\frac{2}{3}\right)^7 \approx 0{,}26$$

$$P(D) = P(X = 1) = \binom{10}{1} \cdot 0{,}18^1 \cdot 0{,}82^9 \approx 0{,}302$$

Olga hat also Gewinnchancen von rund 26 %. Max kommt erst dann ins Spiel, wenn Olga verliert. Es handelt sich also um ein zweistufiges Spiel. In der ersten Stufe verliert Olga mit einer Wahrscheinlichkeit von rund 0,74 und in der zweiten Stufe erzielt Max mit einer Wahrscheinlichkeit von rund 0,302 genau einmal die Augenzahl drei.

Übersichtlich und kurz lässt sich der Sachverhalt auch durch einen Teilbaum darstellen.

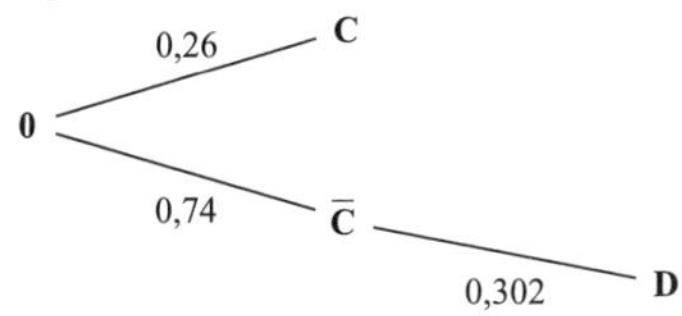

Für das Ereignis E: „Max gewinnt das Spiel" gilt:

$$P(E) = P(\overline{C} \cap D)$$

Wegen der Unabhängigkeit der Ereignisse $\overline{C}$ und D ist die Produktregel anzuwenden und man erhält:

$$P(E) = P(\overline{C} \cap D) = P(\overline{C}) \cdot P(D) = 0{,}74 \cdot 0{,}302 \approx 0{,}223$$

Olga hat also die besseren Gewinnchancen.

d) **Zuordnung**

Es sind die Wahrscheinlichkeitsverteilungen zweier Bernoulli-Ketten der Länge $n = 10$ mit den Trefferwahrscheinlichkeiten $p = \frac{1}{3}$ und $p = 0{,}18$ zu analysieren und zu vergleichen.

Zunächst wird $P(X = k) = \binom{10}{k} \cdot p^k \cdot (1-p)^{10-k}$ für die Fälle $X = 2$ und $X = 3$ berechnet.

Würfel:

$$P(X = 2) = \binom{10}{2} \cdot \left(\frac{1}{3}\right)^2 \cdot \left(\frac{2}{3}\right)^8 \approx 0{,}195$$

$$P(X = 3) = \binom{10}{3} \cdot \left(\frac{1}{3}\right)^3 \cdot \left(\frac{2}{3}\right)^7 \approx 0{,}260$$

Damit ist ersichtlich, dass der Würfel nicht zur grafischen Darstellung passt.

Quader:

$$P(X = 2) = \binom{10}{2} \cdot 0{,}18^2 \cdot 0{,}82^8 \approx 0{,}298$$

$$P(X = 3) = \binom{10}{3} \cdot 0{,}18^3 \cdot 0{,}82^7 \approx 0{,}174$$

Das Ergebnis bestätigt, dass nur der Quader zur grafischen Darstellung passt.

Maßstab

Den Maßstab ermittelt man etwa für k = 2 mit der Säulenhöhe 5,8 cm:

$$\frac{1}{5{,}8} = \frac{x}{0{,}298}$$

$$x \approx 0{,}0513$$

Wegen der Mess- und Zeichenungenauigkeit ist es legitim, auf x = 0,05 zu runden. Damit entspricht 1 cm einer Wahrscheinlichkeit von $\underline{\underline{0{,}05}}$.

Ergänzung

Für die Ergänzung der grafischen Darstellung berechnet man:

$$P(X=1) = \binom{10}{1} \cdot 0{,}18^1 \cdot 0{,}82^9 \approx 0{,}30$$

$$P(X=4) = \binom{10}{4} \cdot 0{,}18^4 \cdot 0{,}82^6 \approx 0{,}07$$

Ergänzung des Diagramms unter Beachtung des Maßstabes:

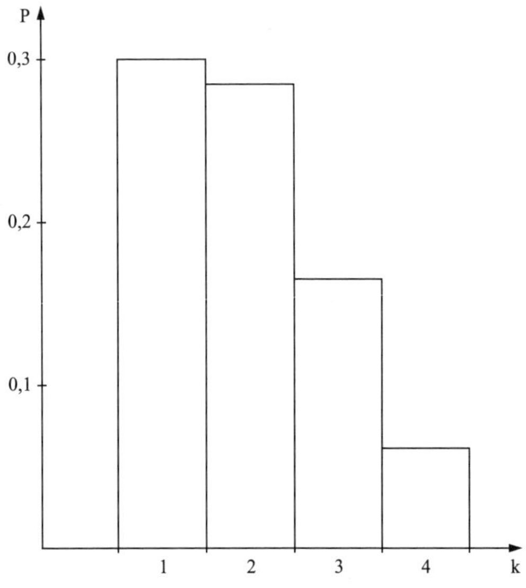

Kurswahl BE

Im Abiturjahrgang 2010 belegten im Land Brandenburg die Schülerinnen und Schüler jeweils zwei Leistungskurse: Deutsch belegten 52 %, Englisch 36 % und Mathematik 35 %.

a) Berechnen Sie die Wahrscheinlichkeit folgender Ereignisse.
A: Ein zufällig befragter Schüler belegt den Leistungskurs Englisch und den Leistungskurs Mathematik.
B: Von fünf nacheinander befragten Schülern belegen nur der zweite und der fünfte Schüler einen Leistungskurs Mathematik.
C: Unter zehn befragten Schülern befinden sich höchstens acht Schüler, die einen Leistungskurs Deutsch belegen. 10

b) Es werden 35 Schüler befragt.
Berechnen Sie die Wahrscheinlichkeit dafür, dass mindestens 15 und höchstens 17 Schüler einen Leistungskurs Mathematik belegen. 5

c) Ermitteln Sie, wie viele Schüler mindestens befragt werden müssen, um mit einer Wahrscheinlichkeit von mehr als 95 % mindestens einen Schüler zu finden, der einen Leistungskurs Mathematik belegt. 6

d) Bestimmen Sie den Anteil der Schüler, die einen Leistungskurs Physik belegen, wenn Folgendes bekannt ist: Die Wahrscheinlichkeit dafür, dass von zwei befragten Schülern keiner einen Leistungskurs Physik belegt, beträgt 90,25 %. 5

e) An einem Gymnasium sind 36 der 75 Schüler des Abiturjahrgangs männlich.
25 Schüler und Schülerinnen belegen den Leistungskurs Mathematik.
Die Anzahl der Jungen, die nicht den Leistungskurs Mathematik belegen, ist doppelt so groß wie die Anzahl der Mädchen, die den Leistungskurs Mathematik belegen.
Ermitteln Sie die Anzahl der Jungen und Mädchen des Leistungskurses Mathematik. 4

30

Tipps und Hinweise zur Lösung von Aufgabe 3.2

Tipps zu Teilaufgabe a

Ereignis A

- Gehen Sie davon aus, dass die Wahl des zweiten Leistungskurses unabhängig vom ersten Leistungskurs erfolgt.

Ereignis B

- Die Feststellung, ob ein bestimmtes Ereignis T (Treffer) zutrifft oder nicht, ist immer ein Bernoulli-Experiment. Wird diese Feststellung für alle Elemente einer Stichprobe vom Umfang n vorgenommen, liegt eine Bernoulli-Kette der Länge n (Stichprobenlänge n) vor.
- Wenden Sie daher das Modell „Binomialverteilung“ mit den Parametern n, p und $q = 1 - p$ an. Die Wahrscheinlichkeit p (Trefferwahrscheinlichkeit) ist diejenige, mit der das Ereignis T eintritt.
- Das Ereignis B tritt genau dann ein, wenn in der Bernoulli-Kette der Länge 5 an der zweiten und fünften Stelle 1 (für Treffer, Leistungskurs Mathematik) steht und alle anderen Positionen mit 0 besetzt sind.
- Ermitteln Sie mit der Pfadregel die Wahrscheinlichkeit dieser Kette.

Ereignis C

- Für das Ereignis C definieren Sie eine Zufallsgröße X als „Anzahl des Eintretens des Ereignisses T (Leistungskurs Deutsch)“ in einer Bernoulli-Kette der Länge 10. Die Zufallsgröße X genügt der Binomialverteilung $B_{10;\,0,52}$.
- Beachten Sie, dass unter bestimmten Bedingungen der Übergang zur Gegenwahrscheinlichkeit rechnerische Vorteile bringen kann.

Tipps zu Teilaufgabe b

- Definieren Sie eine Zufallsgröße Y als „Anzahl der Schüler, die den Leistungskurs Mathematik belegen“. Die Zufallsgröße Y genügt der Binomialverteilung $B_{35;\,0,35}$.
- Drücken Sie das interessierende Ereignis durch eine Doppelungleichung mit Y aus und benutzen Sie zur Berechnung der Wahrscheinlichkeit die Formel für die Binomialverteilung.

Tipps zu Teilaufgabe c

- Benutzen Sie die Zufallsgröße Y aus Teilaufgabe b. Sie genügt der Verteilung $B_{n;\,0,35}$, wobei der Stichprobenumfang unter Beachtung der Zielstellung zu bestimmen ist.
- Formulieren Sie mit dieser Zufallsgröße die Aussagen der Aufgabe „mindestens einen …“ bzw. „von mehr als 95 %“ als Ungleichung.
- Ermitteln Sie aus dieser Ungleichung den Parameter n unter Anwendung der Formel für die Binomialverteilung und der Gegenwahrscheinlichkeit.

Tipps zu Teilaufgabe d

- Eine Bernoulli-Kette (Stichprobe) der Länge $n = 2$, die nur mit Nullen (kein Treffer, kein Leistungskurs Physik) besetzt ist, liegt mit einer Wahrscheinlichkeit von 0,9025 vor. Die Trefferwahrscheinlichkeit p ist zu bestimmen.

Tipps zu Teilaufgabe e

- Formulieren Sie mit der Variablen x = „Anzahl der Mädchen im Leistungskurs Mathematik“ die Aussagen des Textes als Gleichung und lösen Sie diese.
- Eine Darstellung durch eine Vierfeldertafel kann hilfreich sein.

Lösungen zu Aufgabe 3.2

a) **Ereignis A**

Es wird vorausgesetzt, dass die Wahl des zweiten Leistungskurses unabhängig vom ersten Leistungskurs erfolgt, was eine Vereinfachung der realen Situation darstellt. Dann liegt ein zweistufiges Zufallsexperiment mit den folgenden stochastisch unabhängigen Ereignissen vor:

E: „Ein zufällig ausgewählter Schüler belegt den Leistungskurs Englisch"

$\Rightarrow \; P(E) = 0{,}36$

M: „Ein zufällig ausgewählter Schüler belegt den Leistungskurs Mathematik"

$\Rightarrow \; P(M) = 0{,}35$

Nach der Produktregel gilt:

$$P(E \cap M) = P(E) \cdot P(M) = 0{,}36 \cdot 0{,}35 = \underline{\underline{0{,}126}}$$

Zwei Urnen mit jeweils 100 Kugeln, wobei in der ersten Urne 36 Kugeln mit E und in der zweiten Urne 35 Kugeln mit M gekennzeichnet sind, stellen ein Simulationsmodell dar. Das Ziehen von jeweils einer Kugel aus jeder Urne ist dann ein zweistufiges Laplace-Experiment.

Man erhält $P(E \cap M) = \frac{36}{100} \cdot \frac{35}{100} = 0{,}126.$

Ereignis B

Es liegt eine Bernoulli-Kette der Länge $n = 5$ mit der Trefferwahrscheinlichkeit $p = P(M) = 0{,}35$ vor. Das Ereignis B tritt genau dann ein, wenn an der zweiten und fünften Stelle 1 (für Treffer) steht und alle anderen Positionen mit 0 besetzt sind. Es gibt genau eine solche Kette und die Wahrscheinlichkeit, dass B eintritt, ist nach der Pfadregel:

$$P(B) = p^2(1-p)^3 = 0{,}35^2 \cdot 0{,}65^3 \approx \underline{\underline{0{,}0336}}$$

Ereignis C

Das Ereignis C wird durch Bernoulli-Ketten der Länge $n = 10$ und der Trefferwahrscheinlichkeit $p = P(D) = 0{,}52$ dargestellt.

Die Zufallsgröße X: „Anzahl der Schüler mit Leistungskurs Deutsch" ist folglich mit $B_{10;\,0,52}$-binomialverteilt. Gesucht ist $P(C) = P(X \le 8)$.

Aus rechnerischen Gründen ist der Übergang zur Gegenwahrscheinlichkeit sinnvoll:

$$P(C) = P(X \le 8) = 1 - P(X > 8) = 1 - [P(X = 9) + P(X = 10)]$$

$$= 1 - \left[\binom{10}{9} \cdot 0{,}52^9 \cdot 0{,}48 + 0{,}52^{10}\right] \approx \underline{\underline{0{,}985}}$$

b) Es liegt eine Stichprobe (Bernoulli-Kette) der Länge $n = 35$ mit der Trefferwahrscheinlichkeit $p = P(M) = 0{,}35$ vor. Die Zufallsgröße Y: „Anzahl der Schüler mit Leistungskurs Mathematik" genügt der Binomialverteilung $B_{35;\,0,35}$.

$$P(15 \le Y \le 17) = P(Y = 15) + P(Y = 16) + P(Y = 17)$$

$$= \binom{35}{15} \cdot 0{,}35^{15} \cdot 0{,}65^{20} + \binom{35}{16} \cdot 0{,}35^{16} \cdot 0{,}65^{19} + \binom{35}{17} \cdot 0{,}35^{17} \cdot 0{,}65^{18}$$

$$= 0{,}0853 + 0{,}0574 + 0{,}0355 \approx \underline{\underline{0{,}177}}$$

c) Gefragt wird nach der Länge n der Stichprobe, die notwendig ist, um mit einer Sicherheit von mehr als 95 % einen Treffer zu landen.
Das Ereignis „mindestens einen Schüler des Leistungskurses Mathematik zu finden" bedeutet $\{Y \geq 1\}$. Seine Wahrscheinlichkeit soll mehr als 0,95 betragen:

$$P(Y \geq 1) > 0{,}95$$

Der Übergang zur Gegenwahrscheinlichkeit ist zwingend, da wegen des unbekannten n die Anzahl Y nach oben nicht begrenzt ist.

$$P(Y \geq 1) = 1 - P(Y < 1) = 1 - P(Y = 0) > 0{,}95$$

$$\Leftrightarrow \quad P(Y = 0) = (1-p)^n < 0{,}05$$

Aufgrund der Monotonie der Logarithmusfunktion bleibt die Ungleichungsrichtung beim Logarithmieren erhalten, ändert sich aber wegen $\ln(1-p) < 0$ bei der Division.

$$n \cdot \ln(1-p) < \ln 0{,}05$$

$$n > \frac{\ln 0{,}05}{\ln(1-p)}$$

$$n > \frac{\ln 0{,}05}{\ln 0{,}65} \approx \underline{\underline{6{,}9}}$$

Man müsste also mindestens 7 Schüler befragen, um mit mehr als 95 % Sicherheit einen Teilnehmer des Leistungskurses Mathematik zu finden.

d) Das interessierende Ereignis ist, ob ein Schüler den Leistungskurs Physik (Treffer) besucht. Bekannt ist, dass man mit einer Wahrscheinlichkeit von 0,9025 in einer Stichprobe der Länge $n = 2$ keinen Physikkursteilnehmer findet, also eine Bernoulli-Kette der Form (00) vorliegt. Geht man von einer Trefferwahrscheinlichkeit p aus, so tritt die beschriebene Situation mit einer Wahrscheinlichkeit von $(1-p)^2$ auf. Folglich gilt:

$$(1-p)^2 = 0{,}9025$$

$$p = 1 - \sqrt{0{,}9025} = 0{,}05$$

Unter den beschriebenen Voraussetzungen beträgt der Anteil der Schüler am Leistungskurs Physik 5 % des Abiturjahrganges.

e) Sei x die Anzahl der Schülerinnen, die den Leistungskurs Mathematik belegen. Den Leistungskurs wählten insgesamt 25 Abiturienten, also auch $25 - x$ Jungen.
Die Anzahl der Jungen, die nicht am Leistungskurs Mathematik teilnehmen, ist 2x. Folglich gilt bei 36 Jungen insgesamt:

$$(25 - x) + 2x = 36$$

$$x = \underline{\underline{11}}$$

Am Leistungskurs Mathematik nehmen 11 Mädchen und 14 Jungen teil.

Der Sachverhalt kann auch durch eine Vierfeldertafel beschrieben werden:

	Kursteilnahme	**Nicht im Kurs**	**Σ**
Mädchen	x	$50 - 2x$	**39**
Jungen	$25 - x$	$2x$	**36**
Summe	**25**	**50**	**75**

Berlin/Brandenburg – Mathematik Grundkurs
2013 – Aufgabe 1.1: Analysis

Rodelbahn BE

Der Hang einer Rodelbahn ist im Laufe der Jahre stark abgefahren worden und soll durch eine Aufschüttung wieder in seinen ursprünglichen Zustand versetzt werden. Die Profillinie des geplanten Hangs soll mit dem Graphen G_f der Funktion $f(x) = 4x \cdot e^{-0,2x}$, $x \in \mathbb{R}$, modelliert werden. In der Anlage ist der zu erneuernde, alte Hang dargestellt, der an ein 5 m langes Plateau angrenzt. Sein Profil wird mit dem Graphen G_g von $g(x) = 20 \cdot e^{-0,2x}$, $x \in \mathbb{R}$, modelliert (1 LE = 1 m).

a) Berechnen Sie die Nullstelle von f und geben Sie an, wie sich der Graph G_f für $x \to \infty$ verhält. Zeigen Sie, dass die Funktionen f und g bei $x = 5$ den gleichen Funktionswert haben. 6

b) Ermitteln Sie die Koordinaten des relativen Extrempunktes von G_f und seine Art. Der Graph G_f hat nur einen Wendepunkt W. Berechnen Sie seine Koordinaten.

Ohne Nachweis dürfen Sie verwenden: $f''(x) = \left(\frac{4}{25}x - \frac{8}{5}\right) \cdot e^{-0,2x}$ 13

[*Zur Kontrolle:* $H\left(5 \,\middle|\, \frac{20}{e}\right)$]

c) Zeichnen Sie den Graphen von f mithilfe Ihrer bisherigen Ergebnisse für $-2 \le x \le 30$ in das Koordinatensystem (Anlage) ein. 5

d) Weisen Sie nach, dass F mit $F(x) = (-20x - 100) \cdot e^{-0,2x}$ eine Stammfunktion von f ist. Die Graphen von f und von g und die Gerade zu $x = 30$ schließen eine Fläche ein. Schraffieren Sie die eingeschlossene Fläche in der Anlage.
Berechnen Sie den Inhalt dieser Fläche.
Beziehen Sie die berechnete Fläche auf die zu erneuernde Rodelbahn und berechnen Sie, wie viel Kubikmeter Erde für die Aufschüttung des Hangs benötigt werden, wenn die Rodelbahn 12 m breit sein soll. 12

e) In mindestens einem Punkt $P(x_P \mid f(x_P))$ der neuen Rodelbahn ist der Anstieg nur noch $-0,2$. Ermitteln Sie ein mögliches Intervall der Länge 1 m, welches eine solche Stelle x_P enthalten muss. 4

40

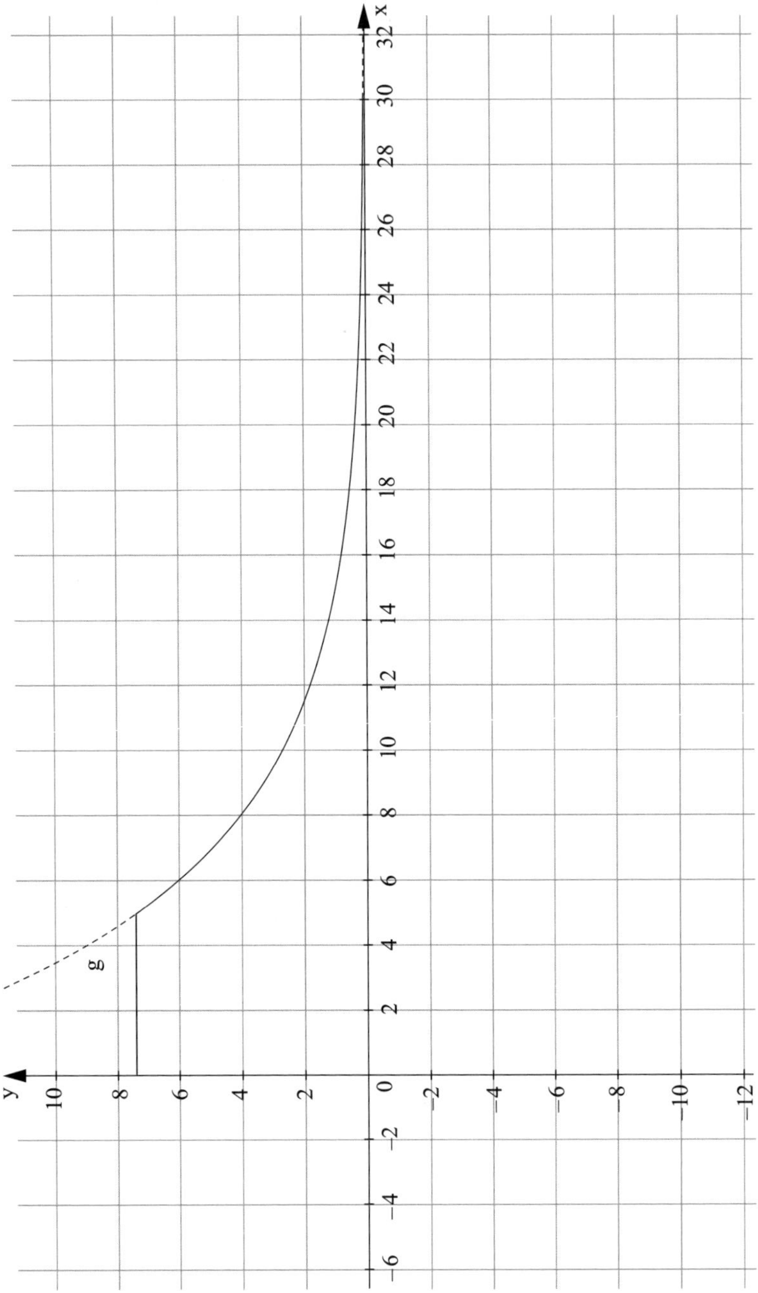
x
y
g

Tipps und Hinweise zur Lösung von Aufgabe 1.1

Tipps zu Teilaufgabe a

Nullstelle von f

- Bestimmen Sie die Nullstelle von f durch Lösung der Gleichung $f(x)=0$.

Verhalten der Funktionswerte von f für $x \to \infty$

- Schreiben Sie den Funktionsterm als Quotienten und betrachten Sie das Verhalten von Zähler und Nenner für $x \to \infty$.

Funktionswertbestimmung

- Setzen Sie $x=5$ in beide Funktionsterme ein und berechnen Sie die Funktionswerte.

Tipps zu Teilaufgabe b

Koordinaten und Art des relativen Extrempunktes von G_f

- Berechnen Sie die Gleichung der ersten Ableitungsfunktion von f.
- Bestimmen Sie mithilfe der notwendigen und hinreichenden Bedingung die relative Extremstelle.
- Berechnen Sie den zugehörigen Funktionswert.

Wendepunkt von G_f

- Verwenden Sie die notwendige Bedingung $f''(x)=0$ zur Bestimmung der Wendestelle.
- Berechnen Sie den zugehörigen Funktionswert.

Tipp zu Teilaufgabe c

- Mithilfe der Nullstelle, des Hochpunktes, des Wendepunktes und des Verhaltens von f für $x \to \infty$ können Sie die Zeichnung des Graphen G_f in der gegebenen Anlage anfertigen.

Tipps zu Teilaufgabe d

Nachweis

- Zeigen Sie durch Ableitung von F, dass $F'(x)=f(x)$ gilt.

Berechnung des Flächeninhaltes

- Berechnen Sie das bestimmte Integral mit dem Integranden $f(x)-g(x)$ in den Grenzen von $x=5$ bis $x=30$.

Aufschüttungsvolumen

- Das aufzuschüttende Volumen erhalten Sie, indem Sie das Produkt aus dem Flächeninhalt der berechneten Fläche und der Rodelbahnbreite ermitteln.

Tipps zu Teilaufgabe e

- Berechnen Sie in dem die Rodelbahn bestimmenden Definitionsbereich ausreichend viele Funktionswerte der ersten Ableitung von f, um so mindestens ein gefordertes Intervall zu finden.

Lösungen zu Aufgabe 1.1

a) **Nullstelle von f**

Zur Bestimmung der Nullstelle von f mit $f(x) = 4x \cdot e^{-0,2 \cdot x}$ setzt man $f(x) = 0$.
Da $e^{-0,2 \cdot x} > 0$ für alle $x \in \mathbb{R}$ gilt, folgt:

$$4x = 0 \quad \Rightarrow \quad x = 0$$

Die Funktion f hat genau eine Nullstelle $\underline{\underline{x = 0}}$.

Verhalten der Funktionswerte von f für $x \to \infty$

Durch Umformen des Funktionsterms erhält man:

$$\lim_{x \to \infty} (4x \cdot e^{-0,2 \cdot x}) = \lim_{x \to \infty} \left(\frac{4x}{e^{0,2 \cdot x}} \right)$$

Da in dem Quotienten $\frac{4x}{e^{0,2 \cdot x}}$ die Werte des Nenners für $x \to \infty$ wesentlich größer werden als die des Zählers, geht der Quotient mit positiv wachsendem x gegen null. Damit gilt:

$$\lim_{x \to \infty} (4x \cdot e^{-0,2 \cdot x}) = \lim_{x \to \infty} \left(\frac{4x}{e^{0,2 \cdot x}} \right) = \underline{\underline{0}}$$

Funktionswertbestimmung

Die Funktionen $f(x) = 4x \cdot e^{-0,2 \cdot x}$ und $g(x) = 20 \cdot e^{-0,2 \cdot x}$ haben an der Stelle $x = 5$ den gleichen Funktionswert, da $4 \cdot 5 = 20$. Es gilt:

$$f(5) = g(5) = 20 \cdot e^{-1} = \frac{20}{e} \approx \underline{\underline{7,4}}$$

b) **Koordinaten und Art des relativen Extrempunktes von G_f**

Die Gleichung der ersten Ableitungsfunktion von f wird mithilfe der Produkt- und der Kettenregel bestimmt. Die Gleichung der zweiten Ableitungsfunktion ist gegeben und darf ohne Nachweis verwendet werden.

$$f(x) = 4x \cdot e^{-0,2 \cdot x} = 4x \cdot e^{-\frac{x}{5}};\ x \in \mathbb{R}$$

$$f'(x) = 4 \cdot e^{-\frac{x}{5}} + 4x \cdot \left(-\frac{1}{5} \cdot e^{-\frac{x}{5}} \right) = \left(4 - \frac{4}{5}x \right) \cdot e^{-\frac{x}{5}}$$

$$f''(x) = \left(\frac{4}{25}x - \frac{8}{5} \right) \cdot e^{-\frac{x}{5}}$$

Notwendige Bedingung:

$$f'(x) = 0 \quad \Rightarrow \quad \left(4 - \frac{4}{5}x \right) \cdot e^{-\frac{x}{5}} = 0 \quad \Rightarrow \quad 4 - \frac{4}{5}x = 0 \quad \Rightarrow \quad x = 5$$

Hinreichende Bedingung:

$$f''(5) = \left(\frac{4}{25} \cdot 5 - \frac{8}{5} \right) \cdot e^{-\frac{5}{5}} = -\frac{4}{5 \cdot e} < 0 \quad \Rightarrow \quad \text{Maximum}$$

Funktionswert:

$$f(5) = 4 \cdot 5 \cdot e^{-\frac{5}{5}} = 20 \cdot e^{-1} = \frac{20}{e} \approx 7,4 \quad \text{(siehe Teilaufgabe a)}$$

Der relative Extrempunkt von G_f hat die Koordinaten $\underline{\underline{H\left(5 \,\middle|\, \frac{20}{e}\right)}}$.

Wendepunkt von G_f

Da bekannt ist, dass genau ein Wendepunkt existiert, genügt die Anwendung der notwendigen Bedingung $f''(x) = 0$.

$$f''(x) = \left(\frac{4}{25}x - \frac{8}{5}\right) \cdot e^{-\frac{x}{5}} = 0 \quad \Rightarrow \quad \frac{4}{25}x - \frac{8}{5} = 0 \quad \Rightarrow \quad \frac{4}{25}x = \frac{8}{5} \quad \Rightarrow \quad x = 10$$

Funktionswert:

$$f(10) = 4 \cdot 10 \cdot e^{-\frac{10}{5}} = 40 \cdot e^{-2} = \frac{40}{e^2} \approx 5{,}4$$

Der Wendepunkt von G_f hat die Koordinaten $\underline{\underline{W\left(10 \,\middle|\, \frac{40}{e^2}\right)}}$.

c)

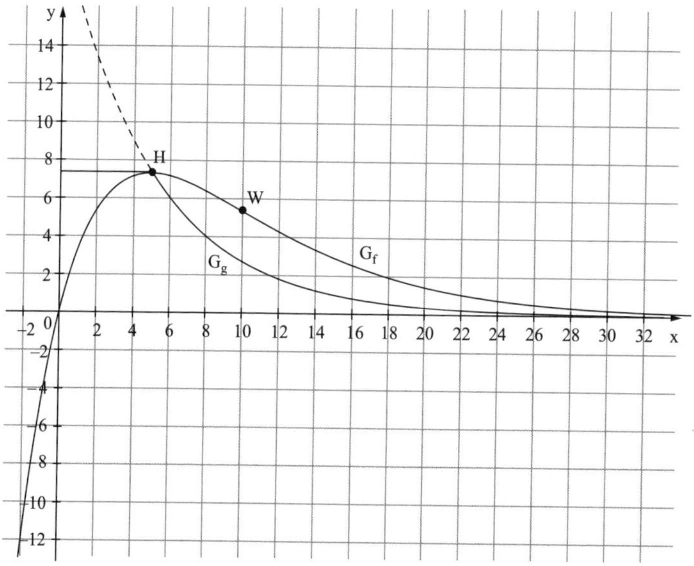

d) **Nachweis**

Um zu zeigen, dass F eine Stammfunktion von f ist, wird die Gleichung der ersten Ableitungsfunktion von F berechnet. Der Nachweis ist erbracht, wenn $F'(x) = f(x)$ gilt. Die Gleichung der ersten Ableitungsfunktion von F wird mithilfe der Summen-, der Produkt- und der Kettenregel bestimmt.

$$F(x) = (-20x - 100) \cdot e^{-\frac{x}{5}}$$

$$\begin{aligned} F'(x) &= (-20) \cdot e^{-\frac{x}{5}} + (-20x - 100) \cdot \left(-\frac{1}{5} \cdot e^{-\frac{x}{5}}\right) \\ &= -20 \cdot e^{-\frac{x}{5}} + (4x + 20) \cdot e^{-\frac{x}{5}} \\ &= (-20 + 4x + 20) \cdot e^{-\frac{x}{5}} \\ &= 4x \cdot e^{-\frac{x}{5}} \\ &= f(x) \end{aligned}$$

Die Funktion F ist eine Stammfunktion von f.

Schraffur der zu berechnenden Fläche

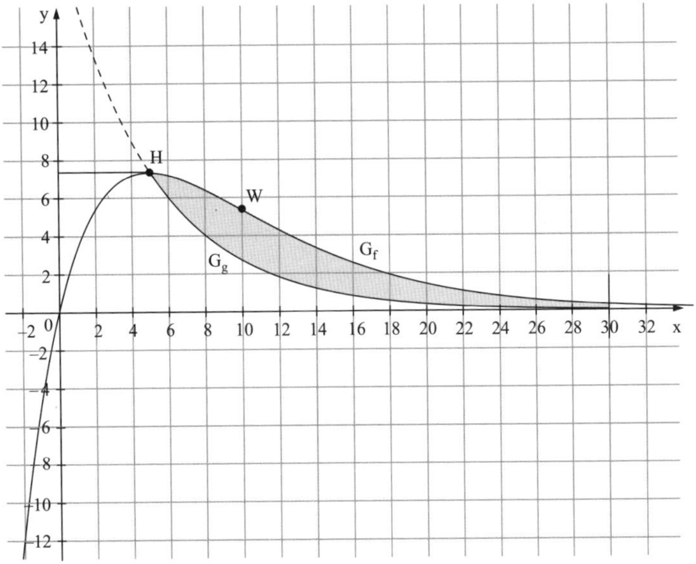

Berechnung des Flächeninhaltes

Bezeichnet A die Maßzahl des Flächeninhaltes der schraffierten Fläche, so ist A das bestimmte Integral mit dem Integranden $f(x) - g(x)$ in den Grenzen von $x = 5$ bis $x = 30$.

$$A = \int_5^{30} (f(x) - g(x))\,dx$$

$$= \int_5^{30} (4x \cdot e^{-\frac{x}{5}} - 20 \cdot e^{-0,2 \cdot x})\,dx$$

$$= \int_5^{30} (4x \cdot e^{-\frac{x}{5}})\,dx - 20 \cdot \int_5^{30} e^{-\frac{x}{5}}\,dx$$

$$= [(-20x - 100) \cdot e^{-\frac{x}{5}}]_5^{30} - 20 \cdot [-5 \cdot e^{-\frac{x}{5}}]_5^{30}$$

$$= [(-20x - 100) \cdot e^{-\frac{x}{5}}]_5^{30} + [100 \cdot e^{-\frac{x}{5}}]_5^{30}$$

$$= [-20x \cdot e^{-\frac{x}{5}}]_5^{30}$$

$$= (-20 \cdot 30 \cdot e^{-\frac{30}{5}}) - (-20 \cdot 5 \cdot e^{-\frac{5}{5}})$$

$$= -600 \cdot e^{-6} + 100 \cdot e^{-1}$$

$$\approx 35,3$$

Unter Berücksichtigung des Maßstabes hat die schraffierte Fläche einen Flächeninhalt von rund $\underline{\underline{35,3\,m^2}}$.

Aufschüttungsvolumen

Das aufzuschüttende Volumen V erhält man näherungsweise als Produkt aus dem Flächeninhalt der schraffierten Fläche und der Rodelbahnbreite von 12 m.

$$V \approx 35{,}3\ \text{m}^2 \cdot 12\ \text{m} \approx 423{,}6\ \text{m}^3$$

Es werden $\underline{\underline{423{,}6\ \text{m}^3}}$ Erde benötigt.

e) Die Aufgabe wird möglicherweise zunächst auf die Überlegung führen, die Gleichung $f'(x) = -0{,}2$ zu lösen.

$$\left(4 - \frac{4}{5}x\right) \cdot e^{-\frac{x}{5}} = -0{,}2$$

Da die Variable x einerseits im Exponenten zur Basis e und andererseits linear vorkommt, lässt sich die Gleichung nicht so einfach lösen. Die Aufgabe wird daher durch systematisches Probieren gelöst.

Da die Funktion f für alle $x > 5$ streng monoton fällt und stetig ist, werden Werte ab $x = 5$ überprüft und auf zwei Nachkommastellen gerundet:

x	**5**	**6**	7	8	9	10	11	12	13
f'(x)	**0**	**−0,24**	−0,39	−0,48	−0,53	−0,54	−0,53	−0,51	−0,48

x	14	15	16	17	18	19	**20**	**21**	22
f'(x)	−0,44	−0,40	−0,36	−0,32	−0,28	−0,25	**−0,22**	**−0,19**	−0,17

Es gibt genau zwei Intervalle mit ganzzahligen Grenzen, die die Bedingung erfüllen:

$\underline{\underline{[5; 6]}}$ und $\underline{\underline{[20; 21]}}$

Selbstverständlich können beliebig viele Intervalle der Länge 1 mit nicht ganzzahligen Grenzen angegeben werden.

Rodelbahn BE

Der Hang einer Rodelbahn ist im Laufe der Jahre stark abgefahren worden und soll durch eine Aufschüttung wieder in seinen ursprünglichen Zustand versetzt werden. Die Profillinie des geplanten Hangs soll mit dem Graphen G_f der Funktion $f(x) = 4x \cdot e^{-\frac{1}{5}x}$, $x \in \mathbb{R}$, modelliert werden.
In der Anlage ist der zu erneuernde, alte Hang dargestellt, der an ein 5 m langes Plateau angrenzt. Sein Profil wird mit dem Graphen G_g von $g(x) = 20 \cdot e^{-\frac{1}{5}x}$, $x \in \mathbb{R}$, modelliert (1 LE = 1 m).

a) Berechnen Sie die Nullstelle von f und bestimmen Sie $\lim\limits_{x \to \infty} f(x)$. Weisen Sie nach, dass G_f und G_g bei $x = 5$ einen gemeinsamen Punkt haben und in diesem ein horizontaler Übergang vom Plateau zum geplanten Hang entsteht. 8

b) Ermitteln Sie die Koordinaten des relativen Extrempunktes von G_f und seine Art.
Der Graph G_f hat nur einen Wendepunkt W. Berechnen Sie seine Koordinaten.

[*Zur Kontrolle:* $H\left(5 \,\middle|\, \frac{20}{e}\right)$]

Zeichnen Sie den Graphen von f mithilfe Ihrer bisherigen Ergebnisse für $-2 \le x \le 30$ in das Koordinatensystem (Anlage) ein. 11

c) Aus Sicherheitsgründen darf bei der Rodelbahn der Neigungswinkel betragsmäßig nicht größer als 30° sein. Weisen Sie nach, dass an der steilsten Stelle der geplanten Rodelbahn (modelliert mit G_f) diese Bestimmung erfüllt ist. 5

d) Die Graphen von f und von g und die Gerade zu $x = 30$ schließen eine Fläche ein. Schraffieren Sie die eingeschlossene Fläche in der Anlage.
Berechnen Sie den Inhalt dieser Fläche.
Berechnen Sie mithilfe der ermittelten Fläche, wie viel Kubikmeter Erde für die Aufschüttung des Hangs benötigt werden, wenn die Rodelbahn 12 m breit sein soll. 7

e) Die Aufschüttungsschicht ist an verschiedenen Stellen unterschiedlich dick. Ermitteln Sie das größtmögliche Intervall mit ganzzahliger Begrenzung, in dem die vertikal gemessene Aufschüttung dicker als 2,5 m ist.
Berechnen Sie die Stelle, an der der vertikal gemessene Höhenunterschied zwischen aufgeschütteter und ursprünglicher Rodelbahn maximal ist. Geben Sie an, wie dick die Aufschüttung an dieser Stelle ist. 9

40

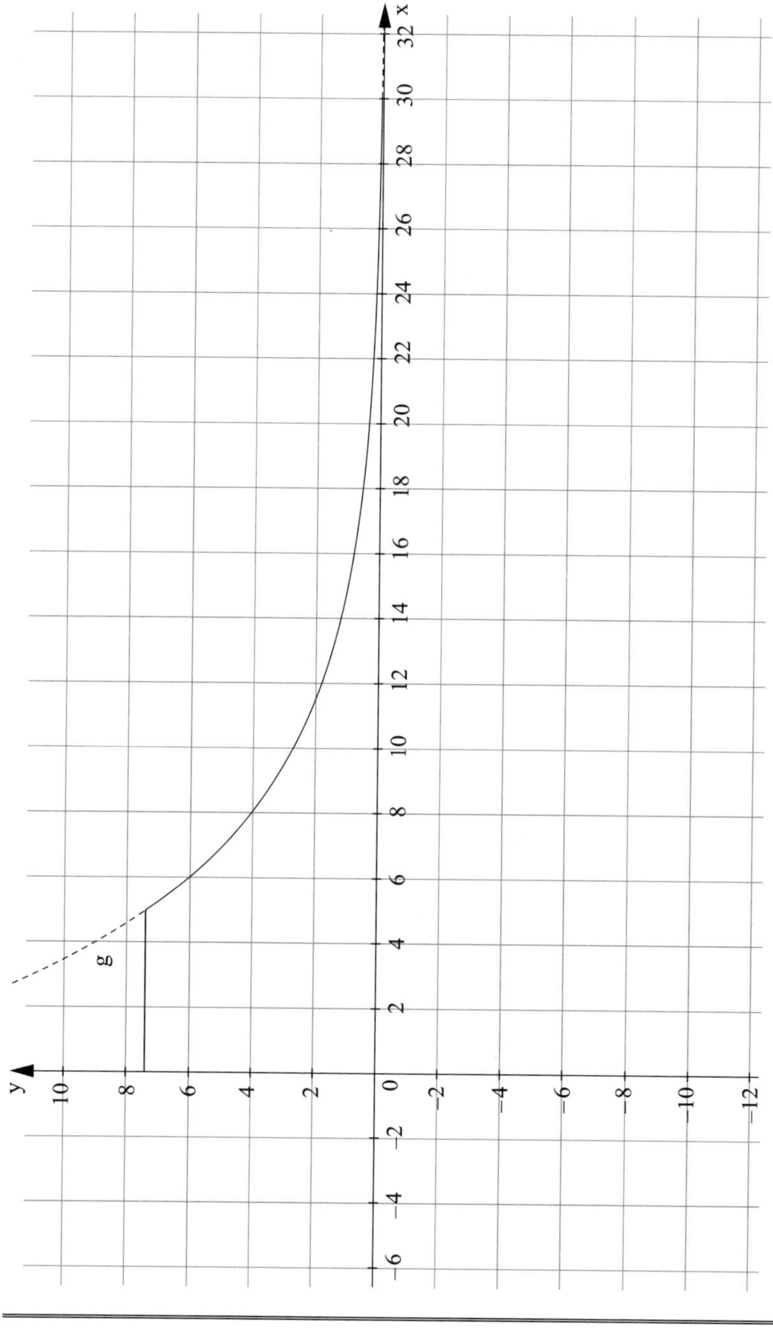
x
y
g
0
2
4
6
8
10
12
14
16
18
20
22
24
26
28
30
32
−2
−4
−6
−8
−10
−12

Tipps und Hinweise zur Lösung von Aufgabe 1.1 (CAS)

Tipps zu Teilaufgabe a

Nullstelle von f

Bestimmen Sie die Nullstelle von f durch Lösung der Gleichung $f(x) = 0$.

Verhalten der Funktionswerte von f für $x \to \infty$

Schreiben Sie den Funktionsterm als Quotienten und betrachten Sie das Verhalten von Zähler und Nenner für $x \to \infty$.

Funktionswertbestimmung

Setzen Sie $x = 5$ in beide Funktionsterme ein und berechnen Sie die Funktionswerte.

Horizontaler Übergang

Zeigen Sie, dass G_f an der Stelle $x = 5$ eine waagerechte Tangente besitzt.

Tipps zu Teilaufgabe b

Koordinaten und Art des relativen Extrempunktes von G_f

Berechnen Sie die Gleichung der ersten Ableitungsfunktion von f.

Bestimmen Sie mithilfe der notwendigen und hinreichenden Bedingung die relative Extremstelle.

Berechnen Sie den zugehörigen Funktionswert.

Wendepunkt von G_f

Verwenden Sie die notwendige Bedingung $f''(x) = 0$ zur Bestimmung der Wendestelle.

Berechnen Sie den zugehörigen Funktionswert.

Zeichnung des Graphen G_f

Stellen Sie G_f im angegebenen Intervall grafisch dar.

Tipps zu Teilaufgabe c

Beachten Sie, dass der betragsmäßig größte Anstieg an der Wendestelle existiert.

Tipps zu Teilaufgabe d

Berechnung des Flächeninhaltes

Berechnen Sie das bestimmte Integral mit dem Integranden $f(x) - g(x)$ in den Grenzen von $x = 5$ bis $x = 30$.

Aufschüttungsvolumen

Das aufzuschüttende Volumen erhalten Sie, indem Sie das Produkt aus dem Flächeninhalt der berechneten Fläche und der Rodelbahnbreite ermitteln.

Tipps zu Teilaufgabe e

Intervall mit $f(x) - g(x) = k(x) > 2{,}5$

Untersuchen Sie die Funktion k in dem für die Rodelbahn relevanten Definitionsbereich für ganzzahlige Argumente auf die Bedingung $k(x) > 2{,}5$.

Maximale Aufschüttung

Untersuchen Sie die Funktion k auf Extremwerte.

Lösungen zu Aufgabe 1.1 (CAS)

a) **Nullstelle von f**

Zur Bestimmung der Nullstelle von f mit $f(x) = 4x \cdot e^{-\frac{x}{5}}$ setzt man $f(x) = 0$.

Da $e^{-\frac{x}{5}} > 0$ für alle $x \in \mathbb{R}$, folgt:

$$4x = 0 \quad \Rightarrow \quad x = 0$$

Die Funktion f hat genau eine Nullstelle $\underline{\underline{x = 0}}$.

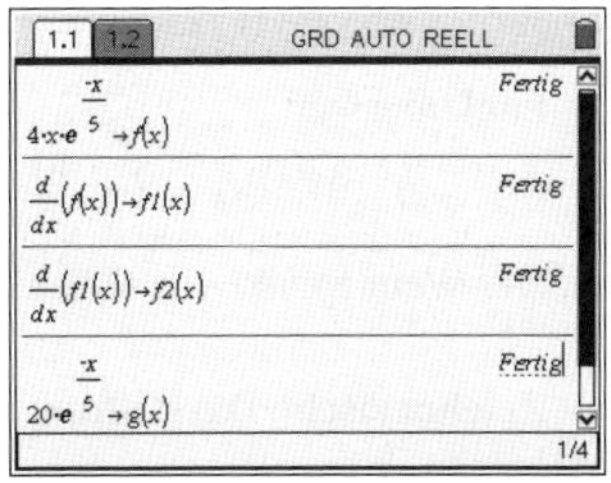

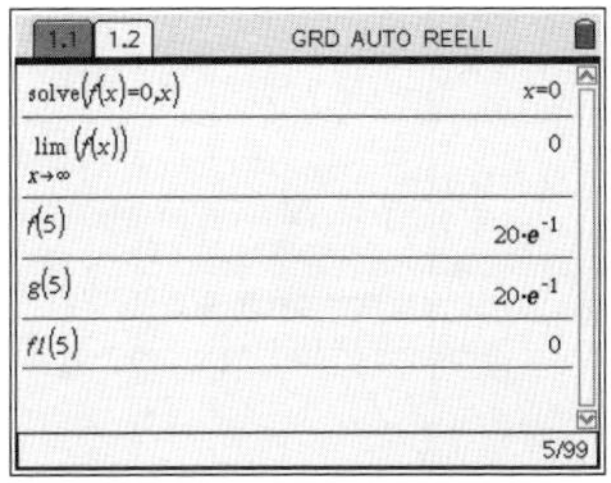

Grenzwert $\lim\limits_{x \to \infty} f(x)$

Es gilt:

$$\lim_{x \to \infty} (4x \cdot e^{-\frac{x}{5}}) = \lim_{x \to \infty} \left(\frac{4x}{e^{\frac{x}{5}}} \right)$$

Da in dem Quotienten $\frac{4x}{e^{\frac{x}{5}}}$ die Werte des Nenners für $x \to \infty$ wesentlich größer werden als die des Zählers, geht der Quotient mit positiv wachsendem x gegen null. Damit gilt:

$$\lim_{x \to \infty} (4x \cdot e^{-\frac{x}{5}}) = \lim_{x \to \infty} \left(\frac{4x}{e^{\frac{x}{5}}} \right) = \underline{\underline{0}}$$

Funktionswertbestimmung

Die Funktionen $f(x) = 4x \cdot e^{-\frac{x}{5}}$ und $g(x) = 20 \cdot e^{-\frac{x}{5}}$ haben an der Stelle $x = 5$ den gleichen Funktionswert, da $4 \cdot 5 = 20$. Es gilt:

$$f(5) = g(5) = 20 \cdot e^{-1} = \frac{20}{e} \approx \underline{\underline{7,4}}$$

Horizontaler Übergang

Es gilt:

$$f'(5) = 0$$

Der Graph G_f hat an der Stelle $x = 5$ eine waagerechte Tangente. Der Übergang vom Plateau in den geplanten Hang erfolgt daher horizontal.

b) **Koordinaten und Art des relativen Extrempunktes von G_f**

Notwendige Bedingung:

$$f'(x) = 0 \quad \Rightarrow \quad x = 5$$

Hinreichende Bedingung:

$$f''(5) \approx -0,2943 < 0 \quad \Rightarrow \quad \text{Maximum}$$

Funktionswert:

$$f(5) = 20 \cdot e^{-1} = \frac{20}{e} \approx 7,4 \quad \text{(siehe Teilaufgabe a)}$$

Der relative Extrempunkt von G_f hat die Koordinaten $\underline{\underline{H\left(5 \mid \frac{20}{e}\right)}}$.

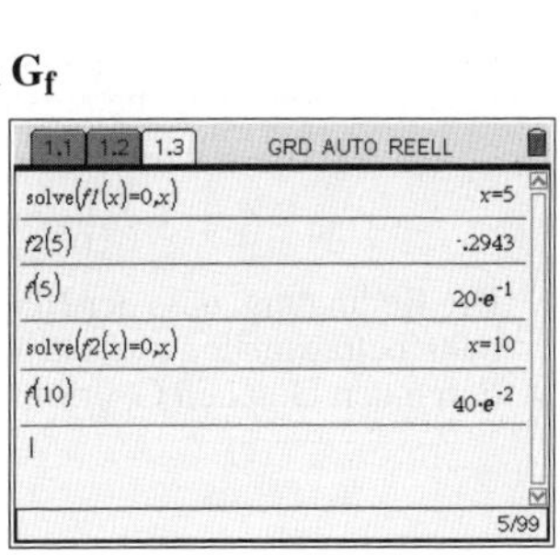

Wendepunkt von G_f

Da bekannt ist, dass genau ein Wendepunkt existiert, genügt die Anwendung der notwendigen Bedingung $f''(x) = 0$.

$$f''(x) = 0 \;\Rightarrow\; x = 10$$

Funktionswert:

$$f(10) = 40 \cdot e^{-2} = \frac{40}{e^2} \approx 5{,}4$$

Der Wendepunkt von G_f hat die Koordinaten $\underline{\underline{W\left(10 \,\middle|\, \frac{40}{e^2}\right)}}$.

Zeichnerische Darstellung

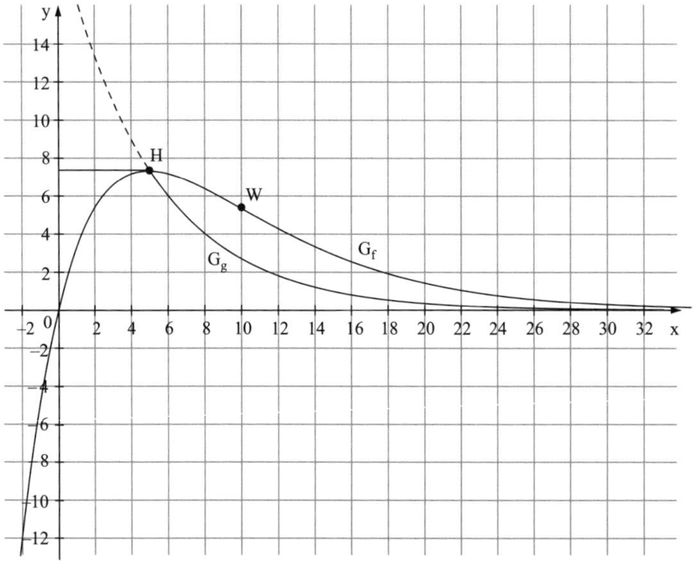

c) Der Graph G_f ist für $x > 5$ streng monoton fallend und hat genau einen Wendepunkt an der Stelle $x = 10$ mit dem an dieser Stelle betragsmäßig größten Anstieg.

$$f'(10) = -4 \cdot e^{-2}$$

$$|\tan^{-1}(-4 \cdot e^{-2})| \approx \underline{\underline{28{,}4°}}$$

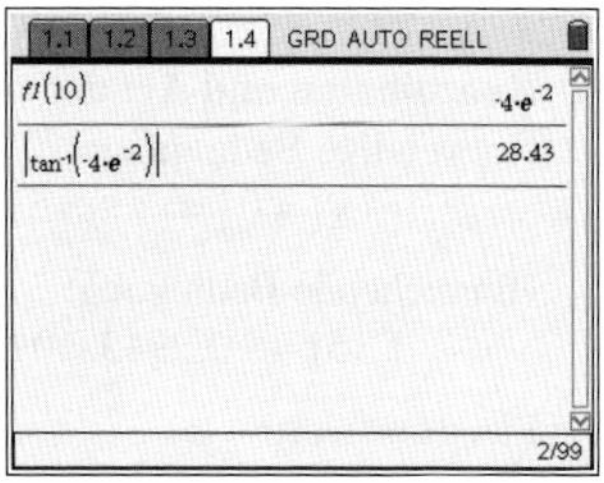

Die Bedingung, dass der Neigungswinkel der Rodelbahn betragsmäßig nicht größer als 30° sein darf, wird durch den Graphen G_f erfüllt.

d) **Schraffur der zu berechnenden Fläche**

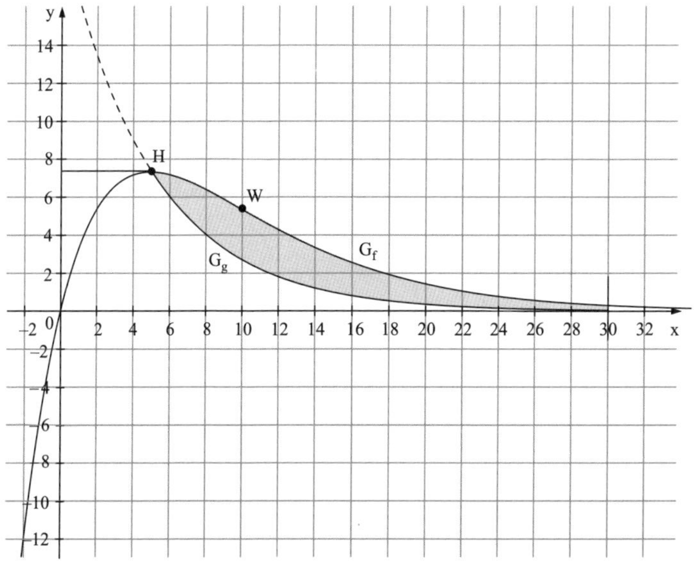

Berechnung des Flächeninhaltes

Bezeichnet man mit A die Maßzahl des Flächeninhaltes der schraffierten Fläche, so ist A das bestimmte Integral mit dem Integranden $f(x)-g(x)$ in den Grenzen von $x=5$ bis $x=30$.

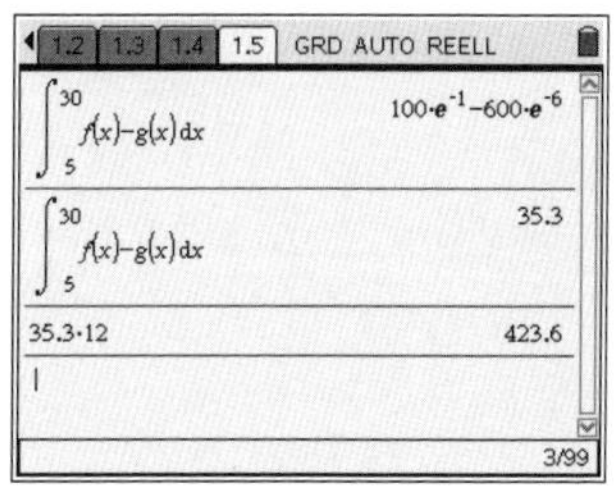

$$A=\int_5^{30}(f(x)-g(x))\,dx$$

$$=100\cdot e^{-1}-600\cdot e^{-6}$$

$$\approx 35{,}3$$

Unter Berücksichtigung des Maßstabes hat die schraffierte Fläche einen Flächeninhalt von rund $\underline{\underline{35{,}3\,m^2}}$.

Aufschüttungsvolumen

Das aufzuschüttende Volumen V erhält man näherungsweise als Produkt aus dem Flächeninhalt der schraffierten Fläche und der Rodelbahnbreite von 12 m.

$$V\approx 35{,}3\,m^2\cdot 12\,m\approx 423{,}6\,m^3$$

Es werden $\underline{\underline{423{,}6\,m^3}}$ Erde benötigt.

e) **Intervall mit f(x) – g(x) = k(x) > 2,5**

Die Ermittlung des gesuchten Intervalls führt auf die Ungleichung:

$$(4x-20)\cdot e^{-\frac{x}{5}} > 2{,}5;\quad x \geq 5$$

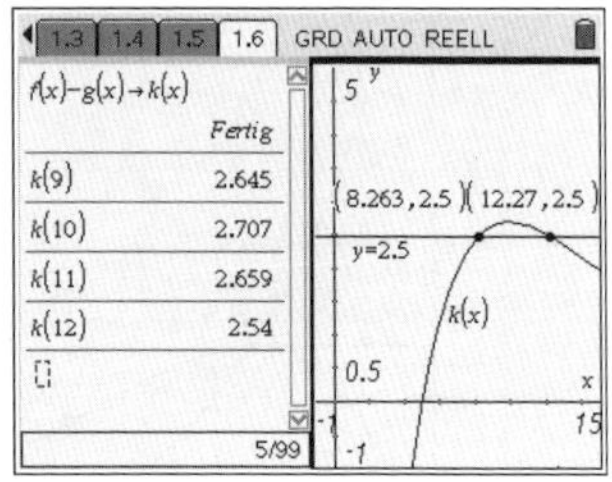

Da die Variable in dieser Ungleichung einerseits im Exponenten zur Basis e und andererseits linear vorkommt, ist es empfehlenswert, die Funktion k hinsichtlich jener Funktionswerte zu untersuchen, die größer als 2,5 sind. Diese Untersuchung führt auf die Menge $\{9 \leq x \leq 12;\ x \in \mathbb{Z}\}$. Die vertikal gemessene Aufschüttung ist in dem ganzzahligen Intervall [9 m; 12 m] dicker als 2,5 Meter.

Weitere ganzzahlige Argumente mit dieser Bedingung sind durch den praktischen Sachverhalt ausgeschlossen.

Maximale Aufschüttung

Zur Ermittlung der maximalen Aufschüttung wird die Funktion k auf Extremwerte untersucht.

$$k'(x) = 0 \;\Rightarrow\; x = 10$$

$$k''(10) \approx -1{,}083 \;\Rightarrow\; \text{Maximum}$$

$$k(10) \approx 2{,}707$$

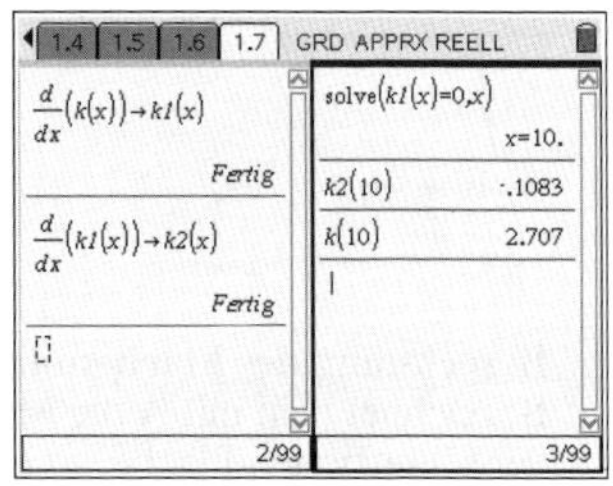

Die maximale Aufschüttung beträgt rund 2,71 Meter.

Berlin/Brandenburg – Mathematik Grundkurs
2013 – Aufgabe 1.2: Analysis

Kanal mit Uferböschung BE

Gegeben ist die Funktion f mit der Gleichung

$$f(x) = (x+3)\cdot(x^2-2);\quad x \in \mathbb{R}.$$

Der Graph dieser Funktion ist G.

a) Bestimmen Sie die Koordinaten der Schnittpunkte des Graphen G mit den Koordinatenachsen und weisen Sie nach, dass G weder achsensymmetrisch zur y-Achse noch punktsymmetrisch zum Koordinatenursprung ist.
Geben Sie das Verhalten der Funktionswerte von f für $x \to +\infty$ und $x \to -\infty$ an. 10

b) Der Graph der Funktion f beschreibt modellhaft das Profil eines Kanals $(-\sqrt{2} \leq x \leq +\sqrt{2})$ sowie die links angrenzende Uferböschung mit Erhebung, 1 LE = 1 m.
Die x-Achse befindet sich auf der Höhe der Kanalwasseroberfläche (siehe Skizze).
Berechnen Sie die größte Tiefe des Kanals und die maximale Höhe der linken Uferböschung relativ zur Wasseroberfläche.
[*Zur Kontrolle:* $f'(x) = 3x^2 + 6x - 2$] 14

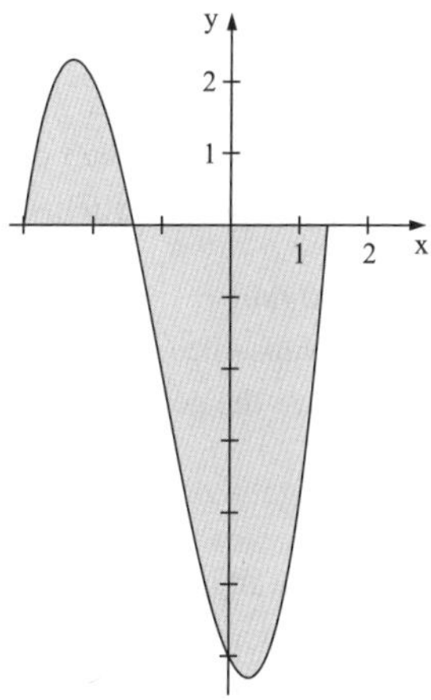

c) Berechnen Sie die Querschnittsfläche des Kanals. 6

d) Der Graph von G besitzt genau einen Wendepunkt $W(-1\,|\,-2)$.
Ermitteln Sie rechnerisch eine Gleichung für die Wendetangente an G.
[*Zur Kontrolle:* t_W: $y = -5x - 7$]

Durch Parallelverschiebung der Wendetangente in y-Richtung erhält man eine Gerade h, die im ersten Quadranten mit den beiden Koordinatenachsen ein Dreieck mit dem Flächeninhalt 2,5 FE einschließt.
Ermitteln Sie eine Gleichung für h. 10

40

Tipps und Hinweise zur Lösung von Aufgabe 1.2

Tipps zu Teilaufgabe a

Koordinaten der Achsenschnittpunkte

- Die Bedingung für einen Punkt auf der y-Achse lautet: $x = 0$
- Die Bedingung für einen Punkt auf der x-Achse lautet: $y = 0$

Symmetrie

- Achsensymmetrie liegt vor, wenn $f(x) = f(-x)$ gilt.
- Punktsymmetrie zum Ursprung liegt vor, wenn $f(x) = -f(-x)$ gilt.
- Alternativ multiplizieren Sie den Funktionsterm aus und betrachten die Exponenten.

Verhalten für $x \to \pm\infty$

- Das Verhalten wird aus Probeeinsetzungen geschlossen.
- Alternativ untersuchen Sie das Verhalten der beiden Faktoren der Funktionsgleichung und schließen auf das Verhalten des Produkts.

Tipps zu Teilaufgabe b

- Berechnen Sie den Funktionswert des relativen Minimums und des relativen Maximums.
- Die Bedingung für relative Extremstellen lautet: $f'(x) = 0$ und $f''(x) \neq 0$

Tipps zu Teilaufgabe c

- Nutzen Sie die Nullstellen, um die Grenzen des bestimmten Integrals zu finden.
- Bedenken Sie, dass die gesamte Fläche unter der x-Achse liegt.

Tipps zu Teilaufgabe d

Wendetangente

- Verwenden Sie die allgemeine Gleichung einer Geraden: $y = mx + b$
- Die Steigung erhalten Sie über die Steigung der Funktion im Wendepunkt.
- Setzen Sie die Koordinaten von W ein, um b zu berechnen.

Parallele Gerade h

- Machen Sie sich eine Skizze der Situation.
- Parallele Geraden haben die gleiche Steigung.
- Zur Berechnung der Dreiecksfläche benötigt man den y-Achsenabschnitt und die Nullstelle der Funktion h.
- Stellen Sie die Fläche des Dreiecks in Abhängigkeit vom y-Achsenabschnitt dar und lösen Sie nach der Unbekannten auf.

Lösungen zu Aufgabe 1.2

a) **Koordinaten der Achsenschnittpunkte**

Die Bedingung für einen Punkt auf der y-Achse lautet: $x = 0$

$$f(0) = 3 \cdot (-2) = -6 \quad \Rightarrow \quad \underline{\underline{S_y(0|-6)}}$$

Die Bedingung für einen Punkt auf der x-Achse lautet: $y = 0$

$$0 = (x+3) \cdot (x^2 - 2)$$

Ein Produkt ist null, wenn mindestens einer der Faktoren null ist.

$$x + 3 = 0 \quad \text{oder} \quad x^2 - 2 = 0$$
$$x = -3 \qquad\qquad x = \pm\sqrt{2}$$

$$\Rightarrow \quad \underline{\underline{S_{x_1}(-3|0)}}, \quad \underline{\underline{S_{x_2}(-\sqrt{2}\,|0)}}, \quad \underline{\underline{S_{x_3}(\sqrt{2}\,|0)}}$$

Symmetrie

1. Möglichkeit:

Achsensymmetrie liegt vor, wenn $f(x) = f(-x)$ gilt.

$$f(-x) = (-x+3) \cdot (x^2 - 2) \neq f(x)$$

Die Funktion ist nicht achsensymmetrisch zur y-Achse.

Punktsymmetrie zum Ursprung liegt vor, wenn $f(x) = -f(-x)$ gilt.

$$f(-x) \neq -f(x)$$

Die Funktion ist nicht punktsymmetrisch zum Ursprung.

2. Möglichkeit:

Bei ganzrationalen Funktionen gilt: Achsensymmetrie liegt vor, wenn nur gerade Exponenten vorkommen. Punktsymmetrie zum Ursprung liegt vor, wenn nur ungerade Exponenten und kein konstantes Glied vorkommen.

Wird die Funktionsgleichung ausmultipliziert, so ergibt sich:

$$f(x) = x^3 + 3x^2 - 2x - 6$$

Es treten sowohl gerade als auch ungerade Exponenten auf. Somit liegt keine der Symmetrien vor.

Verhalten für $x \to \pm\infty$

1. Möglichkeit:

Das Verhalten wird aus Probeeinsetzungen geschlossen.

x	10	20
f(x)	1 274	9 154

$$\lim_{x \to \infty} f(x) = \underline{\underline{\infty}}$$

x	–10	–20
f(x)	–686	–6 766

$$\lim_{x \to -\infty} f(x) = \underline{\underline{-\infty}}$$

2. Möglichkeit:
Es wird vom Verhalten der beiden Faktoren der Funktionsgleichung auf das Verhalten des Produkts geschlossen.

$$\lim_{x \to \infty} \underbrace{(x+3)}_{\to \infty} \cdot \underbrace{(x^2-2)}_{\to \infty} = \underline{\underline{\infty}}$$

$$\lim_{x \to -\infty} \underbrace{(x+3)}_{\to -\infty} \cdot \underbrace{(x^2-2)}_{\to \infty} = \underline{\underline{-\infty}}$$

3. Möglichkeit:
Verwendet man den ausmultiplizierten Term der Funktionsgleichung, so kann der Grenzwert direkt aus dem Term mit dem höchsten Exponenten abgelesen werden.

$$f(x) = x^3 + 3x^2 - 2x - 6$$

Wegen $\lim\limits_{x \to \infty} x^3 = \infty$ folgt:

$$\lim_{x \to \infty} (x^3 + 3x^2 - 2x - 6) = \underline{\underline{\infty}}$$

Wegen $\lim\limits_{x \to -\infty} x^3 = -\infty$ folgt:

$$\lim_{x \to -\infty} (x^3 + 3x^2 - 2x - 6) = \underline{\underline{-\infty}}$$

b) Die größte Tiefe des Kanals entspricht dem Funktionswert des relativen Minimums und die maximale Höhe der Uferböschung dem Funktionswert des relativen Maximums.

Die Bedingung für die Existenz eines relativen Extremums lautet:

$$f'(x) = 0 \quad \text{und} \quad f''(x) \neq 0$$

Für die Berechnung der Ableitungsfunktionen von f bietet es sich an, die ausmultiplizierte Gleichung zu verwenden.

$$f(x) = x^3 + 3x^2 - 2x - 6$$
$$f'(x) = 3x^2 + 6x - 2$$
$$f''(x) = 6x + 6$$

Nullsetzen der ersten Ableitungsfunktion ergibt:

$$0 = 3x^2 + 6x - 2 \quad |:3$$
$$0 = x^2 + 2x - \frac{2}{3}$$

Mithilfe der pq-Formel ergeben sich zwei mögliche Nullstellen der 1. Ableitung:

$$x_{1;2} = -1 \pm \sqrt{1 + \frac{2}{3}} = -1 \pm \sqrt{\frac{5}{3}}$$
$$x_1 \approx 0{,}29 \quad x_2 \approx -2{,}29$$

Durch Einsetzen in die 2. Ableitung sichert man die Existenz der relativen Extrema und erkennt die Art des Extremums.

$$f''(0{,}29) > 0 \quad \Rightarrow \quad \text{relatives Minimum}$$
$$f''(-2{,}29) < 0 \quad \Rightarrow \quad \text{relatives Maximum}$$

Durch Einsetzen in die Ausgangsgleichung erhält man den zugehörigen y-Wert.

$$f(0,29) = -6,3$$

Die maximale Tiefe des Kanals beträgt in etwa $\underline{\underline{6,30\text{ m}}}$.

$$f(-2,29) = 2,3$$

Die maximale Höhe der Böschung beträgt in etwa $\underline{\underline{2,30\text{ m}}}$.

c) Zu berechnen ist das bestimmte Integral in den Grenzen von $-\sqrt{2}$ und $\sqrt{2}$. Da die gesamte Fläche unter der x-Achse liegt, gibt der Betrag des Integrals die Flächenmaßzahl an.

$$A = \left| \int_{-\sqrt{2}}^{\sqrt{2}} (x^3 + 3x^2 - 2x - 6)\,dx \right|$$

$$= \left| \left[\frac{1}{4}x^4 + x^3 - x^2 - 6x \right]_{-\sqrt{2}}^{\sqrt{2}} \right|$$

$$= \left| \frac{1}{4} \cdot 4 + 2 \cdot \sqrt{2} - 2 - 6 \cdot \sqrt{2} - \left(\frac{1}{4} \cdot 4 - 2 \cdot \sqrt{2} - 2 + 6 \cdot \sqrt{2} \right) \right|$$

$$= \left| -8 \cdot \sqrt{2} \right|$$

$$= 8 \cdot \sqrt{2}$$

Die Querschnittsfläche des Kanals beträgt $\underline{\underline{8 \cdot \sqrt{2}\text{ m}^2}}$, das sind in etwa 11,31 m^2.

d) **Wendetangente**
Wendepunkt W(–1 | –2)
Die allgemeine Gleichung der Wendetangente lautet:

$$t\colon y = mx + b$$

Die erste Ableitung von f für die x-Koordinate des Wendepunktes gibt die Steigungszahl m der Wendetangente an.

$$f'(-1) = 3 - 6 - 2 = -5$$

Damit gilt:

$$t(x) = -5x + b$$

Die Koordinaten des Wendepunktes müssen die Gleichung der Wendetangente erfüllen.

$$-2 = -5 \cdot (-1) + b \quad \Rightarrow \quad b = -7$$

Die Gleichung der Wendetangente in W(–1 | –2) lautet:

$$\underline{\underline{t(x) = -5x - 7}}$$

Parallele Gerade h

Parallele Geraden haben die gleiche Steigung. Somit gilt für die Gleichung von h:

$$h(x) = -5x + c$$

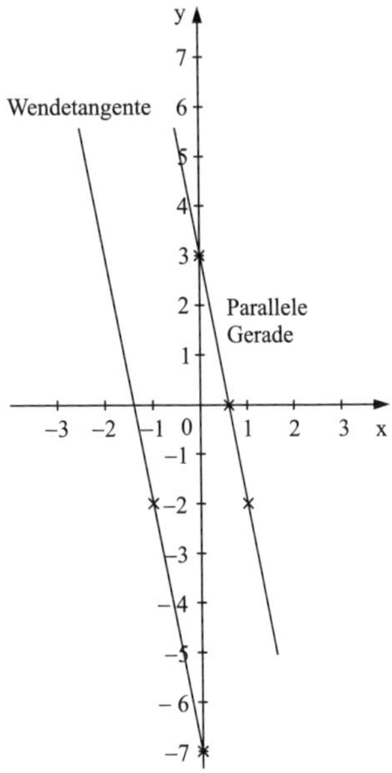

Da es sich um ein rechtwinkliges Dreieck handelt, lässt sich der Flächeninhalt über die Kathetenlängen berechnen. Diese sind hier der y-Achsenabschnitt und die Nullstelle.

Der y-Achsenabschnitt ist c.
Für die Nullstelle muss man $y = 0$ setzen.

$$0 = -5x + c$$

$$5x = c \quad \Rightarrow \quad x = \frac{c}{5}$$

Die Fläche eines rechtwinkligen Dreiecks wird mit $A_{Dreieck} = \frac{1}{2} \cdot \text{Kathete } 1 \cdot \text{Kathete } 2$ berechnet.

Da die Flächengröße bekannt ist, ergibt sich für c folgende Gleichung:

$$2{,}5 = \frac{1}{2} \cdot \frac{c}{5} \cdot c$$

$$2{,}5 \cdot 2 \cdot 5 = c^2$$

$$25 = c^2$$

$$c = 5$$

Die negative Lösung entfällt, da die Fläche im 1. Quadranten liegen soll.

Die Gleichung von h lautet:

$$\underline{\underline{h(x) = -5x + 5}}$$

Stockholmer Pyramide

BE

Auf dem Foto sehen Sie eine verglaste gerade Pyramide auf der Felseninsel Södermalm in Stockholm. Durch die achteckige Pyramide gelangt Tageslicht in unterirdische Verkehrsbereiche.
Der Steinsockel unter der Pyramide bildet im Fußboden ein regelmäßiges Achteck (siehe Grafik unter dem Foto) mit dem Mittelpunkt $O(0\,|\,0\,|\,0)$.
Der Punkt $P_1(1\,|\,-1\,|\,0)$ ist einer der unteren Eckpunkte des 1 m hohen Sockels. $Q_1(1\,|\,-1\,|\,1)$ ist der zugehörige darüber liegende obere Eckpunkt und gleichzeitig ein Eckpunkt der Pyramide.
Die Spitze der Pyramide befindet sich im Punkt $S(0\,|\,0\,|\,6)$. Es gilt: 1 LE = 1 m

a) Begründen Sie, dass $P_2(\sqrt{2}\,|\,0\,|\,0)$ ein weiterer unterer Eckpunkt des Steinsockels ist, und geben Sie die Koordinaten des zugehörigen oberen Eckpunktes Q_2 an. 4

b) Geben Sie eine Geradengleichung für SQ_1 an.
Berechnen Sie die Größe des Winkels, den zwei benachbarte Seitenkanten an der Spitze der Pyramide einschließen.
Berechnen Sie den Inhalt der Mantelfläche der Pyramide. 12

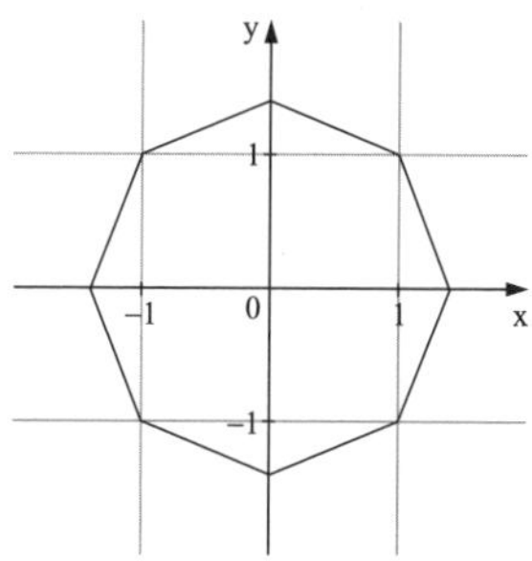

c) Die einfallenden parallelen Sonnenstrahlen haben die Richtung $\begin{pmatrix} -2 \\ -2 \\ -1 \end{pmatrix}$.
Berechnen Sie den Winkel, den die Sonnenstrahlen und die Fußbodenfläche (x-y-Ebene) bilden.
Das Sonnenlicht erzeugt von der Spitze S der Pyramide den Schattenpunkt S* auf der Fußbodenfläche.
Bestimmen Sie den Abstand dieser beiden Punkte. 10

d) In der Glaspyramide wird eine Beleuchtung geplant: Eine Lampe soll unterhalb der Spitze $S(0\,|\,0\,|\,6)$ aufgehängt werden. Die Lampe soll von der Spitze doppelt so weit entfernt sein wie von den oberen Eckpunkten des Steinsockels.
Ermitteln Sie die Koordinaten $L(x\,|\,y\,|\,z)$ der (punktförmigen) Lichtquelle. 4

30

Tipps und Hinweise zur Lösung von Aufgabe 2.1

Tipps zu Teilaufgabe a

Begründung, dass $P_2(\sqrt{2}\,|\,0\,|\,0)$ unterer Eckpunkt des Steinsockels ist

- Bestimmen Sie die Koordinaten eines Eckpunktes P_x, der auf der positiven x-Achse liegt, und zeigen Sie, dass dieser mit P_2 übereinstimmt.
- Beachten Sie, dass das Dreieck OP_1P_x gleichschenklig ist.
- Alternativ zeigen Sie, dass das Dreieck OP_1P_2 gleichschenklig ist und im Ursprung einen 45°-Winkel einschließt.

Koordinaten des zugehörigen oberen Eckpunktes Q_2

- Beachten Sie, dass der Sockel ein gerades achteckiges Prisma mit der Höhe 1 LE = 1 m ist.

Tipps zu Teilaufgabe b

Geradengleichung SQ_1

- Verwenden Sie den Stützvektor $\overrightarrow{OS}$ und den Richtungsvektor $\overrightarrow{SQ_1}$.

Winkel zwischen benachbarten Seitenkanten der Pyramide

- Berechnen Sie den gesuchten Winkel als Schnittwinkel der Geraden SQ_1 und SQ_2.
- Verwenden Sie dazu das Skalarprodukt und die Richtungsvektoren der Geraden.

Mantelflächeninhalt der Pyramide

- Berechnen Sie zunächst den Flächeninhalt einer Seitenfläche.
- Benutzen Sie dazu den Winkel zwischen benachbarten Seitenkanten der Pyramide.
- Aus wie vielen Seitenflächen besteht der Mantel der Pyramide?

Tipps zu Teilaufgabe c

Winkelberechnung

- Berechnen Sie mithilfe des Skalarproduktes, des Normalenvektors der x-y-Ebene und des Richtungsvektors des Sonnenstrahls einen Winkel.
- Beachten Sie, dass der gesuchte Winkel der Komplementwinkel (Ergänzungswinkel zu 90°) des berechneten Winkels ist.

*Abstand von S und S**

- Benutzen Sie eine Geradengleichung des durch S verlaufenden Sonnenstrahls.
- Beachten Sie, dass für den Schnittpunkt S* in der x-y-Ebene $z = 0$ gilt.
- Bestimmen Sie die Länge des Vektors $\overrightarrow{SS^*}$.

Tipps zu Teilaufgabe d

- Beachten Sie, dass sich die Lampe L senkrecht unter der Pyramidenspitze S befindet und somit nur ihre z-Koordinate von null verschieden ist.
- Berechnen Sie die Streckenlängen $|\overrightarrow{LS}|$ und $|\overrightarrow{LQ_1}|$.
- Benutzen Sie wegen der geforderten Bedingung die Gleichung $|\overrightarrow{LS}| = 2 \cdot |\overrightarrow{LQ_1}|$.

Lösungen zu Aufgabe 2.1

a) **Begründung, dass $P_2(\sqrt{2}\,|\,0\,|\,0)$ unterer Eckpunkt des Steinsockels ist**

1. Möglichkeit:

Das regelmäßige Achteck kann wie abgebildet dargestellt werden. Damit ist das Dreieck OP_1P_x gleichschenklig, wobei $|\overline{OP_1}| = |\overline{OP_x}|$ gilt.

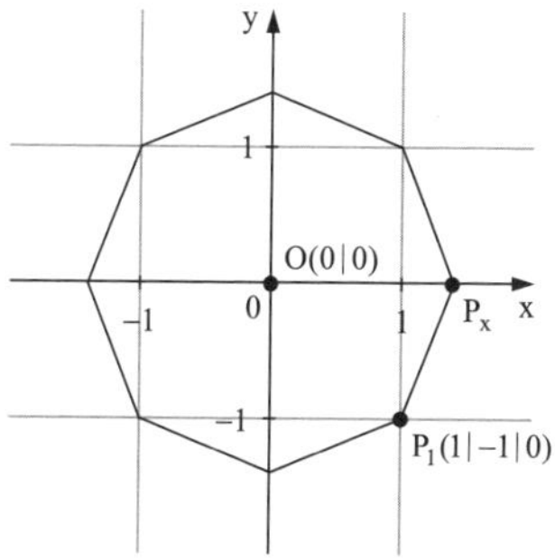

Für $|\overline{OP_1}|$ gilt:

$$|\overline{OP_1}| = \sqrt{1^2+(-1)^2} = \sqrt{2}$$

Somit gilt auch:

$$|\overline{OP_x}| = \sqrt{2}$$

Da P_x auf der x-Achse liegt, sind seine Koordinaten $\underline{\underline{P_x(\sqrt{2}\,|\,0\,|\,0)}}$.

P_x stimmt mit P_2 überein. Damit ist P_2 ein weiterer Eckpunkt.

2. Möglichkeit:

P_2 ist ein weiterer Eckpunkt des Achtecks, wenn OP_1P_2 ein gleichschenkliges Dreieck ist und der Winkel $\sphericalangle P_1OP_2$ ein Vielfaches von $360° : 8 = 45°$ beträgt.

$$|\overline{OP_1}| = \sqrt{1^2+(-1)^2} = \sqrt{2}$$
$$|\overline{OP_2}| = \sqrt{2}$$
$$\Rightarrow \quad |\overline{OP_1}| = |\overline{OP_2}|$$

Da P_1 auf der Winkelhalbierenden des IV. Quadranten liegt, schließt OP_1 mit der x-Achse einen 45°-Winkel ein. Daher gilt auch $\sphericalangle P_1OP_2 = 45°$.

Koordinaten des zugehörigen oberen Eckpunktes Q_2

Der Steinsockel hat eine Höhe von 1 m und es ist 1 m = 1 LE. Außerdem ist aus den Koordinaten von $Q_1(1\,|-1\,|\,1)$ ersichtlich, dass die oberen Eckpunkte senkrecht über den jeweiligen unteren Eckpunkten liegen.

Deshalb gilt $\underline{\underline{Q_2(\sqrt{2}\,|\,0\,|\,1)}}$.

b) **Geradengleichung SQ_1**

Mit dem Stützvektor $\overrightarrow{OS}$ und dem Richtungsvektor $\overrightarrow{SQ_1}$ erhält man folgende Gleichung:

$$SQ_1\colon\ \vec{x} = \overrightarrow{OS} + r\cdot\overrightarrow{SQ_1} = \underline{\underline{\begin{pmatrix}0\\0\\6\end{pmatrix} + r\cdot\begin{pmatrix}1\\-1\\-5\end{pmatrix}}};\ r\in\mathbb{R}$$

Winkel zwischen benachbarten Seitenkanten der Pyramide

Der zu berechnende Winkel φ kann als Schnittwinkel der Geraden SQ_1 und SQ_2 angegeben werden:

$$SQ_2\colon\ \vec{x} = \overrightarrow{OS} + s\cdot\overrightarrow{SQ_2} = \begin{pmatrix}0\\0\\6\end{pmatrix} + s\cdot\begin{pmatrix}\sqrt{2}\\0\\-5\end{pmatrix};\ s\in\mathbb{R}$$

Mithilfe der Richtungsvektoren beider Geraden und des Skalarproduktes folgt:

$$\cos\varphi = \frac{\left|\begin{pmatrix}1\\-1\\-5\end{pmatrix} \circ \begin{pmatrix}\sqrt{2}\\0\\-5\end{pmatrix}\right|}{\sqrt{27}\cdot\sqrt{27}} = \frac{\sqrt{2}+25}{27} \quad\Rightarrow\quad \varphi \approx 12°$$

Die Größe des gesuchten Winkels beträgt rund 12°.

Mantelflächeninhalt der Pyramide

Die Maßzahl A_M des Mantelflächeninhaltes ist das Achtfache der Maßzahl A des Inhaltes einer Seitenfläche der Pyramide. Dabei gilt $A = \frac{1}{2}\cdot a\cdot b\cdot \sin\varphi$, wobei a und b die Längen der gleich langen Seitenkanten der Pyramide sind.

Somit gilt:

$$A_M \approx 8\cdot\frac{1}{2}\cdot(\sqrt{27})^2\cdot\sin(12°) \approx 22{,}45$$

Unter Berücksichtigung des Maßstabes beträgt der Inhalt der Mantelfläche der Pyramide rund $22{,}45\ \text{m}^2$.

c) **Winkelberechnung**

Die in der Aufgabenstellung genannte Fußbodenebene ist die x-y-Ebene mit dem Normalenvektor $\vec{n}_{x\text{-}y} = \begin{pmatrix}0\\0\\1\end{pmatrix}$. Der Richtungsvektor der Sonnenstrahlen ist durch $\vec{n} = \begin{pmatrix}-2\\-2\\-1\end{pmatrix}$ gegeben.

Der Winkel α ist der Komplementwinkel zu β (siehe Abbildung). Da $\cos\beta = \sin(90° - \beta) = \sin\alpha$ ist, verwendet man also zur Berechnung von α das Skalarprodukt in Verbindung mit dem Sinus.

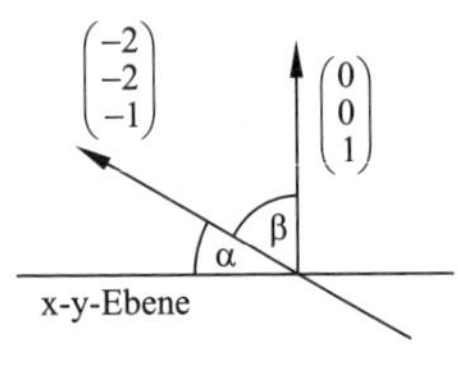

$$\sin\alpha = \frac{\left|\begin{pmatrix}0\\0\\1\end{pmatrix} \circ \begin{pmatrix}-2\\-2\\-1\end{pmatrix}\right|}{\sqrt{1}\cdot\sqrt{9}} = \frac{|-1|}{3} = \frac{1}{3} \quad\Rightarrow\quad \alpha \approx 19{,}5°$$

Der Winkel zwischen einfallendem Licht und Fußbodenebene beträgt rund 19,5°.

Abstand von S und S*

Zur Berechnung bestimmt man den Schnittpunkt S* eines durch S verlaufenden Sonnenstrahls mit der Fußbodenebene und daraus die Länge der Strecke $\overline{SS^*}$.

Der durch S verlaufende Sonnenstrahl hat folgende Geradengleichung:

$$\vec{x} = \begin{pmatrix}0\\0\\6\end{pmatrix} + t\cdot\begin{pmatrix}2\\2\\1\end{pmatrix};\ t \in \mathbb{R}$$

Für jeden Punkt der Fußbodenebene (x-y-Ebene) gilt $z = 0$ und damit:

$$6 + t = 0 \quad\Rightarrow\quad t = -6$$

Der Schnittpunkt hat die Koordinaten $S^*(-12\,|\,-12\,|\,0)$.

Für den Abstand gilt:

$$|\overline{SS^*}| = \left|\begin{pmatrix}-12\\-12\\0\end{pmatrix} - \begin{pmatrix}0\\0\\6\end{pmatrix}\right| = \sqrt{144+144+36} = \sqrt{324} = 18$$

Die Entfernung der Pyramidenspitze von ihrem Schattenpunkt beträgt 18 m.

d) Da sich die Lampe senkrecht unter der Pyramidenspitze $S(0|0|6)$ befindet, hat sie die Koordinaten $L(0|0|z)$. Ihr Abstand zur Spitze S ist doppelt so groß wie der zu einem oberen Sockeleckpunkt, zum Beispiel $Q_1(1|-1|1)$. Damit gilt $|\overrightarrow{LS}| = 2 \cdot |\overrightarrow{LQ_1}|$.

$$|\overrightarrow{LS}| = \left|\begin{pmatrix}0\\0\\6\end{pmatrix} - \begin{pmatrix}0\\0\\z\end{pmatrix}\right| = 6 - z \quad \text{und} \quad 0 < z < 6$$

$$|\overrightarrow{LQ_1}| = \left|\begin{pmatrix}1\\-1\\1\end{pmatrix} - \begin{pmatrix}0\\0\\z\end{pmatrix}\right| = \left|\begin{pmatrix}1\\-1\\1-z\end{pmatrix}\right| = \sqrt{1^2 + (-1)^2 + (1-z)^2} = \sqrt{z^2 - 2z + 3}$$

Man setzt die Terme in die Gleichung $|\overrightarrow{LS}| = 2 \cdot |\overrightarrow{LQ_1}|$ ein:

$$6 - z = 2 \cdot \sqrt{z^2 - 2z + 3} \quad \text{und} \quad 0 < z < 6$$

Beide Seiten der Gleichung werden quadriert:

$$z^2 - 12z + 36 = 4 \cdot (z^2 - 2z + 3) \quad \text{und} \quad 0 < z < 6$$

$$-3z^2 - 4z + 24 = 0$$

$$z^2 + \frac{4}{3}z - 8 = 0$$

$$z = -\frac{2}{3} + \sqrt{\frac{4}{9} + 8} \approx 2{,}24$$

Die punktförmige Lichtquelle mit den Koordinaten $\underline{\underline{L(0|0|\approx 2{,}24)}}$ erfüllt die Bedingung.

Das heißt, die Lampe befindet sich rund 2,24 m über der Fußbodenebene.

Bergwerk BE

In einem Bergwerk befindet sich ein Tunnel, der geradlinig durch die Punkte A(73 | −16 | −24) und B(7 | 17 | −2) zum Ausgang R verläuft. Vom Punkt S(45 | 10 | 0) werden geradlinig Stollen gegraben, die auf den Tunnel treffen. Die Erdoberfläche befindet sich in der x-y-Ebene, 1 LE = 10 m.

a) Bestimmen Sie die Richtung, in die von S aus gegraben werden muss, damit ein Stollen den Punkt A trifft. Berechnen Sie die Länge des Stollens und die Größe des Winkels, in dem der Stollen auf den Tunnel trifft.
Ermitteln Sie die Koordinaten des Punktes R, an dem der Tunnel an der Erdoberfläche beginnt. 12

b) Ein zweiter Stollen verläuft vom Punkt S in Richtung $\vec{u} = \begin{pmatrix} 1 \\ -3{,}5 \\ -4 \end{pmatrix}$.
Ermitteln Sie die Koordinaten des Punktes P, in dem dieser Stollen auf den Tunnel trifft. 6

c) Vom Punkt S aus soll der kürzeste Stollen gegraben werden, der zum Tunnel führt. Bestimmen Sie die Richtung, in welche gegraben werden muss, und den Punkt K, in dem der Stollen auf den Tunnel trifft. 8

d) In 140 m Entfernung vom Punkt B auf der Strecke $\overline{AB}$ soll ein zur Erdoberfläche senkrechter Notausstieg enden.
Berechnen Sie die Koordinaten des Punktes, an dem die Bohrung an der Erdoberfläche beginnen muss. 4

30

Tipps und Hinweise zur Lösung von Aufgabe 2.2

Tipps zu Teilaufgabe a

Grabungsrichtung

- Stellen Sie den Vektor $\overrightarrow{SA}$ auf.

Stollenlänge

- Berechnen Sie die Länge des Vektors $\overrightarrow{SA}$.

Winkel

- Der Winkel wird bestimmt durch den Vektor $\overrightarrow{AS}$ und den Richtungsvektor $\overrightarrow{AB}$.
- Bedenken Sie, dass Sie auch kollineare Vektoren wählen können.

Koordinaten des Punktes R

- R ist der Schnittpunkt der Geraden AB mit der x-y-Ebene.
- Stellen Sie die Gleichung der Geraden AB auf.
- Im Schnittpunkt mit der x-y-Ebene muss die z-Koordinate null sein.

Tipps zu Teilaufgabe b

- Gesucht ist der Schnittpunkt zwischen der neuen Stollengeraden g und der Tunnelgeraden t.
- Setzen Sie die Gleichungen beider Geraden gleich.
- Lösen Sie das entstehende Gleichungssystem.

Tipps zu Teilaufgabe c

- Für die Berechnung des Punktes K benötigen Sie eine Hilfsebene H, die senkrecht auf t steht und durch S verläuft.
- Diese Ebene wird mit der Tunnelgeraden geschnitten.
- Der Vektor $\overrightarrow{SK}$ gibt die Richtung an, in die gegraben werden muss.

Tipps zu Teilaufgabe d

- Stellen Sie die Gleichung der Geraden BA auf.
- Berechnen Sie die Länge der Strecke $\overline{BA}$.
- Stellen Sie die Entfernung von B als Anteil an der gesamten Strecke dar und setzen Sie diesen Wert für den Parameter in die Geradengleichung ein.
- Der gesuchte Bohrungspunkt an der Erdoberfläche stimmt mit dem so ermittelten Punkt in x- und y-Koordinate überein.
- Für die z-Koordinate gilt: $z = 0$

Lösungen zu Aufgabe 2.2

a) **Grabungsrichtung**

Der Vektor $\overrightarrow{SA}$ gibt die Grabungsrichtung an.

$$\overrightarrow{SA} = \underline{\underline{\begin{pmatrix} 28 \\ -26 \\ -24 \end{pmatrix}}}$$

Stollenlänge

Die Länge des Stollens wird durch den Betrag des Vektors $\overrightarrow{SA}$ angegeben.

$$|\overrightarrow{SA}| = \sqrt{28^2 + (-26)^2 + (-24)^2} = \sqrt{784 + 676 + 576} = \sqrt{2\,036}$$
$$= 2 \cdot \sqrt{509} \approx 45{,}12$$

Da $1\,\text{LE} = 10\,\text{m}$ entspricht, ist der Stollen näherungsweise $\underline{\underline{451{,}20\,\text{m}}}$ lang.

Winkel

Der Winkel α, in dem der Stollen auf den Tunnel trifft, wird bestimmt durch die Vektoren $\overrightarrow{AS}$ und $\overrightarrow{AB}$, da A der Scheitelpunkt des Winkels ist.

$$\overrightarrow{AS} = \begin{pmatrix} -28 \\ 26 \\ 24 \end{pmatrix}$$

$$\overrightarrow{AB} = \begin{pmatrix} -66 \\ 33 \\ 22 \end{pmatrix}$$

Für beide Vektoren bietet es sich an, kollineare Vektoren zu wählen, da die Zahlen dann kleiner sind. Der Winkel ändert sich dadurch nicht.

$$\vec{u}_1 = \begin{pmatrix} -14 \\ 13 \\ 12 \end{pmatrix}$$

$$\vec{u}_2 = \begin{pmatrix} -6 \\ 3 \\ 2 \end{pmatrix}$$

$$\cos\alpha = \frac{\vec{u}_1 \circ \vec{u}_2}{|\vec{u}_1| \cdot |\vec{u}_2|} = \frac{\begin{pmatrix} -14 \\ 13 \\ 12 \end{pmatrix} \circ \begin{pmatrix} -6 \\ 3 \\ 2 \end{pmatrix}}{\left|\begin{pmatrix} -14 \\ 13 \\ 12 \end{pmatrix}\right| \cdot \left|\begin{pmatrix} -6 \\ 3 \\ 2 \end{pmatrix}\right|} = \frac{84 + 39 + 24}{\sqrt{509} \cdot \sqrt{49}} = \frac{147}{7 \cdot \sqrt{509}} = \frac{21}{\sqrt{509}}$$

$$\Rightarrow \quad \alpha \approx 21{,}44°$$

$(-14)^2 + 13^2 + 12^2 = 509$

Der Winkel α, in dem der Stollen auf den Tunnel trifft, beträgt rund $\underline{\underline{21{,}44°}}$.

Koordinaten des Punktes R

Eine Gleichung der Tunnelgeraden t lautet:

$$t:\ \vec{x} = \begin{pmatrix} 73 \\ -16 \\ -24 \end{pmatrix} + k \cdot \begin{pmatrix} -6 \\ 3 \\ 2 \end{pmatrix};\ k \in \mathbb{R}$$

Für alle Punkte der x-y-Ebene gilt $z = 0$.

Somit muss für den Schnittpunkt der Tunnelgeraden t mit der x-y-Ebene gelten:

$$0 = -24 + 2k \;\Rightarrow\; 24 = 2k \;\Rightarrow\; k = 12$$

Durch Einsetzen von $k = 12$ in die Tunnelgleichung t wird der Ortsvektor von R berechnet und daraus ergeben sich die Koordinaten des Schnittpunktes R.

$$\underline{\underline{R(1\,|\,20\,|\,0)}}$$

b) Gesucht ist der Schnittpunkt P zwischen der neuen Stollengeraden g und der Tunnelgeraden t. Für die neue Stollengerade g sind der Stützpunkt S und der Richtungsvektor gegeben:

$$g\colon \vec{x} = \begin{pmatrix} 45 \\ 10 \\ 0 \end{pmatrix} + \ell \cdot \begin{pmatrix} 1 \\ -3{,}5 \\ -4 \end{pmatrix};\; \ell \in \mathbb{R}$$

Zur Berechnung der Koordinaten des Schnittpunktes P der Geraden t und g werden die Geradenterme gleichgesetzt.

$$\begin{pmatrix} 45 \\ 10 \\ 0 \end{pmatrix} + \ell \cdot \begin{pmatrix} 1 \\ -3{,}5 \\ -4 \end{pmatrix} = \begin{pmatrix} 73 \\ -16 \\ -24 \end{pmatrix} + k \cdot \begin{pmatrix} -6 \\ 3 \\ 2 \end{pmatrix}$$

Es ergeben sich drei Gleichungen mit zwei Variablen.

$$\begin{array}{ll} \text{I} & 45 + \ell = 73 - 6k \\ \text{II} & 10 - 3{,}5\ell = -16 + 3k \\ \text{III} & -4\ell = -24 + 2k \end{array}$$

Man wählt zwei der Gleichungen aus, löst das Gleichungssystem und überprüft die Lösungen in der dritten, nicht benutzten Gleichung.

Mit dem Additionsverfahren gilt:

$$\begin{array}{ll} \text{I} & 45 + \ell = 73 - 6k \\ 2 \cdot \text{II} & 20 - 7\ell = -32 + 6k \\ \hline & 65 - 6\ell = 41 \\ & 24 = 6\ell \\ & \ell = 4 \end{array}$$

Eingesetzt in Gleichung I:

$$\begin{array}{ll} \text{I} & 45 + 4 = 73 - 6k \\ & 6k = 24 \\ & k = \frac{24}{6} = 4 \end{array}$$

Zur Überprüfung werden k und ℓ in Gleichung III eingesetzt:

$$\text{III} \quad -16 = -24 + 8 \quad \checkmark$$

Durch Einsetzen von $\ell = 4$ in die Gleichung von g oder durch Einsetzen von $k = 4$ in die Gleichung von t ergeben sich die Koordinaten des Schnittpunktes P.

$$\underline{\underline{P(49\,|\,-4\,|\,-16)}}$$

c) Die kürzeste Entfernung des Punktes S zur Tunnelgeraden t ist die Länge des Lotes von S auf die Tunnelgerade. Der Fußpunkt K des Lotes auf t wird mittels einer Hilfsebene H berechnet, die durch S geht und senkrecht zu t steht. Der Richtungsvektor der Tunnelgeraden t ist als Normalenvektor der Hilfsebene H geeignet.

Die Normalengleichung der Ebene H lautet:

$$H: \left(\vec{x} - \begin{pmatrix} 45 \\ 10 \\ 0 \end{pmatrix}\right) \circ \begin{pmatrix} -6 \\ 3 \\ 2 \end{pmatrix} = 0$$

Durch Ausmultiplizieren kommt man zur Koordinatenform der Ebene H.

$$-6x + 3y + 2z - (-270 + 30) = 0$$
$$-6x + 3y + 2z + 240 = 0$$

Der Fußpunkt K des Lotes von S auf die Tunnelgerade t ist der Schnittpunkt der Geraden t und der Hilfsebene H.

Die Bedingungen für x, y und z aus der Geradengleichung von t werden in die Koordinatenform von H eingesetzt.

$$x = 73 - 6k \qquad y = -16 + 3k \qquad z = -24 + 2k$$

$t \cap H$:

$$-6(73 - 6k) + 3(-16 + 3k) + 2(-24 + 2k) + 240 = 0$$
$$-438 + 36k - 48 + 9k - 48 + 4k + 240 = 0$$
$$49k - 294 = 0$$
$$k = 6$$

Eingesetzt in die Geradengleichung t ergeben sich die Koordinaten des Fußpunktes K.

$\underline{\underline{K(37 \mid 2 \mid -12)}}$

Die Grabungsrichtung wird vorgegeben durch den Vektor $\overrightarrow{SK}$.

$$\overrightarrow{SK} = \begin{pmatrix} 37-45 \\ 2-10 \\ -12 \end{pmatrix} = \underline{\underline{\begin{pmatrix} -8 \\ -8 \\ -12 \end{pmatrix}}}$$

Oder kollinear zu $\overrightarrow{SK}$ der Vektor $\underline{\underline{\begin{pmatrix} -2 \\ -2 \\ -3 \end{pmatrix}}}$.

d) *Möglichkeit 1:*

Die Gleichung der Geraden BA lautet:

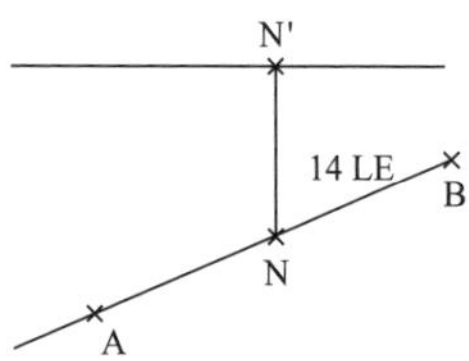

$$BA: \vec{x} = \begin{pmatrix} 7 \\ 17 \\ -2 \end{pmatrix} + t \cdot \begin{pmatrix} 66 \\ -33 \\ -22 \end{pmatrix}; \ t \in \mathbb{R}$$

Für die Länge der Strecke $\overline{BA}$ gilt:

$$\left|\begin{pmatrix} 66 \\ -33 \\ -22 \end{pmatrix}\right| = \sqrt{4\,356 + 1\,089 + 484} = \sqrt{5\,929} = 77 \text{ [LE]}$$

Da 140 m in der Darstellung 14 LE entsprechen, muss $t = \frac{14}{77} = \frac{2}{11}$ in die Geradengleichung eingesetzt werden, um den Punkt zu erhalten, der 140 m von B entfernt liegt.

$$\overrightarrow{ON} = \begin{pmatrix} 7 \\ 17 \\ -2 \end{pmatrix} + \frac{2}{11} \cdot \begin{pmatrix} 66 \\ -33 \\ -22 \end{pmatrix} = \begin{pmatrix} 7 \\ 17 \\ -2 \end{pmatrix} + \begin{pmatrix} 12 \\ -6 \\ -4 \end{pmatrix} = \begin{pmatrix} 19 \\ 11 \\ -6 \end{pmatrix} \Rightarrow N(19 \mid 11 \mid -6)$$

Möglichkeit 2:
Es wird die Länge des Richtungsvektors der Tunnelgeraden in Richtung $\overrightarrow{BA}$ berechnet:

$$\left|\begin{pmatrix} 6 \\ -3 \\ -2 \end{pmatrix}\right| = \sqrt{36+9+4} = \sqrt{49} = 7\,[\text{LE}]$$

N lässt sich ausgehend vom Punkt B mit dem Richtungsvektor der Länge 7 [LE] berechnen. Dieser muss mit 2 multipliziert werden, um auf 14 [LE] zu kommen.

$$\overrightarrow{ON} = \begin{pmatrix} 7 \\ 17 \\ -2 \end{pmatrix} + 2 \cdot \begin{pmatrix} 6 \\ -3 \\ -2 \end{pmatrix} = \begin{pmatrix} 7 \\ 17 \\ -2 \end{pmatrix} + \begin{pmatrix} 12 \\ -6 \\ -4 \end{pmatrix} = \begin{pmatrix} 19 \\ 11 \\ -6 \end{pmatrix} \quad \Rightarrow \quad N(19\,|\,11\,|\,-6)$$

Der gesuchte Punkt N', in dem die Bohrung beginnen muss, liegt in der x-y-Ebene $(z = 0)$ und hat die gleichen x- und y-Koordinaten wie N.
An der Erdoberfläche muss die Bohrung beim Punkt $\underline{\underline{N'(19\,|\,11\,|\,0)}}$ beginnen.

Schulabschlüsse BE

Schulabgänger im Sommer 2009 in Berlin:

Gesamtzahl	mit allgemeiner Hochschulreife	mit mittlerem Schulabschluss *)	Hauptschulabschlüsse	ohne Schulabschluss
24 600	11 600	6 400	4 500	2 100

*) dies entspricht in Brandenburg der Fachoberschulreife

Unter den insgesamt 24 600 Schulabsolventen des Jahres 2009 waren 3 600 nichtdeutscher Herkunft, von denen 700 die allgemeine Hochschulreife erlangten.

(Quelle: Leerhoff, Holger/May-Wachowius, Andreas: Schulen. Entwicklung von Schülerzahlen und Schulen in Berlin. In: Zeitschrift für amtliche Statistik Berlin Brandenburg 2/2011, S. 32; die Werte sind gerundet.)

a) Berechnen Sie die Wahrscheinlichkeit der folgenden Ereignisse:
A_1: Von zwei zufällig befragten Schulabgängern hat einer die allgemeine Hochschulreife erlangt und der andere den mittleren Schulabschluss.
A_2: Unter 5 befragten Schulabgängern hat nur der erste und vierte die allgemeine Hochschulreife erlangt. 6

b) Zehn der 24 600 Schulabgänger werden zufällig befragt.
Bestimmen Sie die Wahrscheinlichkeiten für folgende Ereignisse:
B_1: Genau fünf der 10 befragten Schulabgänger haben die allgemeine Hochschulreife erlangt.
B_2: Unter den 10 befragten Schulabgängern befindet sich höchstens einer ohne Schulabschluss. 10

c) Ein Schulabgänger wird zufällig ausgewählt. Im Gespräch erfährt man, dass er deutscher Herkunft ist. Ermitteln Sie unter dieser Voraussetzung die Wahrscheinlichkeit dafür, dass er die allgemeine Hochschulreife erlangt hat. 4

d) Unter einer Gruppe von 10 Schulabgängern befinden sich vier, die aus Berlin-Pankow kommen. Drei der 10 Schulabgänger werden zufällig (ohne Zurücklegen) ausgewählt.
Ermitteln Sie die Wahrscheinlichkeiten der beiden folgenden Ereignisse:
D_1: Alle drei ausgewählten Personen kommen aus Berlin-Pankow oder keine der ausgewählten Personen kommt aus Berlin-Pankow.
D_2: Zwei der drei ausgewählten Personen kommen aus Berlin-Pankow. 6

e) Man befragt nacheinander fünf der insgesamt 24 600 Schulabgänger nach ihrem Schulabschluss. Es stellt sich heraus, dass keiner von ihnen die allgemeine Hochschulreife erlangt hat.
Bestimmen Sie auf diesem Stand der Informationen die Wahrscheinlichkeit dafür, dass genau vier von ihnen den mittleren Schulabschluss erreichten. 4

30

Tipps und Hinweise zur Lösung von Aufgabe 3.1

Tipps zu Teilaufgabe a

- Berechnen Sie die Wahrscheinlichkeit, dass ein Schulabgänger die allgemeine Hochschulreife bzw. den mittleren Schulabschluss erlangt hat.
- Stellen Sie den Vorgang der Befragung als Pfad eines Baumdiagramms dar und tragen Sie diese Wahrscheinlichkeiten ein.
- Ermitteln Sie mit den Pfadregeln die gesuchten Wahrscheinlichkeiten.

Tipps zu Teilaufgabe b

- Die Feststellung, ob ein bestimmter Schulabschluss (Treffer) vorliegt oder nicht, ist ein Bernoulli-Experiment.
- Wenden Sie daher das Modell „Binomialverteilung" mit den Parametern n und p an.

Tipps zu Teilaufgabe c

- Berechnen Sie zunächst, wie viele Schulabgänger deutscher Herkunft sind und wie viele Schulabgänger mit allgemeiner Hochschulreife deutscher Herkunft sind.

Tipps zu Teilaufgabe d

- Modellieren Sie die Situation durch ein Urnenexperiment mit dreimaligem Ziehen ohne Zurücklegen.
- Geben Sie ein Baumdiagramm an und tragen Sie die Wahrscheinlichkeiten ein.
- Benutzen Sie die Pfadregeln zur Berechnung der gesuchten Wahrscheinlichkeiten.

Tipps zu Teilaufgabe e

- Die Problemstellung bezieht sich nicht auf die Menge aller Schulabgänger, sondern nur auf die ohne Hochschulreife.
- Ermitteln Sie diese Zahl.
- Berechnen Sie die Wahrscheinlichkeit, dass ein aus dieser Gruppe zufällig ausgewählter Schüler den mittleren Schulabschluss erreicht hat (Treffer).
- Wenden Sie das Modell „Binomialverteilung" an.

Lösungen zu Aufgabe 3.1

a) Aus der Statistik wird die Verteilung der Schulabschlüsse ersichtlich. Insbesondere interessieren folgende Ereignisse:
H: = „Ein zufällig ausgewählter Schulabgänger hat die allgemeine Hochschulreife erworben."
M: = „Ein zufällig ausgewählter Schulabgänger hat den mittleren Schulabschluss erreicht."
O: = „Ein zufällig ausgewählter Schulabgänger ist ohne Schulabschluss."

Aus der Tabelle entnimmt man:

$$P(H) = \frac{11\,600}{24\,600} \approx 0,472$$

$$P(M) = \frac{6\,400}{24\,600} \approx 0,260$$

$$P(O) = \frac{2\,100}{24\,600} \approx 0,085$$

Ereignis A_1

Die Befragung kann man als zweistufiges Zufallsexperiment interpretieren und das Ereignis A_1 als Teil eines Baumdiagramms darstellen. Es kommen die beiden Folgen HM und MH infrage.

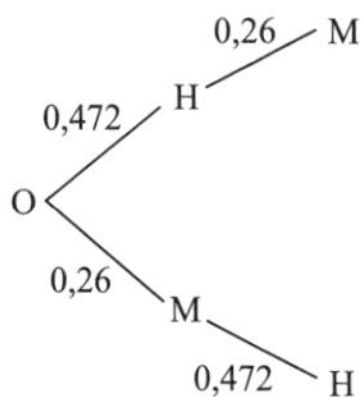

Nach den Pfadregeln ist:

$$P(A_1) = 2 \cdot P(H) \cdot P(M) = 2 \cdot 0,472 \cdot 0,26 \approx \underline{\underline{0,245}}$$

Ereignis A_2

Es liegt ein fünfstufiges Zufallsexperiment vor. Der zu A_2 führende Pfad ist die Ereignisfolge: $H\,\overline{H}\,\overline{H}\,H\,\overline{H}$

Nach der ersten Pfadregel ist:

$$P(A_2) = P(H)^2 \cdot P(\overline{H})^3 = 0,472^2 \cdot 0,528^3 \approx \underline{\underline{0,033}}$$

b) **Ereignis B_1**

Es liegt eine Bernoulli-Kette der Länge $n = 10$ und der Trefferwahrscheinlichkeit $p = P(H) = 0,472$ vor.
Die Zufallsgröße X: = „Anzahl der Schüler in der Stichprobe mit Hochschulreife" genügt der Binomialverteilung $B_{10;\,0,472}$.

$$P(B_1) = P(X = 5) = \binom{10}{5} \cdot 0,472^5 \cdot 0,528^5 \approx \underline{\underline{0,242}}$$

Ereignis B_2

Die Zufallsgröße Y: = „Anzahl der Schüler in der Stichprobe ohne Schulabschluss" ist mit $n = 10$ und $p = P(O) = 0,085$ binomialverteilt.

$$P(B_2) = P(Y \le 1) = P(Y = 0) + P(Y = 1) = 0,915^{10} + 10 \cdot 0,085 \cdot 0,915^9 \approx \underline{\underline{0,793}}$$

c) Sei D: = „Ein zufällig ausgewählter Schulabgänger ist deutscher Herkunft."
Aus der Statistik entnimmt man $|D| = 24\,600 - 3\,600 = 21\,000$.
Da 700 Schulabgänger nicht deutscher Herkunft die allgemeine Hochschulreife erworben haben, sind $11\,600 - 700 = 10\,900$ Schulabgänger deutscher Herkunft mit allgemeiner Hochschulreife (Ereignis $D \cap H$).
Damit ist die Wahrscheinlichkeit W, dass ein Schulabgänger deutscher Herkunft die allgemeine Hochschulreife erworben hat:

$$W = \frac{|D \cap H|}{|D|} = \frac{10\,900}{21\,000} \approx 0{,}519$$

Rund $\underline{\underline{51{,}9\ \%}}$ aller Schulabgänger deutscher Herkunft haben die allgemeine Hochschulreife erworben.

d) Den Sachverhalt kann man durch ein Urnenexperiment simulieren. Aus einer Urne mit genau vier weißen (Pankow) und genau sechs schwarzen Kugeln werden nacheinander drei Kugeln ohne Zurücklegen gezogen. Die Ereignisse D_1, D_2 lassen sich jeweils durch Pfade eines Baumdiagramms darstellen. Genau die dargestellten Pfade führen zum Ereignis D_1 bzw. D_2.

Ereignis D_1

$$P(D_1) = \frac{4}{10} \cdot \frac{3}{9} \cdot \frac{2}{8} + \frac{6}{10} \cdot \frac{5}{9} \cdot \frac{4}{8} = \frac{1}{5} = \underline{\underline{0{,}2}}$$

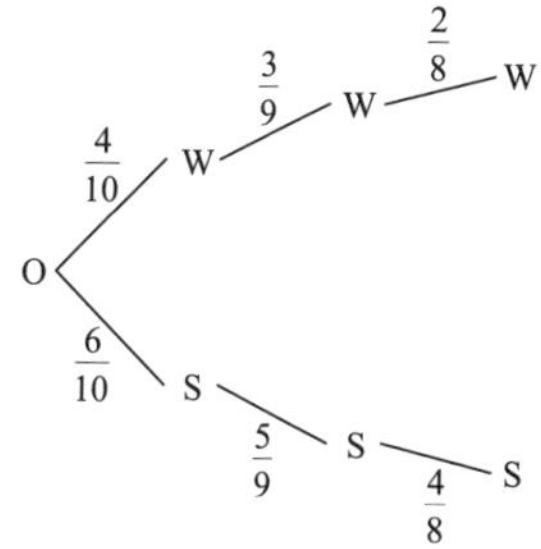

Ereignis D_2

$$P(D_2) = \frac{4}{10} \cdot \frac{3}{9} \cdot \frac{6}{8} + \frac{4}{10} \cdot \frac{6}{9} \cdot \frac{3}{8} + \frac{6}{10} \cdot \frac{4}{9} \cdot \frac{3}{8} = 3 \cdot \frac{4}{10} \cdot \frac{3}{9} \cdot \frac{6}{8} = \frac{3}{10} = \underline{\underline{0{,}3}}$$

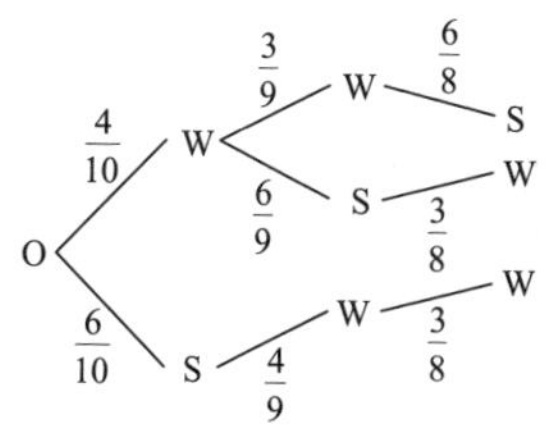

e) Es gibt $24\,600 - 11\,600 = 13\,000$ Schulabgänger ohne allgemeine Hochschulreife. Aus dieser Menge wird eine Stichprobe der Länge $n = 5$ entnommen. Die Wahrscheinlichkeit für das Ereignis E: = „Ein zufällig ausgewählter Schulabgänger ohne allgemeine Hochschulreife hat die mittlere Reife erworben" (Treffer) ist:

$$P(E) = \frac{6\,400}{13\,000} \approx 0{,}492$$

Es wird vorausgesetzt, dass jeder Schulabgänger genau einen oder keinen Abschluss erworben hat.

Die Zufallsgröße Z: = „Anzahl der Schulabgänger in der Stichprobe mit mittlerem Schulabschluss“ ist mit n = 5 und p = 0,492 binomialverteilt. Dann ist:

$$P(Z=4)=\binom{5}{4}\cdot 0{,}492^4\cdot 0{,}508\approx 0{,}149$$

Die Wahrscheinlichkeit dafür, dass vier von fünf Schulabgängern ohne allgemeine Hochschulreife den mittleren Schulabschluss erreichen, beträgt rund 14,9 %.

Fußball BE

Bei einem Fußballturnier haben die Mannschaften von Altenberg (A) und Burghausen (B) das Finale erreicht.

a) Für die Startelf wählt der Trainer der Mannschaft A einen von drei Torhütern und 10 von 15 Feldspielern aus.
Berechnen Sie die Anzahl der Möglichkeiten, die der Trainer hat, die Mannschaft zusammenzustellen. 3

b) Erfahrungsgemäß wird jeder der 11 Spieler (Torwart sowie 10 Feldspieler) mit einer Wahrscheinlichkeit von 6 % ausgewechselt.
Berechnen Sie die Wahrscheinlichkeit für die folgenden Ereignisse:
C: Es wird kein Spieler ausgewechselt.
D: Es wird genau ein Spieler ausgewechselt.
E: Es werden zwei oder drei Spieler ausgewechselt. 8

Da das Spiel auch nach der Verlängerung noch unentschieden steht, müssen beide Mannschaften ins Elfmeterschießen. Dafür wird angenommen, dass jeder Spieler von Mannschaft A eine Trefferquote von 80 % und jeder Spieler von Mannschaft B eine Trefferquote von 75 % hat.

c) Ermitteln Sie, wie viele Elfmeter Mannschaft A mindestens schießen muss, um mit einer Wahrscheinlichkeit von mindestens 99 % mindestens einen Treffer zu erzielen. 5

d) Beide Mannschaften schießen jeweils fünfmal.
Bestimmen Sie die Wahrscheinlichkeit dafür, dass das Elfmeterschießen 4 : 4 endet. 5

Danach treten die Schützen jeder Mannschaft paarweise an. Ein Spieler jeder Mannschaft schießt einen Elfmeter. Wenn eine Mannschaft dabei in Führung geht, hat sie das Finale gewonnen, ansonsten ist das nächste Paar dran.

e) Berechnen Sie die Wahrscheinlichkeit dafür, dass bereits nach dem ersten Paar Mannschaft B das Finale gewonnen hat oder noch keine Entscheidung gefallen ist. 5

f) Berechnen Sie die Wahrscheinlichkeit dafür, dass nach drei angetretenen Paaren noch keine Entscheidung gefallen ist. 4

30

Tipps und Hinweise zur Lösung von Aufgabe 3.2

Tipps zu Teilaufgabe a

- Wenden Sie die bekannten Zählprinzipien an.

Tipps zu Teilaufgabe b

- Wenden Sie das Modell „Binomialverteilung“ mit den Parametern $n = 11$ und $p = 0{,}06$ an.

Tipps zu Teilaufgabe c

- Modellieren Sie die Folge von Elfmetern durch eine Bernoulli-Kette noch unbekannter Länge n.
- Mit der Zufallsgröße „Anzahl der Treffer“ formalisieren Sie die Aussagen „Mindestens ein Treffer …“ und „Mindestens 99 % …“ durch Ungleichungen.
- Nutzen Sie die Möglichkeit der Gegenwahrscheinlichkeit und wenden Sie die Formel der Binomialverteilung an.
- Bestimmen Sie aus der entstehenden Ungleichung die Stichprobenlänge n.
- Beachten Sie die Rechenregeln für den Logarithmus.

Tipps zu Teilaufgabe d

- Benutzen Sie eine Bernoulli-Kette der Länge $n = 5$ für die Zufallsgröße „Anzahl der Treffer von Mannschaft A“ bzw. „Anzahl der Treffer von Mannschaft B“.
- Das Spiel endet 4 : 4, wenn die Ereignisse „A erzielt vier Treffer“ und „B erzielt vier Treffer“ gleichzeitig eintreten.
- Berechnen Sie die Wahrscheinlichkeiten für beide Ereignisse und multiplizieren Sie diese miteinander.

Tipps zu Teilaufgabe e

- Das paarweise Schießen kann als zweistufiges Zufallsexperiment interpretiert werden. In der ersten Stufe schießt ein Spieler der Mannschaft A und in der zweiten Stufe der Mannschaft B.
- Stellen Sie dies durch ein Baumdiagramm dar und tragen Sie die entsprechenden „Torwahrscheinlichkeiten“ ein.
- Beachten Sie die Pfadregeln zur Ermittlung der gesuchten Wahrscheinlichkeit.
- Die gesuchte Wahrscheinlichkeit setzt sich aus drei Pfaden zusammen.

Tipps zu Teilaufgabe f

- Das Ereignis „Keine Entscheidung nach dem ersten Paar“ wiederholt sich dreimal nacheinander.

Lösungen zu Aufgabe 3.2

a) Für die Auswahl des Torhüters gibt es drei Möglichkeiten. Zu jeder dieser Möglichkeiten kommen alle Zusammenstellungen der Restmannschaft. Dabei handelt es sich um die Auswahl von 10 Spielern aus einem Kader von 15 Spielern, ohne dass die Reihenfolge eine Rolle spielt (Kombinationen). Dafür gibt es $\binom{15}{10}$ Möglichkeiten. Folglich können $3 \cdot \binom{15}{10} = \underline{\underline{9\,009}}$ verschiedene Mannschaften zusammengestellt werden.

b) Es liegt eine Bernoulli-Kette der Länge $n = 11$ und der Trefferwahrscheinlichkeit $p = 0{,}06$ vor.
Die Zufallsgröße X: = „Anzahl der Spieler, die ausgewechselt werden" genügt der Binomialverteilung $B_{11;\,0{,}06}$.

$$P(C) = P(X = 0) = 0{,}94^{11} \approx \underline{\underline{0{,}506}}$$

$$P(D) = P(X = 1) = 11 \cdot 0{,}06 \cdot 0{,}94^{10} \approx \underline{\underline{0{,}355}}$$

$$P(E) = P(X = 2) + P(X = 3) = \binom{11}{2} \cdot 0{,}06^2 \cdot 0{,}94^9 + \binom{11}{3} \cdot 0{,}06^3 \cdot 0{,}94^8 \approx \underline{\underline{0{,}135}}$$

c) Eine Serie von Elfmeterschüssen lässt sich als Bernoulli-Kette mit noch unbekannter Länge n interpretieren.
Die Zufallsgröße Y: = „Anzahl der Treffer in der Serie von Elfmeterschüssen der Mannschaft A" ist mit n und $p = 0{,}8$ binomialverteilt. Es ist n so zu bestimmen, dass die Bedingung $P(Y \geq 1) \geq 0{,}99$ erfüllt wird.

$$P(Y \geq 1) = 1 - P(Y < 1) = 1 - P(Y = 0) \geq 0{,}99 \quad \Leftrightarrow \quad P(Y = 0) \leq 0{,}01 \quad \Leftrightarrow \quad 0{,}2^n \leq 0{,}01$$

Wegen der Monotonie der Logarithmusfunktion und $\ln 0{,}2 < 0$ gilt:

$$0{,}2^n \leq 0{,}01 \quad \Leftrightarrow \quad n \cdot \ln 0{,}2 \leq \ln 0{,}01 \quad \Leftrightarrow \quad n \geq \frac{\ln 0{,}01}{\ln 0{,}2} \approx 2{,}86$$

Folglich muss Mannschaft A mindestens $\underline{\underline{\text{drei}}}$ Elfmeter schießen.

d) Die Zufallsgröße Z: = „Anzahl der Treffer in der Serie von Elfmeterschüssen der Mannschaft B" ist mit $n = 5$ und $p = 0{,}75$ binomialverteilt.
Das fünfmalige Elfmeterschießen beider Mannschaften endet 4 : 4, wenn die Ereignisse $\{Y = 4\}$ und $\{Z = 4\}$ gleichzeitig eintreten.
Die beiden Ereignisse werden als unabhängig angenommen. Daher gilt:

$$\begin{aligned} P(\{Y = 4\} \cap \{Z = 4\}) &= P(Y = 4) \cdot P(Z = 4) \\ &= \left[\binom{5}{4} \cdot 0{,}8^4 \cdot 0{,}2\right] \cdot \left[\binom{5}{4} \cdot 0{,}75^4 \cdot 0{,}25\right] \\ &\approx 0{,}162 \end{aligned}$$

Mit einer Wahrscheinlichkeit von etwa $\underline{\underline{16{,}2\ \%}}$ endet das Elfmeterschießen 4 : 4.

e) Das paarweise Elfmeterschießen ist ein zweistufiges Zufallsexperiment mit folgenden Ereignissen:
A: = „Der Spieler von Mannschaft A trifft“, $P(A) = 0{,}8$
B: = „Der Spieler von Mannschaft B trifft“, $P(B) = 0{,}75$

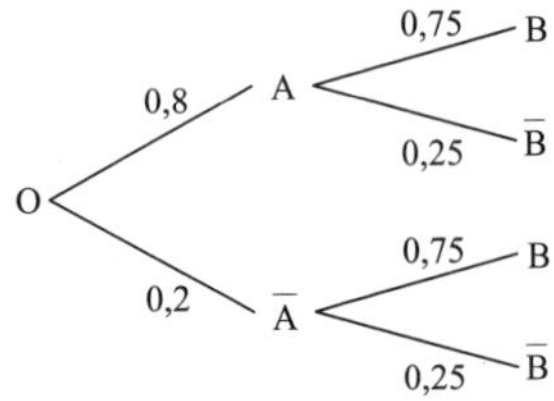

Zum Ereignis G: = „Mannschaft B hat das Finale gewonnen oder es ist keine Entscheidung gefallen“ führen drei Pfade $G = (\overline{A} \cap B) \cup (A \cap B) \cup (\overline{A} \cap \overline{B})$. Nach den Pfadregeln gilt:

$$P(G) = 0{,}2 \cdot 0{,}75 + 0{,}8 \cdot 0{,}75 + 0{,}2 \cdot 0{,}25 = 0{,}8$$

Mit einer Wahrscheinlichkeit von $\underline{\underline{80\ \%}}$ gewinnt Mannschaft B nach dem ersten Paar oder es ist danach keine Entscheidung gefallen.

f) Für das Ereignis K: = „Ein Paar kann keine Entscheidung herbeiführen“ entnimmt man dem Baumdiagramm:

$$P(K) = P((A \cap B) \cup (\overline{A} \cap \overline{B})) = 0{,}8 \cdot 0{,}75 + 0{,}2 \cdot 0{,}25 = 0{,}65$$

Drei Paare treten nacheinander an. Das ist ein dreistufiges Zufallsexperiment, bei dem zum Ereignis F: = „Nach drei Paaren ist keine Entscheidung gefallen“ genau der eine Pfad KKK führt.
Folglich liegt auch eine Bernoulli-Kette der Länge $n = 3$ und der Trefferwahrscheinlichkeit $p = 0{,}65$ vor. Damit gilt:

$$P(F) = 0{,}65^3 \approx 0{,}275$$

Zu rund $\underline{\underline{27{,}5\ \%}}$ ist nach drei Paaren keine Entscheidung gefallen.